装备科技译著出版基金

Theory of Solid-Propellant
Nonsteady Combustion

固体推进剂
不稳定燃烧理论

［俄］ 鲍里斯·V.诺沃日洛夫（Boris V. Novozhilov） 著
瓦西里·B.诺沃日洛夫（Vasily B. Novozhilov）

庞维强　欧阳的华　金秉宁　肖立群　译

国防工业出版社

·北京·

著作权合同登记　图字:01-2022-5477

内 容 简 介

本书针对固体推进剂燃烧的实际应用需求,系统介绍了推进剂的稳定燃烧特性、燃烧波结构及不同燃料性能与外界条件的关系,总结了理论预估和实验结果对验证不稳定燃烧理论的必要性,通过提出的固体推进剂不稳定燃烧理论——Z-N(Zeldovich-Novozhilov)理论和火焰燃烧模型理论及数学验证,研究了推进剂的降压燃烧和熄火现象。基于此,作者研究了不同因素对稳定燃烧和不稳定燃烧的影响及规律,并与实验数据进行了对比,最终编写了本书。

本书将为从事固体推进剂技术研发的工程技术人员提供有益的技术借鉴,也可作为高等院校有关专业教师和研究生的教学参考书。

Theory of Solid-Propellant Nonsteady Combustion (9781119525707/1119525705) by Vasily B. Novozhilov and Boris V. Novozhilov. Copyright © 2021 John Wiley & Sons Ltd. All Rights Reserved. Authorised translation from the English language edition published by John Wiley & Sons Limited. Responsibility for the accuracy of the translation rests solely with National Defense Industry Press and is not the responsibility of John Wiley & Sons Limited. No part of this book may be reproduced in any form without the written permission of the original copyright holder, John Wiley & Sons Limited. 本书中文简体中文字版专有翻译出版权由 John Wiley & Sons, Inc. 公司授予国防工业出版社。未经许可,不得以任何手段和形式复制或抄袭本书内容。

本书封底贴有 Wiley 防伪标签,无标签者不得销售。

图书在版编目(CIP)数据

固体推进剂不稳定燃烧理论 /(俄罗斯) 鲍里斯·V. 诺沃日洛夫(Boris V. Novozhilov) 著;庞维强等译. --北京:国防工业出版社,2024.6
书名原文:Theory of Solid Propellant Nonsteady Combustion
ISBN 978-7-118-13196-3

Ⅰ.①固… Ⅱ.①鲍… ②庞… Ⅲ.①固体推进剂-不稳定燃烧-理论研究 Ⅳ.①V435

中国国家版本馆 CIP 数据核字(2024)第 110846 号

※

国防工业出版社 出版发行
(北京市海淀区紫竹院南路23号　邮政编码100048)
三河市天利华印刷装订有限公司印刷
新华书店经售

*

开本 710×1000　1/16　印张 18¼　字数 320 千字
2024 年 6 月第 1 版第 1 次印刷　印数 1—1800 册　定价 198.00 元

(本书如有印装错误,我社负责调换)

国防书店:(010)88540777　　书店传真:(010)88540776
发行业务:(010)88540717　　发行传真:(010)88540762

译者序

固体推进剂在固体火箭发动机中燃烧会出现不稳定燃烧现象,目前这一现象是对学术界和工业界的挑战。与稳定燃烧不同,不稳定燃烧下固体推进剂的燃速不仅取决于瞬时参数(初始压力、温度和切向气流速度),而且取决于整个燃烧过程。近年来,随着推进剂技术和燃烧研究的不断深入和突破,国际上对固体推进剂不稳定燃烧领域的研究取得了重大进展,固体推进剂(不)稳定燃烧学在国内各种学术会议上经常被提及,大家都对它寄予厚望,希望它能突破现有固体推进剂(不)稳定燃烧的瓶颈。然而国内对于固体推进剂不稳定燃烧学的研究还处于起步阶段,作为一门新兴的交叉学科,尚有许多"瓶颈"需要科研人员去突破,目前还没有一部关于这一主题的全面且权威的中文论著。

由俄罗斯科学院谢苗诺夫化学物理研究所的 Boris V. Novozhilov 教授和 Vasily B. Novozhilov 教授精心组织并合作撰写的专著《固体推进剂不稳定燃烧理论》(Theory of Solid – Propellant Nonsteady Combustion)在介绍固体推进剂的基本特性的基础上,讨论推进剂的稳定燃烧特性、燃烧波结构及不同燃料性能与外界条件的关系,总结了理论预估和实验结果对验证不稳定燃烧理论的必要性,通过提出的两种固体推进剂不稳定燃烧理论——Z – N(Zeldovich – Novozhilov)理论和火焰燃烧模型理论及数学验证,研究了推进剂的降压燃烧和熄火现象。基于此,作者研究了不同因素对稳定燃烧和不稳定燃烧的影响及规律,并与实验数据进行了对比,最终形成了固体推进剂的不稳定燃烧理论。本书对固体推进剂不稳定燃烧的相关基础理论、研究方法等进行了全面、系统、透彻的分析和深入的讲解,反映了该领域的理论和实践的现代水平,是一本能够提供指导和非常实用的专著。

为了加强与国外学者的学术交流,并获得装备科技译著出版基金的资助,我们组织编写了本书。我们希望读者能从书中发现固体推进剂不稳定燃烧理论的精髓,并从中获益。

本书由庞维强、欧阳的华、金秉宁、肖立群翻译,庞维强整理、校核,樊学忠审定。

译者在此感谢装备科技译著出版基金的资助,特别感谢南京理工大学化工学院的沈瑞琪教授,西安近代化学研究所的赵凤起、李宏岩、赵昱等各位领导和同事。限于译者水平有限,加上书中内容涉及的知识面广而新,书中难免存在不妥和疏漏之处,敬请读者指正。

译者

2022 年 3 月于西安

前 言

对于固体火箭发动机来说,推进剂燃速随时间的不稳定变化是很常见的。在这种情况下,燃烧室压力和比冲也是时间的函数。这类过程包括变压燃烧、从一种工作状态转换到另一种工作状态、振荡燃烧、动态侵蚀燃烧以及快速降压下的推进剂点火和熄灭。

与稳定不同,这种情况下的推进剂燃速不仅取决于瞬时参数(初始压力、温度和切向气流速度),而且取决于整个燃烧过程。这是由于燃烧波存在惯性,燃烧波包括凝聚相的加热层、化学反应区和空间中被燃烧产物占据的特定区域。

描述不稳定推进剂燃烧的自然方法是使用稳定燃烧状态理论。要过渡到非定常理论,只需在相关微分方程组加入时间导数。对于当前可用的计算资源水平,这种额外的数学复杂性并不会构成问题。因为所描述的假设方法是不可能存在的:描述实验观测的稳定状态推进剂燃烧的一致和普遍的理论也是不存在的。

推进剂燃烧过程中的每个理化过程都极其复杂。对于绝大多数物质来说,燃速是由化学动力学决定的。因此,反应动力学参数实际上是所有燃烧理论的重要组成部分。除了一些例外,这种关于燃烧反应动力学的知识到目前为止还不完整。特别是关于凝聚相物质燃烧过程中发生的化学变化的信息非常少,因此有必要考虑动力学模型,但这些模型仅在很小程度上类似于真实的化学过程(通常采用阿伦尼乌斯对温度的依赖和对反应物浓度的平方依赖)。

本书提出了大量稳定均质和复合推进剂燃烧模型。当然,这样的模型包含大量的参数(反应速率常数、活化能、燃烧热、传递系数、气体的热物理性质、凝聚相等),这些参数在大多数情况下未知。显然,通过调整参数可以使实验数据接近,但无法描述真实燃烧情况。因此,这样的研究只是定性的,很难与实验相比较。此外,由于物质性质的巨大差异,很可能得不到适用于大范围物质的定量稳定燃烧理论。

1942 年,Ya. B. Zeldovic 提出用一种截然不同的方法来发展不稳定理论(避免对稳定制度的详细描述),即利用实验确定的推进剂燃速与压力和初始温度的稳定关系研究不稳定燃烧。研究表明,只有在考虑凝聚相的热惯性的情况下,这种想法才可能成立。这种想法由 Zeldovich(1942)在最初的论文中这样表述:"由于气体中燃烧的弛豫时间很短,我们有权考虑由靠近界面的凝聚相薄层的热条件决定的气体燃烧;深层内的温度分布不会直接影响表面附近的过程。"气体的条件必须完全由表面温度的瞬时值和凝聚相表面的温度梯度决定。他认为表面温度是恒定的。因此,推进剂不稳定燃烧理论被简化为考虑凝聚相温度分布的相对缓慢变化,可通过求解导热方程,结合燃速对压力瞬时值和凝聚相表面温度梯度分布的已知依赖关系来实现的。凝聚温度分布的缓慢变化可以从燃速对压力和初始温度的(理论或实验)稳定依赖关系得到。

该理论定性地解释了一些不稳定燃烧现象,但与实验结果的定量比较中存在矛盾。这一矛盾表现为:根据这一理论,真实系统的稳定燃烧状态实际上是不稳定的。造成这种差异的原因是将推进剂表面温度视为常数的理论过于简化。

对于所有实际使用的组分,凝聚相和气相交界处的温度取决于外部条件:切向气流的压力、初始温度和速度。Zeldovich(1942)提出的理论被 B. V. Novozhilov(Novozhilov,1965a,1965b)推广并转化为目前的情况,并引入了一个表征稳定的附加函数:推进剂表面温度对外界参数的依赖关系。泽尔多维奇理论的这种推广可以解释大多数与不稳定燃烧有关的现象。

值得注意的是,Zeldovich(1942)对该理论的推广保留了主要思想,即利用稳定依赖研究不稳定现象的可能性。该理论包含与稳定燃烧理论相关的实验依赖性。这些依赖关系包含有关化学反应动力学以及各种物理过程(气相中的热传导和扩散、燃料的液化作用等)的所有信息。

即使在没有这种依赖性的情况下,该理论对其结论与不稳定燃烧实验数据进行比较时仍然是有帮助的。因此,通过比较声燃烧不稳定性的理论数据和实验数据,可以预测同一种燃料在不同不稳定条件下的行为,例如在半封闭体积内燃烧时的行为。

此外,该理论还允许从实验数据中提取与其表面反应动力学有关的一些燃料参数。例如,可以从声导纳数据中获得燃料表面化学反应的有效活化能。

在 Zeldovich(1942)和 Novozhilov(1965a,1965b)结果的基础上发展起来的理论通常被称为 Z - N 理论。使用的其他标题包括不稳定燃烧的现象学理论或近似 t_c。t_c 强调凝聚相的热弛豫时间是唯一的燃料特性时间。在下文中,诸如含能材料、固体火箭燃料、挥发冷凝燃烧系统和推进剂等术语被用作同义词。

在 Z - N 理论的框架内,通过求解具有相应初始条件和边界条件的凝聚相导热方程,研究了推进剂燃烧的不稳定过程。该理论的其他必要元素是燃速和表面温度与压力和初始温度的稳定依赖关系。这些参数可以通过实验或考虑特定的推进剂燃烧理论模型来获得。显然,该理论的所有结论都适用于实际系统,因为上述依赖关系是从完全相同的系统的实验中获得的。

现在简要讨论构成 Z-N 理论基础的假设。应该指出的是,几乎所有关于固体火箭燃料不稳定燃烧的研究都采用了这些假设。首先,假设燃料是均匀的和各向同性的。非均匀性的尺度必须远小于稳定理论的特征尺度,即迈克尔逊长度。对于无烟推进剂来说,这一要求无疑得到了满足。在有复合推进剂的情况下,这一假设适用于燃料和氧化剂颗粒的尺寸远小于凝聚相加热层厚度的情况。在接下来的讨论中,几乎所有地方都考虑了假设火焰锋面平坦、相间界面平坦的一维问题。其次,假设凝聚相的热分解和气相中的燃烧发生得升温比凝聚相快得多。这可以通过简单的估计来证明,在正文中给出了说明。

Novozhilov(1968)首次对 Z-N 理论进行了评述。它考虑了当时所获得的主要结果:恒压燃烧稳定性、线性振荡燃烧状态、推进剂表面的声导纳、半封闭体积内的燃烧稳定性、燃速的非线性振荡、过渡燃烧状态和推进剂熄灭。后来,陆续出现了 Novozhilov(1973a) 和 Zeldovich(1975) 等的专著(俄文),以及最近由 Novozhilov(1992a)发表的评论。

似乎在一开始包括第一作者在内的许多人都认为这种表观理论将很快被一种更复杂的不稳定推进剂燃烧理论所取代。该方法可建立在(用数值方法)考虑一组微分方程的基础上,这些微分方程从宏观化学物理的角度来看是完整的和一致的,描述了具体的问题。这最终可能会发生。然而,由于推进剂燃烧的显著复杂性(即使对于均质系统),因此超出 Z-N 理论框架的进展一直非常缓慢。这种复杂性首先是指从凝聚到气态的相变,再加上化学反应的进一步复杂化。

严格来说,以下所有考虑因素仅适用于均质推进剂。复合体系的理论还处于初级阶段,因为与均质推进剂相比,这类物质的燃烧波过程要复杂得多。除了完全缺乏化学反应动力学的数据外,定量考虑复合体系的燃烧过程还有其他障碍。虽然在稳定条件下,平均燃速在时间上是恒定的,但在表面附近发生的过程是不稳定的。随着表面其他位置的烧焦颗粒被原始颗粒取代,其表面的几何形状不断变化。相界面附近以及界面上的温度分布是时间的随机函数。应该指出的是,有人(Romanov,1976)试图将 Z-N 理论扩展到非均质系统。其除了使用燃速和表面温度对压力和初始温度的稳定依赖关系外,还建议使用这些量的平均值对界面处燃料(或氧化剂)质量分数的依赖关系。然而,在实验中获取这种依赖关系是极其困难的。

人们希望,对于均质推进剂所获得的一些结果能定性地适用于复合体系。

例如,燃速对周期性变化的压力的共振响应可以用与均质系统相同的项来表示。当然,表征这种复合系统的参数必须被认为是可变的。

接着简要地讨论理论的结论(在书中讨论)与实验结果的比较。与其他理论一样,Z-N 理论首先需要一些实验输入数据。这些是稳定燃烧定律,即燃速和表面温度(在某些情况下,燃烧波的其他特性,如燃烧温度)与外部参数(压力和初始温度)的稳定依赖关系。该理论对输入实验数据的准确性要求较高,因为其结论是根据稳定燃烧规律的特点得出的。例如,只有在已知燃烧规律关于外部参数的一阶导数的情况下,才有可能研究线性非定常现象。这些导数的计算显然包含很大的误差,因为这样的数学运算是不适定的。

这同样适用于与理论结果进行比较的实验数据。观察各种不稳定燃烧现象有很大的困难。相对误差在百分之几十左右。然而,该理论预测了一些相当独特的定性效应,例如推进剂燃烧的固有频率的存在,以及由此产生的不稳定燃速对谐波振荡压力的共振响应。这样的影响实际上是可以观察到的,而且在实验不确定度范围内的参数值通常可能在理论和实验结果之间存在定量关联。

在简要概述正文内容之前,可以注意到绝大多数呈现的结果都是使用通用方法获得的。下面是它的数学公式。

考虑一维不稳定导热方程:

$$\frac{\partial \theta}{\partial \tau} = \frac{\partial}{\partial \tau}\left(\frac{\partial \theta}{\partial \xi} - v\theta\right) \quad (-\infty < \xi \leq 0, \tau \geq 0)$$

以及初边值条件:

$$\begin{cases} \xi \to -\infty, \theta = 0 \\ \xi = 0, \theta = \vartheta(\tau) \\ \theta(\xi, 0) = \theta_i(\xi) \end{cases}$$

一方面,给出了燃速 $v(\tau)$ 和表面温度 $\vartheta(\tau)$ 之间的不稳定关系;另一方面,给出了燃速和表面温度对一些外部参数 $\eta(\tau)$ (通常是压力)以及温度梯度 $\varphi(\tau) = (\partial \theta / \partial \xi)_{\xi=0}$ 的依赖性,有

$$v = \Phi_u(\varphi, \eta), \quad \vartheta = \Phi_s(\varphi, \eta)$$

同时,需要定义以下函数或用于确定该函数的辅助方程:

$$\eta = \Pi(\tau)$$

函数 $\Phi_u(\varphi, \eta)$ 和 $\Phi_s(\varphi, \eta)$ 的规范以及外部参数对时间的依赖性 $\eta(\tau)$ 产生了一类问题,这些问题与协同学多学科领域近几十年的快速发展有关(Mikhailov, 2011)。

这方面的大部分结果都是通过对各种微分方程组模型的数值分析而得到的。大多数情况下,考虑具有有限个自由度的系统。

前言

对于分布式动力系统来说，上面讨论的公式可能是最简单的。然而，系统行为场景集却相当丰富。例如，研究系统在恒定外部条件下的行为与湍流问题直接相关（本书的相关章节对此进行了论证）。其中一个控制参数的变化使燃烧区域连续分叉，最终导致混沌行为。

与大多数动力系统的研究实例相比，上述模型展现了真实的物理和化学过程。在所提出的公式框架内，可以研究诸如推进剂燃烧与燃烧室声学的相互作用、降压熄火、恒压下的燃烧稳定性等重要现象。

由于稳定燃烧的实验数据是理论的基本输入参数，因此本书以描述稳定燃烧状态的建立开始，介绍了各种燃料特性对外部条件的依赖关系。第 1 章提供的理论估计和实验结果对于证明不稳定燃烧理论是必要的。其中，燃速和表面温度与外部参数（稳定燃烧规律）的解析关系对于定量分析是有用的。它们的物理意义形式只能从目前对最简单系统的稳定燃烧规律的理解中获得。

第 2 章是本书的基础部分，阐述了固体火箭推进剂不稳定燃烧理论的主要假设。首先详细考虑了推进剂表面温度恒定的简化情况（泽尔多维奇理论），然后给出了 Z–N 理论的两种形式：微分式和积分式。

在第一个公式中，凝聚相中的温度分布是一个必要的考虑因素。然而，该公式在实践中很少使用。结果表明，可以开发出一种仅涉及最相关的量，例如压力和燃速的另一种整体公式。对理论的正式数学证明感兴趣的读者可关注 2.7 节。

第 3 章研究了推进剂恒压燃烧问题。在一维问题形式中，得到了稳定燃烧状态的稳定性判据，该判据将燃速和表面温度导数与初始温度联系起来。以最简单燃烧系统为例，讨论了二维不稳定性的可能性。采用数值模拟的方法，研究了定常压力下非定常推进剂燃烧在稳定区稳定边界以外的非定常模式。考虑了只包含两个控制参数的最简单推进剂燃烧模型。当其中一个控制参数为固定值时，另一个控制参数起到分叉参数的作用。结果表明，随着分岔参数的变化，系统可以从稳定燃烧区过渡到费根鲍姆（Feigenbaum）情形下的混沌燃烧区。研究了燃速振荡的倍周期分叉序列，最终导致燃烧区域的混沌。3.5 节讨论了与实验数据的比较。

第 4~6 章讨论了压力、侵蚀性气流和热辐射等外部参数对周期性变化压力下推进剂燃烧的影响。对这些过程的实际兴趣是了解各种不稳定效应发展的原因，例如，燃速和压力振荡的软或硬激励，叠加在设计的稳定固体火箭发动机方案上。

首先，在燃速幅值与压力幅值成正比的线性近似下，研究了燃烧与声学相互作用的问题（第 4 章），得到了燃速对振荡压力响应函数的解析表达式。其次,讨论了它的性质及其与推进剂燃烧表面最重要的性质(声导纳)的关系。再次,讨论了关于压力振幅的高阶响应函数的概念。这将在有限燃烧速率和压力振幅的持续和过渡区域的研究中得到应用。非线性分析揭示了一种全新的现象:燃速振荡的倍周期分叉现象,它是随着压力振荡幅值的增大或频率的改变而产生的。最后,针对不稳定燃烧规律中参数最少的推进剂燃烧模型,研究了最终导致混沌燃烧区域的分叉序列。

第5章考虑推进剂在燃烧产物切向流中的不稳定侵蚀燃烧。在现象学理论框架下,研究了推进剂燃速对周期变化压力和燃烧产物切向质量流量的响应。考虑了单色行波形式的基本声学微扰。给出了用最少参数描述的最简单推进剂模型的解析和数值结果。还揭示了稳定和不稳定冲刷贡献在冲蚀率小值和大值时的作用。

第6章讨论外部辐射下的不稳定燃烧。在这种情况下,传热方程包括一个额外的源项,而稳定和不稳定燃烧规律也会改变。在线性近似下研究了稳定燃烧区域的稳定性。得到了恒定辐射通量下燃速对谐波振荡压力的响应函数,以及简谐振荡辐射通量对燃速的响应函数。在Z-N理论的线性近似下,建立了在一定初始温度下得到的振荡压力响应函数与在相同压力下不同(较低)初始温度下得到的振荡辐射通量响应函数之间的解析关系。初始温差满足有无辐射通量的稳定燃烧率相等的要求,且与辐射通量成正比。这个关系式很可能有助于获得振荡压力响应函数的实验数据。

第7章介绍了与简谐振荡不同的压力按规律变化的燃烧理论和实验数据。这类过程包括从一种工作状态转换到另一种工作状态(在较高或较低压力下)期间的推进剂燃烧、快速和深度降压熄火等。

第8章描述了固体火箭发动机燃烧室内的不稳定推进剂燃烧规律。与这个问题相关的时间尺度有三个:凝聚相加热层的热弛豫时间t_c、声学时间t_a和燃烧产物从燃烧室喷出的时间t_{ch}。

如果凝聚相的弛豫时间接近流出时间$t_c \sim t_{ch}$(在低压下的小型发动机中出现),那么这种状态可以称为非声学。这类问题中的时间尺度远远大于声学时间。这一研究领域也称半封闭体积的推进剂燃烧。

另外,在过去的几十年里,一个可以被称为"声学和燃烧"的特定和专门的研究领域已经形成。讨论了当声学时间接近凝聚相热弛豫时间$t_a \sim t_c$时,发动机中可能出现声速(一般情况下为非线性)振荡的情况。后一种时间尺度之间的关系适用于燃烧室内压力值较高的大型发动机。这种过程的理论处于初级阶段。作为例子,其研究了具有端面燃烧器药柱几何形状的固体火箭发动机可能的燃烧状态,提出了一组可以模拟燃烧室内燃烧过程和声学过程相互作用的方程。问题的特点是存在两个不同的时间尺度,即声学时间和压力振荡振幅变化时间。这些时间尺度相差大约三个数量级,这需要很高的计算精度。在二次近似下,发展了一种关于振动振幅的更简单的求解方法。该方法只考虑了与振幅变化时间尺度有关的影响。在燃烧产物中没有熵波的情况下,对最简单的推进剂燃烧模型进行了数值计算,确定了稳定和不稳定的燃烧区域。在后一种情况下,非线性效应可能在燃烧室中触发激波。

第 9 章讨论了将该理论扩展到现象学框架之外的可能性。这种发展需要一个更详细的燃烧模型来充分描述燃烧波的低惯性区域中发生的过程。从解析和数值两方面研究了低惯性区(凝聚相反应层、气相预热反应区、气体燃烧产物占据的半空间)对各种不稳定现象的影响。这种考虑是在 Belyaev 模型的框架内提出的。结果表明,在表面温度对初始温度的弱依赖性下,考虑到上述低惯性区(即使它们的热惯量与凝聚相预热层的惯性相比较小),会对 t_c 近似产生显着的修正。

最后,感谢在本书编写过程中帮助过我们的人所做出的重大贡献。

非常感谢 Vladimir Marshakov 教授,与我们详细讨论了本书的各种主题。

特别感谢 Inga Novozhilov。可以肯定的是,如果没有她非常仔细和敬业的工作,本书就不可能做到充分的准备。

另外,非常感谢 Vladimir Posvyanskii 教授、Ludmila Novozhilova 和 Natalia Golubnichaya 在准备手稿方面提供的帮助。

最后,感谢第二作者的妻子 Natalia Golubnichaya,感谢她在整个项目过程中的爱和持续的支持。

Boris V. Novozhilov
Vasily B. Novozhilov
Moscow – Belfast – Melbourne
2011—2019

目 录

第1章　稳定燃烧 ··· 1
　1.1　固体推进剂的一般特性 ·· 1
　1.2　燃速及表面温度 ·· 6
　1.3　燃烧波结构与燃温关系 ·· 10
　1.4　切向气流中的燃烧 ··· 12
　1.5　气相火焰 ·· 15
　1.6　凝聚相燃烧波 ·· 18
　1.7　推进剂不稳定燃烧理论的两种方法 ·· 22
　1.8　稳定别利亚耶夫模型 ··· 24

第2章　不稳定燃烧理论方程 ·· 27
　2.1　主要假设 ·· 27
　2.2　泽尔多维奇理论：恒定的表面温度 ······································· 29
　2.3　表面温度变化 ·· 33
　2.4　理论的积分表达式 ·· 36
　2.5　常微分方程组的理论表达式 ·· 39
　2.6　线性近似 ·· 40
　2.7　理论的常规数学证明 ··· 43

第3章　恒压燃烧 ··· 46
　3.1　稳定燃烧状态的稳定性判据 ·· 46
　3.2　渐近扰动分析 ·· 53
　3.3　无气系统的二维燃烧稳定性 ·· 63
　3.4　稳定区域外的燃烧 ·· 69
　3.5　与实验数据的比较 ·· 75

XIII

第4章 谐波振荡压力下的燃烧 ··· 82

4.1 线性燃烧速率对谐波振荡压力的响应 ····················· 82
4.2 推进剂表面的声导纳 ··· 90
4.3 二次响应函数 ·· 94
4.4 二阶近似下的声导纳 ··· 102
4.5 非线性共振 ··· 105
4.6 响应函数分叉 ·· 113
4.7 频率–振幅图 ··· 117
4.8 与实验数据的比较 ·· 124

第5章 不稳定侵蚀燃烧 ··· 129

5.1 问题阐述 ·· 129
5.2 线性近似 ·· 133
5.3 非稳定侵蚀燃烧中的非线性效应 ··························· 137

第6章 外部辐射下的不稳定燃烧 ···································· 141

6.1 稳定燃烧状态 ·· 141
6.2 线性近似中的传热方程 ·· 143
6.3 不稳定燃烧方程的线性化 ····································· 144
6.4 稳定燃烧状态的稳定性 ·· 145
6.5 燃烧速率对谐波振荡压力的响应 ··························· 148
6.6 燃烧速率对谐波振荡辐射流量的响应 ····················· 150
6.7 谐波振荡压力下燃烧速率响应与辐射通量的关系 ······ 152

第7章 非声学燃烧状态 ··· 157

7.1 声学和非声学燃烧状态 ·· 157
7.2 线性近似 ·· 158
7.3 不稳定燃烧理论中的近似方法 ······························ 162
7.4 自相似解 ·· 167
7.5 自相似解的稳定性 ·· 172
7.6 推进剂燃烧和降压熄灭：恒定燃面温度 ·················· 175
7.7 降压下推进剂燃烧和熄灭：可变燃面温度 ··············· 179

第8章 固体火箭发动机中的不稳定燃烧模拟 ······ 191

8.1 引言 ······ 191
8.2 非声学状态:问题表述 ······ 192
8.3 半封闭容积中稳定状态的稳定性 ······ 195
8.4 瞬变状态 ······ 200
8.5 不稳定状态与混沌状态 ······ 205
8.6 实验数据 ······ 212
8.7 声学状态 ······ 214
8.8 半封闭容积内推进剂燃烧稳定性的自动控制 ······ 224

第9章 气相惯性对不稳定燃烧的影响 ······ 231

9.1 引言 ······ 231
9.2 稳定燃烧区稳定性 ······ 233
9.3 燃速对谐波振荡压力的响应 ······ 241
9.4 推进剂表面的声导纳 ······ 249
9.5 降压燃烧与熄灭 ······ 263
9.6 t_r 近似 ······ 271

第1章
稳定燃烧

1.1 固体推进剂的一般特性

  火箭发动机中使用的推进剂包括均质推进剂和非均质推进剂,它们在化学成分和物理结构方面均存在一定的差异。

  均质推进剂的燃料和氧化剂在分子水平上结合,其基本成分是硝化纤维素,这是一种通过纤维素在硝酸中硝化得到的酯。硝化棉可以在各种溶剂中糊化,其中硝化甘油是最常用的溶剂。这种推进剂含有两种基本成分:硝化纤维素和硝化甘油,它们通常称为双基推进剂,有时也称无烟推进剂(因为它们在19世纪末取代了黑火药或烟火药)或弹道推进剂。

  在第二次世界大战之前,通常优先采用弹道推进剂。在第二次世界大战后,非均质复合推进剂得到了广泛应用。值得注意的是,第一种固体推进剂是复合型的,即前文中所提到的黑火药,它是木炭、硝酸钾和硫黄的机械混合物。

  复合推进剂是两种或两种以上组分的机械混合物。燃料和氧化剂在分子水平上不混合,相互分离,因此这种组成称为非均质推进剂。复合推进剂的成分是几微米到十分之几毫米的微小颗粒。但是,有时一个组分的粒子散布在另一个组分中。

  均质推进剂的一个例子是美国的JPN弹道导弹。按质量分数计算,它含有51.5%的硝化纤维素、43.0%的硝化甘油、1%的中定剂和4.5%的其他添加剂。添加稳定剂是为了提高推进剂的化学稳定性,这种材料称为稳定剂。在贮存过程中,稳定剂与推进剂自发分解的产物发生反应,从而阻止其自催化分解。JPN弹道推进剂的密度为 1.62 g/cm^3,与其他双基推进剂的密度大致相同。

在俄罗斯制造的推进剂中,特别值得一提的是弹道推进剂 N。针对这种推进剂在实验室条件下对其进行了广泛的研究,其含有 57% 的硝化纤维素、28% 的硝化甘油、11% 的二硝基甲苯和 4% 的其他添加剂。

1 g 弹道推进剂的燃烧将产生 3.3~5.0 kJ 的能量,燃烧室的温度将达到 2000~2500 ℃。

由于弹道推进剂的组成包括碳原子、氮原子、氢原子和氧原子,因此完全燃烧将会产生二氧化碳、水和分子氮。然而,在氧含量不足的情况下,也会形成不完全燃烧的产物——一氧化碳和分子氢。在低压下,将产生氮氧化物。

复合推进剂包括富含氢的高热值燃料,这确保了燃烧产物的低分子量。对燃料的基本要求之一是它应该具有高黏结性。常用的燃料(或黏合剂)是有机高分子化合物,如聚氨酯、聚丁二烯和其他人造聚合物。

复合推进剂中燃料的质量分数为 10%~25%。推进剂的主体由氧化剂组成,氧化剂是一种富氧且氧分子容易释放的物质。满足这些要求的是铵、钠、锂的强高氯酸盐、铵和碱金属的硝酸盐以及二硝酰胺铵等。

与弹道推进剂相比,复合推进剂有许多优点,包括推进剂成分变化范围更广、低压下燃烧稳定、密度高等。另外,复合推进剂的比冲也高于弹道推进剂。

应该指出的是,在过去 10 年中,轻金属颗粒镁、钠、硼、铝、铍等被引入某些固体推进剂(弹道推进剂和复合推进剂)的成分中。金属的加入提高了燃烧温度,进而提高了比冲。

在一些双基推进剂中也包含了用于复合推进剂的成分,例如高氯酸铵。高氯酸铵的加入使燃氧比更接近化学计量比,从而提高了燃烧温度和比冲。添加硝胺颗粒,如环三亚甲基三硝胺(RDX)或环四亚甲基四硝胺(HMX)也可以提高燃烧温度。这些组合物称为硝胺推进剂。

大量的实验研究表明,在弹道推进剂燃烧过程中,凝聚相和气相之间的界面仍然是平面的(只要样品直径足够大)。传递过程和气体运动使化学反应变得复杂,这些化学反应在气相和凝聚相的近界面区域进行。

本节主要考虑在弹道推进剂和复合推进剂燃烧过程中发生的一般模式。

均质推进剂的一维燃烧过程如图 1.1 所示,其中 $x=0$ 平面是凝聚相/气相界面。整个过渡区域(从初始固相到燃烧产物)被分成几个区域。在凝聚相预热区中,没有化学反应,物质通过导热从初始温度 T_a 上升到某一温度 $T^0(x_c)$,在该温度下凝聚相中的化学反应开始。

第 1 章 稳定燃烧

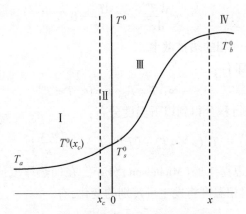

图 1.1 均质推进剂的一维燃烧过程

Ⅰ—预热区；Ⅱ—凝聚相化学反应区；Ⅲ—气体加热和化学转化区；Ⅳ—燃烧产物区。

还可以将气相区分两个区域。首先，有一个气体加热和化学反应的区域。由于各种化学反应，大部分热在这里被释放出来，主要用于将气体从 $T^0(0)$ 加热到燃烧温度 T_b^0。部分热量通过导热（也通过辐射，但程度要小得多）反馈到凝聚相。此外，还存在一个燃烧产物区域，该区域内的燃气温度是恒定的，等于燃烧温度。

凝聚相对不稳定起决定性作用，导热方程考虑了凝聚相的热惯性。记住这一点，现在考虑凝聚相预热区的温度分布。

在随后的讨论中，将始终使用与推进剂表面刚性连接的坐标系。区域 $x \leqslant 0$ 对应凝聚相，$x \geqslant 0$ 对应气相。坐标的原点固定在推进剂表面，表面温度为 T_s^0。

化学反应速率通常随着温度的升高而突然增加，因此与 $T_s^0 - T_a$ 相比，凝聚相反应层（图 1.1 中的 Ⅱ 区）的温度变化总是很小。例如，在阿伦尼乌斯关系式 $u \propto \exp(-E/RT)$ 中，E 代表活化能，R 代表普适气体常数，在 RT^2/E 的温度范围内，反应速率下降了一个因数 e。换言之，如果 RT/E 很小（对应大多数情况），化学反应将只在接近表面温度的狭窄温度范围内进行。作为一个近似，可以假设该区域的空间宽度等于零。

在所采用的坐标系中，凝聚相以与推进剂的线性燃速 $u(t)$ 相等的速度从左向右移动。稳定区燃速恒定，温度分布与时间无关。在下列计算式中，上标 0 对应稳定值。导热方程的形式如下：

$$\frac{\mathrm{d}}{\mathrm{d}x}\lambda\frac{\mathrm{d}T^0}{\mathrm{d}x} - \rho u^0 c \frac{\mathrm{d}T^0}{\mathrm{d}x} = 0 \qquad (1-1)$$

这里，第一项对应导热流动，第二项对应对流流动。为了简化分析，假定凝聚相的密度 ρ、比热容 c 和导热系数 λ 与温度无关，则有

$$\kappa \frac{d^2 T^0}{dx^2} - u^0 \frac{dT^0}{dx} = 0 \tag{1-2}$$

式中：$\kappa = \lambda/(\rho c)$ 为固相的热扩散率。

考虑以下边界条件：

$$x \to -\infty, \ T = T_a; \ x = 0, \ T = T_s^0 \tag{1-3}$$

对式(1-2)进行积分得到以下温度分布：

$$T^0(x) = T_a + (T_s^0 - T_a) \exp\left(\frac{u^0 x}{\kappa}\right) \tag{1-4}$$

这就是众所周知的迈克尔逊(Michelson)分布。在加热厚度或凝聚相的热层厚度的数量级处，凝聚相温度将发生可辨别的变化，有

$$l = \frac{\kappa}{u} \tag{1-5}$$

固相的热扩散率约为 $\kappa \propto 10^{-3}$ cm^2/s，随着压力从 1 atm(1 atm = 101 325 Pa)增加到 100 atm，燃速由 1 mm/s 变化到约 1 cm/s。因此，加热层的厚度在低压时为 10^{-1} cm，高压时为 10^{-3} cm。

下面是推进剂表面温度梯度的常用表达式(从凝聚相一侧)：

$$f^0 = \frac{dT^0}{dx}\bigg|_{x=0}, \ f^0 = \frac{u^0}{k}(T_s^0 - T_a) \tag{1-6}$$

有时需要知道储存在加热层中的过余热量(与冷试样相比，$T^0 = T_a$)，计算式为

$$\rho c \int_{-\infty}^{0} (T - T_a) dx = \rho c l (T_s^0 - T_a) \tag{1-7}$$

图 1.2 显示了不同燃速下迈克尔逊剖面的形状。曲线 1 为低燃速，曲线 2 指的是高压和高燃速。随着燃速的增加，迈克尔逊分布的有效宽度减小，轮廓变陡，过余热量下降。

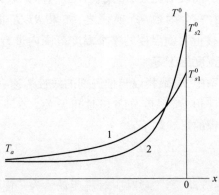

图 1.2 迈克尔逊温度分布

第 1 章 稳定燃烧

与均质的情况相比,非均质燃烧体系要复杂得多。实际上,完全缺乏关于化学反应动力学的信息,再加上其他阻碍对复合体系燃烧进行定量考虑,使得问题更加复杂,主要困难有以下几点。

(1)燃烧的多维性。系统的非均质性导致界面参差不齐。燃料或氧化剂颗粒在不同的位置和不同的高度从推进剂表面凸出。这类系统的燃烧理论与均质推进剂的一维理论不同。

(2)混合的必要性。在反应之前,燃料和氧化剂必须在分子水平上混合。如果两种组分的挥发性相同,则混合和燃烧发生在气相中;否则,反应在燃料或氧化剂颗粒的表面进行。

(3)燃烧不稳定。虽然在稳定条件下,平均燃速在时间上是恒定的,但发生在表面附近的过程是不稳定的。表面形状随着时间的变化而变化;在表面的其他位置,燃尽的颗粒被新的颗粒取代。界面处和界面附近的温度分布是时间的随机函数。这类系统的燃烧理论在某种意义上显然是统计理论。

本书中介绍的理论是一维的,因此它只能应用于均质推进剂和平面火焰锋面燃烧的复合推进剂系统。应该记住,只有当凝聚相的迈克尔逊厚度超过颗粒尺寸时,凝聚相中的温度分布才能是一维的。

为了对涉及稳定推进剂燃烧实验研究的工作进行充分全面的了解,建议参阅 Kubota(1984)、Price(1984)、Klager 和 Zimmerman(1992)的综述。

表 1.1 和表 1.2 中的数据可用于进行数值估计。这些表格包含均质推进剂的凝聚相和燃烧产物的性质。更详细的数据可以在 Zanotti(1992)等人的综述中找到。

表 1.1 列出了凝聚相的性质,这些性质几乎与压力无关,并随温度微弱变化。

表 1.1 凝聚相的特性

参数	符号	单位	值
密度	ρ	g/cm^3	1.6~1.9
比热容	c	J/(g·K)	1.3~2.1
导热系数	λ	J/(cm·s·K)	$(1.3~2.1)\times 10^{-3}$
热扩散率	κ	cm^2/s	$(0.5~1.5)\times 10^{-3}$

固体火箭发动机的工作压力很少超过 100 atm,因此可以从理想气体的状态方程中得到燃烧产物密度为

表 1.2　燃烧产物的特性

参数	符号	单位	值
分子量	$\tilde{\mu}$	g/mol	25
比热容	c_p	J/(g·K)	1.3～1.7
比热容比	γ	—	1.2～1.3
导热系数	λ	J/(cm·s·K)	$(8.4 \sim 16.8) \times 10^{-4}$
参考热扩散率 $T_g^* = 300\ ℃$ $p^* = 1\ \text{atm}$	$\kappa_g(T_g^*, p^*)$	cm²/s	10^{-1}

$$\rho_g = \frac{\tilde{\mu} p}{R T_g} \tag{1-8}$$

式中:$\tilde{\mu}$ 为分子量。热扩散率通常通过式(1-9)计算：

$$\kappa_g(T_g, p) = \kappa_g(T_g^*, p^*) \frac{p^*}{p} \left(\frac{T_g}{T_g^*}\right)^n \tag{1-9}$$

其中,$\kappa_g(T_g^*, p^*)$ 在表 1.2 给出了燃烧产物的特性。

1.2　燃速及表面温度

对于给定的推进剂组分,燃速可能取决于装药直径、压力、初始温度和近燃面的切向气体速度。这里对装药直径的影响不做讨论,因为这个因素只对小装药(直径小于 1 cm)的燃烧影响较大。1.4 节考虑了切向气流的影响。因此,只剩下两个外部参数:压力和初始温度。

针对凝聚相的燃烧规律,已经开展了大量实验研究,得到了大量针对特定外部条件的函数。通过改变外部条件和装药参数,获得了压力、初始温度、装药密度等参数对燃速有影响的重要数据。

弹道推进剂已被研究者广泛研究。弹道推进剂的燃速,以及大多数凝聚相的燃速,都随着压力和初始温度的升高而增加(极少数例外)。

表 1.3 给出了不同压力值 p 和恒定初始温度下弹道推进剂 N 的线燃速 u^0 的实验数据。表 1.4 和表 1.5 基于 Zenin(1980)的综述中提供的数据,列出了不同初始温度下 u^0 的值。

第 1 章 稳定燃烧

表1.3 推进剂 N 在 $T = 20$ ℃下的燃速和表面温度

参数	单位	值						
p	atm	5	10	20	30	50	75	100
u^0	cm/s	0.15	0.19	0.34	0.48	0.67	0.85	1.06
T_s^0	℃	260	300	340	370	400	425	445

表1.4 推进剂 N（Zenin 1980）在 $p = 1$ atm 下的燃速和表面温度

参数	单位	值				
T_a	℃	-196	-100	0	50	100
u^0	cm/s	0.022	0.028	0.060	0.102	0.195
T_s^0	℃	190	200	230	250	290

表1.5 推进剂 N（Zenin 1980）在 $p = 20$ atm 下的燃速和表面温度

参数	单位	值						
T_a	℃	-150	-100	-50	0	50	100	120
u^0	cm/s	0.18	0.19	0.22	0.27	0.36	0.49	0.60
T_s^0	℃	310	315	320	325	345	360	370

由于凝聚相系统的稳定燃速理论尚不完善，因此其压力依赖关系通常用各种经验公式表示，其中应用最广泛的是

$$u_0 = A + Bp^n \qquad (1-10)$$

式中：A、B 和 n 为常数（通常使 $A = 0$ 和 $n = 1$）。

在考虑较小的压力变化时，通常引入一个表征燃速相对变化的值：

$$\iota = \left(\frac{\partial \ln u^0}{\partial \ln p}\right)_{T_a} \qquad (1-11)$$

这个量取决于压力和初始温度。对于初始室温下的弹道推进剂 N，$\iota \propto 0.4 \sim 0.7$。

燃速对初始温度变化的敏感性由燃速温度系数 β 表征，定义为燃速随温度变化 1 ℃时的相对变化：

$$\beta = \left(\frac{\partial \ln u^0}{\partial \ln T_a}\right)_p \qquad (1-12)$$

对于弹道推进剂,这个值在 $10^{-2} \sim 10^{-3}$ K^{-1} 的数量级。燃速温度系数对压力和初始温度有很强的依赖性。例如,Korotkov 和 Leipunskii(1953)发现,在 $p=1$ atm 时,温度系数在 $T_a = -200$ ℃ 时等于 2×10^{-3} K^{-1},随着初始温度上升到 $T_a = 100$ ℃,温度系数增加到原来的 7 倍,对于较高的压力也是如此。Kubota(1992)讨论了实验稳定温度灵敏度数据。

燃速数据仍然不足以清楚地了解推进剂燃烧过程中涉及的理化过程,因此火箭发动机中推进剂的有效使用需要更精细的研究。在过去的几十年里,人们试图更严格地研究燃烧过程,这为凝聚相和气相中的物理过程以及化学转化的性质提供了大量的信息。

有关推进剂燃烧各区域过程的大部分信息都是通过测量凝聚相和气相中的温度分布来获得的。

采用超细热电偶可获得固相和气相的温度分布。为此,将热电偶嵌入推进剂样品中,当推进剂样品燃烧时,它会经历从初始温度到燃烧温度的整个温度范围。Zenin(1980)发展并证实了这种方法,他证明了正确测量热电偶的必要条件是使用特定版本的 ∏ 形热电偶。与以前使用的 V 形热电偶相比,这些热电偶大大减少了测量误差。该方法已成功地应用于弹道推进剂 N 稳定燃烧过程中凝聚相和气相的温度分布研究。例如,利用厚度为 $3.5 \sim 7$ μm 的高熔点钨铼热电偶,首次获得了完整的温度分布和各特征点(包括表面)的温度值。

应该指出的是,在推进剂燃烧固有的高温梯度下测量温度时遇到的实验困难导致了严重的实验误差(温度变化通常是误差的数量级),这解释了为什么不同科学家获得的结果之间存在相当大的差异。

人们感兴趣的是推进剂表面温度的测量。

表 1.3 ~ 表 1.5 给出了在不同压力和初始温度下燃烧弹道推进剂 N 的表面温度的数值。在固定的初始温度($T_a = 20$ ℃)下,从 1 atm 升高到 100 atm,表面温度增加约 200 ℃。最大变化发生在低压下(最高 15 ~ 20 atm)。当压力进一步升高至 100 atm 时,表面温度约增加 100 ℃。

如果用导数描述相对于压力变化的表面温升,则

$$\mu_p = \left(\frac{\partial T_s^0}{\partial p}\right)_{T_a} \quad (1-13)$$

这个数值在低压时为 5 K/atm,高压时为 1 K/atm。

在随后的讨论中,表面温度和初始温度关系由如下无量纲导数描述:

$$r = \left(\frac{\partial T_s^0}{\partial T_a}\right)_p \quad (1-14)$$

其值在 0.1 ~ 0.5 之间变化。引入以下无量纲参数:

$$k = \beta(T_s^0 - T_a) \quad r = \left(\frac{\partial T_s^0}{\partial T_a}\right)_p$$

$$\iota = \left(\frac{\partial \ln u^0}{\partial \ln p}\right)_{T_a} \quad \mu = \frac{1}{T_s^0 - T_a}\left(\frac{\partial T_s^0}{\partial \ln p}\right)_{T_a} \quad (1-15)$$

其中,参数 ι 描述了燃速与压力的关系,并在大多数关于推进剂燃烧的文章中应用。参数 k 由泽尔多维奇(1942)引入不稳定燃烧理论。描述表面温度随初始温度和压力变化的导数 r 和 μ 是由 Novozhilov(1965a,1965b)引入该理论的。

目前,已经考虑了燃速和表面温度对压力和初始温度的依赖关系,(即函数 $u^0(T_a,p)$ 和 $T_s^0(T_a,p)$。揭示燃速与表面温度之间的关系,并检验这种关系是否为单值关系(燃速是否由表面温度唯一决定)是有指导意义的。换句话说,人们想知道燃速是否可以表示为函数 $u^0(T_s^0)$,或者后一个函数是否必须包括压力作为第二个自变量。后者意味着凝聚相反应层中的过程是关于压力敏感的。这个问题最早由 Zenin 和 Novozhilov(1973)提出。

图1.3 基于表1.3~表1.5 中的数据,显示了弹道推进剂 N 的燃速与表面温度的关系。在实验误差范围内,存在唯一的关系 $u^0(T_s^0)$。从数学上讲,这一事实可以解释为:对于单值关系 $u^0(T_s^0)$ 的存在,函数 $u^0(T_a,p)$ 和 $T_s^0(T_a,p)$ 的以下雅可比矩阵:

$$J = \frac{\partial(u^0, T_s^0)}{\partial(p, T_a)} = \left(\frac{\partial u^0}{\partial p}\right)_{T_a}\left(\frac{\partial T_s^0}{\partial T_a}\right)_p - \left(\frac{\partial u^0}{\partial T_a}\right)_p\left(\frac{\partial T_s^0}{\partial p}\right)_{T_a} \quad (1-16)$$

为 0。

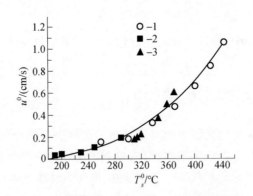

图1.3 弹道推进剂 N 的燃速 – 表面温度关系

1—$T_a = 20$ ℃,不同压强值;2—$P = 1$ atm,不同温度;3—$P = 20$ atm,不同温度。

显然,由于存在实验误差,实验数据不能用来证明雅可比矩阵等于零。另一方面,原则上,只要实验过程足够准确,可以证明雅可比矩阵非零。但与表面温度测量相关的较大误差阻碍了对其导数的准确确定。目前,只能认为雅可比矩阵可能等于零。未来,随着实验精确度的提高,可能会证明它不等于零。

例如,考虑 $p = 20$ atm 和 $T_a = 20$ ℃ 处的雅可比矩阵的值。从表 1.3 和表 1.5 中的数据中,发现

$$\left(\frac{\partial u^0}{\partial p}\right)_{T_a} = 1.5 \times 10^{-2} \text{ cm}/(\text{s} \cdot \text{atm}), \quad \left(\frac{\partial T_s^0}{\partial T_a}\right)_{T_a} = 3.5 \text{ K/atm}$$

$$\left(\frac{\partial u^0}{\partial T_a}\right)_p = 1.8 \times 10^{-3} \text{ cm}/(\text{s} \cdot \text{K}), \quad \left(\frac{\partial T_s^0}{\partial p}\right)_p = 0.4$$

(1 – 17)

则雅可比矩阵用同阶的两个数字的差表示:

$$J = (6.0 - 6.3) \times 10^{-3} \text{ cm}/(\text{s} \cdot \text{atm}) \tag{1-18}$$

如果考虑表面温度测量的低精度导致其导数的误差达到百分之几十,那么表 1.3 和表 1.5 中给出的数据不能证明雅可比矩阵不为零。

引入以下无量纲数:

$$\delta = \iota r - \mu k \tag{1-19}$$

其中,参数 k、r、ι 和 μ 由式(1 – 15)给出。显然有

$$\delta = \frac{p}{u^0} J \tag{1-20}$$

当雅可比矩阵为零($\delta = 0$)时,可以从其余三个参数的值中找到四个参数 k、r、ι 和 μ 中的一个。在许多关于不稳定燃烧的论文中,假定了表面温度和推进剂气化速率之间的单值关系,即 Arrehenius 定律

$$u^0 \sim \exp\left(-\frac{E}{RT_s^0}\right) \tag{1-21}$$

在这样的模型中,推进剂在线性近似下由三个参数表征。

1.3 燃烧波结构与燃温关系

考虑稳定条件下燃烧区域的温度分布。在推进剂燃烧过程中,依次在三个位置释热:凝聚相、靠近推进剂表面(嘶嘶区或烟气区)和气相。放热区的数量及其对总热量平衡的贡献取决于燃烧条件,即压力和初始温度。

在真空中,弹道推进剂只在 80 ~ 100 ℃ 的初始温度下燃烧,当压力超过 $(2.6 \sim 6.5) \times 10^{-3}$ atm 时,嘶嘶区开始反应。图 1.4 中的曲线 1 给出了温度分布的典型曲线图。该区域的最高温度和放热量随着压力的增加而增加。随着压力的升高,释热区域压缩并接近表面。这种燃烧状态称为冷焰或单焰。嘶嘶区的火焰呈淡蓝色,只有在黑暗中才能看到。

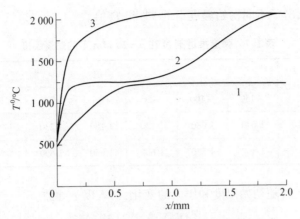

图1.4 弹道推进剂N燃烧过程中的气体温度分布

1—$p=10$ atm；2—$p=50$ atm；3—$p=100$ atm。

进一步增加压力($p>15\sim20$ atm)会产生第三个以明亮火焰为特征的放热区(图1.4中曲线2)。随着压力的升高,该发光区与推进剂表面的距离迅速缩小,在$60\sim75$ atm时,第二个火焰与第一个火焰合并。高压燃烧的温度分布如图1.4中的曲线3所示。释热率和气相最高温度(燃烧温度)均随压力增大而增大。在大约60 atm时,达到了可能的最大释热(完全燃尽)和最高燃烧温度,它们在压力进一步升高时保持不变。

在一定的压力和初始温度范围内,气相中的反应区可以分为两个区域:第一个区域(更靠近表面)影响燃速,该区域内的温度T_{b1}^0远低于燃烧温度T_b^0;在第二个区域中,气相火焰区域可能位于距离表面几毫米的地方,温度等于燃烧温度。

气相火焰区域存在于$15\sim70$ atm的压力范围内,其特征是感应燃烧状态。气体加热到燃烧温度不是通过热传导,而是通过内部自热,几乎没有从气相火焰到烟气区的热流。因此,第二火焰实际上并不影响上述区域的过程或燃速。

表1.6给出了Zenin(1980,1992)在不同压力和恒定初始温度下获得的弹道推进剂N的燃烧温度T_{b1}^0和T_b^0的实验值。

表1.6 弹道推进剂N在$T_a=20$ ℃下的燃烧温度

参数	单位	值						
p	atm	5	10	20	30	50	75	100
T_{b1}^0	℃	1 000	1 100	1 180	1 200	1 250	—	—
T_b^0	℃	—	—	1 650	1 850	2 010	2 060	2 060

表 1.7 列出了不同初始温度下的 T_{b1}^0 和 T_b^0 值。

表 1.7　弹道推进剂 N 在 $p = 20$ atm 下的燃烧温度

参数	单位	值						
T_a	℃	-150	-100	-50	0	50	100	120
T_{b1}^0	℃	1 040	1 080	1 130	1 180	1 230	1 270	1 300
T_b^0	℃	1 500	1 550	1 600	1 650	1 690	1 740	1 750

为了测量 T_b^0 随初始温度和压力的变化，引入以下导数：

$$r_b = \left(\frac{\partial T_b^0}{\partial T_a}\right)_p, \quad \mu_b = \left(\frac{\partial T_b^0}{\partial p}\right)_{T_a} \quad (1-22)$$

从表 1.6 和表 1.7 中可以看出，r_b 近似恒定，有 $r_b \approx 1$。μ_b 在低压时为 10 K/atm，在高压下为 1 K/atm。

温度分布可以用来确定推进剂燃烧过程的各种空间和时间参数，如不同区域的范围或不同区域内化学反应的持续时间。其中一些特征是证实非定常理论所必需的。

例如，考虑气相特征时间 t_g：

$$t_g = \int_0^{l_b} \frac{\mathrm{d}x}{u_g^0(x)} \quad (1-23)$$

式中：$u_g^0(x)$ 为气体速度分布。

如果温度分布已知，则气相特征时间 t_g 可由下式确定：

$$t_g = \frac{p\tilde{\mu}}{\rho u^0 R} \int_0^{l_b} \frac{\mathrm{d}x}{T_g^0(x)} \quad (1-24)$$

当压力高于约 60 atm 时，两个火焰区合并，因此 l_b 应理解为释热几乎终止的距离。另外，如果燃烧是在两个火焰区域进行的，在计算 t_g 时，只考虑第一个火焰区域（更靠近表面）的火焰，就会影响燃速。

1.4　切向气流中的燃烧

目前，已经考虑了推进剂在没有表面气流流动的情况下燃烧的问题。然而，在火箭发动机中，这种情况并不总是如此。相反，通常情况下，在固体火箭发动机中，推进剂在火箭发动机中存在横向燃烧气体的情况下燃烧。当燃烧产物沿其表面流动时，推进剂燃速增加的现象称为侵蚀燃烧。

第 1 章 稳定燃烧

侵蚀效应通常被定义为有气流时的稳定燃速 u_ε^0 与无气流时的稳定燃速 u^0 的比。该比例为

$$\varepsilon^0 = \frac{u_\varepsilon^0}{u^0} \qquad (1-25)$$

称为侵蚀系数(或侵蚀率)。

目前,关于侵蚀燃烧没有令人满意的理论。这是由推进剂燃烧缺乏稳定理论的结果,以及有气体喷射的非等温湍流边界层流动的复杂性造成的。目前提出的所有半经验理论都是通过湍流边界层的出现增加气体的有效导热来解释侵蚀燃烧的。

Vilyunov(1961)和泽尔多维奇(1971)首次尝试发展稳定侵蚀理论。两者都解释了相界面附近的湍流提高燃速的原因,其机理被认为是湍流条件下有效气体传导率的增加,这反过来又增加了从燃烧产物到推进剂表面的热流。值得注意的是,这两项研究都假定最简单的燃烧波结构,包括两个反应区,一个在相界面处,另一个在气相中。

切向气流速度假定如下(Vilyunov,1961):

$$w_t = \frac{1}{U}\tanh(Uy) \qquad (1-26)$$

式中:w_t 和 y 分别为无量纲气体速度和与推进剂表面的距离;$U = 7 \times 10^{-2}$ 为常数。

Vilyunov(1961)证明侵蚀率取决于以下无量纲参数:

$$I = \frac{g^0}{m^0}\sqrt{\zeta} \qquad (1-27)$$

式中:g^0 为平行于燃面的气流速度;$m^0 = \rho u^0$ 为质量流率;ζ 为通道阻力系数。

Vilyunov(1961)和泽尔多维奇(1971)的研究中,做了相当粗略的假设,如对燃烧火焰前沿结构的描述过于简化、对湍流的等温近似、忽略了射流等。考虑到这一点,Vilyunov(1961)设法获得了一个简单的侵蚀系数与参数 I 之间的关系式:

$$\varepsilon = \sqrt{K(I) + LI} \qquad (1-28)$$

这里 $K(I)$ 几乎与 I 无关,即存在 $K(I) \approx 1$ 以及 $L \approx$ 常数。然而,Vilyunov(1961)的论文有一个印刷错误:根号下的第二项必须与 I^2 成正比。考虑到这一事实,并假设阻力系数为常数(其对雷诺数的依赖性很弱),就可以得到:

$$\varepsilon^0 = \sqrt{1 + b\left(\frac{g^0}{m^0}\right)^2} \qquad (1-29)$$

其中,$b \approx$ 常数。

下面的估计值可以从 Vilyunov(1961)的论文中得到:

$$b = \left(U \frac{\sqrt{\zeta}}{2\sqrt{2}} \ln \frac{c(T_b^0 - T_a) - Q_s}{c(T_s^0 - T_a) - Q_s} \right)^2 \qquad (1-30)$$

式中:Q_s 为凝聚相的反应热。凝聚相中与反应区有关的参数的可用值不是特别精确。幸运的是,他们将式(1-30)转化为对数形式,从而可以对参数 b 进行相当可靠的估计,b 为 2~3。

阻力系数可以用 Nikuradze(Loitsyanskii,1966)提出的公式来估计:

$$\zeta = 0.0032 + \frac{0.221}{\mathrm{Re}^{0.237}} \qquad (1-31)$$

考虑问题的雷诺数的典型值是 10^6 量级,此时 $\zeta \approx 1.2 \times 10^{-2}$,进一步有

$$b \approx 5 \times 10^{-5} \qquad (1-32)$$

式(1-29)与式(1-32)系数的关系实际上应该看作对现有的侵蚀燃烧数据的单参数插值。可以对这种关系提出一些理论上的解释。

绘制侵蚀系数与切向气流速度 w^0 的关系图是一种常用的方法。此时,式(1-29)可以写成

$$\varepsilon^0 = \sqrt{1 + b_v(w^0)^2} \qquad (1-33)$$

其中

$$b_v = b \left(\frac{\rho_g}{\rho u^0} \right)^2 \qquad (1-34)$$

如果 w 的单位是 m/s,那么 b_v 的单位是 $\mathrm{s}^2/\mathrm{m}^2$。作为对式(1-33)有效性的检验,以 Leipenskii(1982)等的实验数据为例。这些都是通过在很宽的切向气流速度范围内直接测量弹道推进剂 N 的侵蚀系数得到的。图 1.5 显示了实验数据,以及在 60 atm 压力下式(1-33)的曲线。在 $b_v \approx 6 \times 10^{-5}\ \mathrm{s}^2/\mathrm{m}^2$ 时达到最好的一致性,接近由式(1-34)得到的 $b_v \approx 5 \times 10^{-5}\ \mathrm{s}^2/\mathrm{m}^2$ 的值。

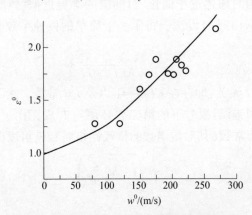

图 1.5　侵蚀系数与切向气流速度的函数关系

推进剂在一端封闭($x=0$)的空心圆柱药柱表面(半径为R)燃烧时,其燃烧产物速度随着与封闭端距离的增加而增加,并在喷嘴处达到最大值。这产生以下侵蚀系数的空间相关性:

$$\varepsilon = \text{ch} 2\sqrt{b}\frac{x}{R} \tag{1-35}$$

推进剂沿其轴向的不均匀燃烧使这种依赖性可以直接在实验中得到验证(Leipenskii 和 Frolov,1982)。本研究采用的方法是在推进剂燃烧一定时间后快速终止燃烧。不同截面上的燃料残留厚度证明了燃速与切向气流速度的关系。图1.6显示了 Leipenskii 和 Frolov(1982)的数据,并与式(1-35)的数据进行了比较[参数$b \approx 4.25 \times 10^{-5}$,接近式(1-32)中的估计值]。

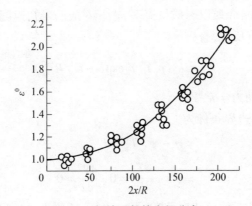

图1.6 侵蚀系数的空间分布

侵蚀燃烧对固体火箭发动机启动时装药点火的影响最为显著。不断增长的燃速导致燃烧室内出现侵蚀压力峰值。在真实发动机中预测这种现象是极其复杂的。Kohno 等(1998)的另一种方法是尝试放大实验室条件下得到的数据。

1.5 气相火焰

上述数据表明,凝聚相向气相燃烧产物的转变发生在几个区域内。这些区域中至少有一个在气相内。为此,有必要回顾与气体中恒速燃烧波传播有关的主要事实。

路易斯和 Von Elbe(1934)提出了这样一种理论,结合了传热传质基本原理以及化学动力学。在大活化能的限制下,泽尔多维奇和 Frank - Kamenetskii(1938)找到了气相混合物燃速的紧凑形式的解,并由简单的动力学控制。

更具体地,考虑 $x \to -\infty$,初始温度 $T_g^0 = T_a$ 的新鲜混合物,以及 $x \to \infty$,燃烧温度为 T_b^0 的燃烧产物。火焰从左向右传播。

通过对火焰前沿坐标系的变换,得到了能量和燃料质量分数的一维稳定守恒方程($-\infty < x < \infty$):

$$\begin{cases} \dfrac{\mathrm{d}}{\mathrm{d}x} \lambda_g \dfrac{\mathrm{d}T_g^0}{\mathrm{d}x} - m^0 c_p \dfrac{\mathrm{d}T_g^0}{\mathrm{d}x} + Q_g W(Y^0, T_g^0) = 0 \\ \dfrac{\mathrm{d}}{\mathrm{d}x} D\rho_g \dfrac{\mathrm{d}Y^0}{\mathrm{d}x} - m^0 \dfrac{\mathrm{d}Y^0}{\mathrm{d}x} - W(Y^0, T_g^0) = 0 \end{cases} \quad (1-36)$$

式中:ρ_g、T_g^0 和 Y^0 分别为气体密度、气体温度和燃料质量分数;λ_g 和 D 分别为气体热导率和扩散系数;Q_g 为燃烧热;W 为反应速率。

在以上描述中,介质以与质量流率 m^0 相对应的未知速度从左向右移动。

对于全局 n 阶反应,有

$$W_n = \tilde{k}_n (\rho_g Y^0)^n \exp(-E_g / RT_g^0) \quad (1-37)$$

式中:$\tilde{k}_n$ 和 E_g 为动力学常数。

式(1-36)的边界条件为

$$x \to -\infty, \ T_g^0 = T_a$$
$$x \to \infty, \ \dfrac{\mathrm{d}T_g^0}{\mathrm{d}x} = 0, \ \dfrac{\mathrm{d}Y^0}{\mathrm{d}x} = 0 \quad (1-38)$$

考虑单位路易斯数的情形,即 $D\rho_g c_p = \lambda_g$。可从式(1-36)中消去反应速率得到线性常微分方程:

$$\dfrac{\mathrm{d}}{\mathrm{d}x} \dfrac{\lambda_g}{c_p} \dfrac{\mathrm{d}H^0}{\mathrm{d}x} - m^0 \dfrac{\mathrm{d}H^0}{\mathrm{d}x} = 0, \ H^0 = Q_g Y^0 + c_p T_g^0 \quad (1-39)$$

该方程的解是一个常函数,满足边界条件式(1-38)。因此,温度和质量分数(或浓度)场之间存在相似之处,有

$$Y^0 = \dfrac{c_p (T_b^0 - T_g^0)}{Q_g} \quad (1-40)$$

其中,燃烧温度由一个简单表达式给出:

$$T_b^0 = T_a + \dfrac{Q_g}{c_p} \quad (1-41)$$

式(1-40)中两个变量的关系使式(1-36)中的第一个传热方程简化为仅包含未知温度场的下列计算式:

$$\dfrac{\mathrm{d}}{\mathrm{d}x} \lambda_g \dfrac{\mathrm{d}T_g^0}{\mathrm{d}x} - m^0 c_p \dfrac{\mathrm{d}T_g^0}{\mathrm{d}x} + \Phi_n(T_g^0) = 0 \quad (1-42)$$

其中

$$\Phi_n(T_g^0) = \frac{\tilde{k}_n}{Q_g^{n-1}} [\rho_g c_p (T_b^0 - T_g^0)]^n \exp\left(-\frac{E_g}{RT_g^0}\right) \qquad (1-43)$$

在继续进行燃速计算之前,需要知道的是,反应速率随温度迅速增大。这证明,我们有理由分开考虑两个区域:惰性预热区和发生化学反应的实际反应区。后者以温度为单位在 $R(T_b^0)^2/E_g$ 量级的区间内扩散。也就是说,化学转变发生在较窄的温度范围内,接近燃烧温度。

在两个区域之间的假想边界 $x = x^*$ 处,温度接近燃烧温度,反应速率几乎为零。因此有

$$\lambda_g \frac{dT_g^0}{dx} \bigg|_{x=x^*} = m^0 Q_g \qquad (1-44)$$

只有温度梯度和反应速率在整个反应区内变化较大。从温度变化较小的角度考虑,式(1-42)中的对流项可以忽略不计,进而导热方程具有以下形式:

$$\frac{d}{dx} \lambda_g \frac{dT_g^0}{dx} + \Phi_n(T_g^0) = 0 \qquad (1-45)$$

利用变换 $\zeta(T_g^0) = \lambda_g dT_g^0/dx$ 可进一步降低方程阶数,得

$$\zeta \frac{d\zeta}{dT_g^0} + \lambda_g \Phi_n(T_g^0) = 0 \qquad (1-46)$$

当反应完成时,温度梯度必须变为零,也就是说,

$$T_g^0 = T_b^0, \quad \zeta = 0 \qquad (1-47)$$

考虑上述条件,式(1-46)变为

$$\lambda_g \frac{dT_g^0}{dx} = \sqrt{2 \int^{T_b^0} \lambda_g \Phi_n(T_g^0) dT_g^0} \qquad (1-48)$$

对式(1-48)积分的主要贡献来自高温区(反应速率随着温度的升高而强烈增长)。下限的影响可以忽略不计,因此在式(1-48)中省略了下限。

对比式(1-44)和式(1-48),得到质量流率为

$$m^0 = \frac{1}{Q_g} \sqrt{2 \int^{T_b^0} \lambda_g \Phi_n(T_g^0) dT_g^0} \qquad (1-49)$$

包含阿伦尼乌斯指数的积分的估计遵循 Frank-Kamenetskii(1939)的方法,提出了以下展开式:

$$\frac{E}{RT} \approx \frac{E}{RT_b} + \frac{E(T_b - T)}{RT_b^2} \qquad (1-50)$$

式(1-50)成立的条件为 $T_b - T \ll T_b$。此转换将积分变量从分母移动到分子,并将式(1-49)中的积分解析表示为

$$\int_{T_b^0}^{T_b^0} \lambda_g \Phi_n(T_g^0) dT_g^0 = \lambda_g(T_b^0) \tilde{k} \left[\frac{c_p \rho_g(T_b^0)}{Q_g}\right]^n \exp\left(-\frac{E_g}{RT_b^0}\right)$$

$$\int_{T_b^0}^{T_b^0} (T_b^0 - T_g^0)^n \exp\left[-\frac{E_g(T_b^0 - T_g^0)}{R(T_b^0)^2}\right] dT_g^0 \quad (1-51)$$

同时注意到

$$\int_0^\infty z^n \exp(-\alpha z) dz = \frac{n!}{\alpha^n} \quad (1-52)$$

最终得到质量流率的表达式为

$$(m_n^0)^2 = 2n! \frac{\lambda_g(T_b^0) \tilde{k}_n [\rho_g(T_b^0)]^n}{c_p} \left(\frac{c_p R(T_b^0)^2}{Q_g E_g}\right)^{n+1} \exp\left(-\frac{E_g}{RT_b^0}\right) \quad (1-53)$$

由于燃烧温度附近的值对式(1-53)中气体密度和气体导热系数的影响非常重要,因此必须在燃烧温度下估算式(1-53)中的气体密度和气体导热系数。燃烧温度本身是由式(1-41)计算出来的。

值得注意的是,式(1-53)只适用于反应级数较低的情况。$n > 2$ 的全局反应不太可能发生。最简单的情况是一级反应,其中:

$$(m_1^0)^2 = 2 \frac{\lambda_g(T_b^0) \tilde{k}_1 \rho_g(T_b^0)}{c_p} \left(\frac{c_p R(T_b^0)^2}{Q_g E_g}\right)^2 \exp\left(-\frac{E_g}{RT_b^0}\right) \quad (1-54)$$

该理论的主要结论是燃速是压力的幂函数,也是初始温度的阿伦尼乌斯函数。事实上,式(1-53)给出了

$$m_n^0 \propto p^{n/2} \exp\left[-\frac{E_g}{2R\left(T_a + \frac{Q_g}{c_p}\right)}\right] \quad (1-55)$$

由于通常情况下 $T_a \ll Q_g/c_p$,因此可以得到一个更加简化的表达式:

$$m_n^0 \propto p^{n/2} \exp(\beta T_a) \quad (1-56)$$

其中,β = 常数。

1.6 凝聚相燃烧波

本章给出的实验数据明确地证明了凝聚相中化学反应的存在。因此,预测放热反应前沿在固体或液体中的传播速率是人们非常感兴趣的问题。

考虑与混合气体燃烧相似的情况,此时没有从燃烧产物到反应区的热流。Novozhilov(1961)提出并考虑了这样一个问题,它既可以用于研究燃烧产物为凝聚相的成分的燃烧,也可以用于研究无焰燃烧的条件。在这两种情况下,燃

烧的持续完全是由于凝聚相的反应,且没有外部热量供应。由于扩散和传热过程之间的相似性(可以假设气体扩散系数和热扩散系数相等),气体中火焰传播的热理论大大简化。

这一事实使得将浓度和温度联系起来成为可能,并因此将扩散和导热方程简化为只包含温度分布的单个方程。然而,凝聚相燃料显然不是这种情况,扩散系数和热扩散系数可能相差几个数量级。在随后的讨论中,假定扩散系数为零。

考虑一维情况,假设在 $x \to -\infty$,物质的密度 ρ = 常数,温度为 T_a,它经历了反应热 Q_s 的化学转变。这个问题是在附加在火焰前沿的坐标系中考虑的。在这样的框架中,新鲜物质以速度 u^0 运动,这是需要确定的。让我们引入以下附加符号:ρ_1 和 ρ_2 分别表示初始物质和产物的密度($\rho = \rho_1 + \rho_2$),$\eta^0 = \rho_2/\rho$ 表示产物的相对浓度,W 表示化学反应速率。

能量守恒方程和质量守恒方程可以分别表示为

$$\kappa \frac{d^2 T^0}{dx^2} - u^0 \frac{dT^0}{dx} + \frac{Q_s}{\rho c} W(T^0, \eta^0) = 0 \quad (1-57)$$

$$-u^0 \frac{d\eta^0}{dx} + \frac{1}{\rho} W(T^0, \eta^0) = 0 \quad (1-58)$$

边界条件为

$$x \to -\infty, \ T^0 = T_a, \ \eta^0 = 0$$
$$x \to \infty, \ \frac{dT^0}{dx} = 0, \ \frac{d\eta^0}{dx} = 0 \quad (1-59)$$

从式(1-59)中消去反应速率,并考虑 $x \to -\infty$ 时的边界条件,可得

$$\kappa \frac{dT^0}{dx} - u^0(T^0 - T_a) + \frac{u^0 \eta^0}{c} Q_s = 0 \quad (1-60)$$

在极限 $x \to \infty$ 处取的式(1-60)提供了下面的燃烧温度表达式:

$$T_b^0 = T_a + \frac{Q_s}{c} \quad (1-61)$$

由于反应速率对温度的依赖性很强,反应在接近 T_b^0 的温度下进行。因此,可以假定反应区域内的 $T^0 = T_b^0$,从而在该区域根据式(1-60)可以表示为

$$\kappa \frac{dT^0}{dx} = \frac{u^0 Q_s}{c}(1 - \eta^0) \quad (1-62)$$

在这种情况下,式(1-62)取代了当扩散系数和热扩散系数相等时成立的温度-浓度关系[式(1-40)]。没有扩散导致了温度梯度与浓度之间的关系。在式(1-62)之后,在反应区的一个边界($x \to \infty$)$dT^0/dx = 0$,以及另一个边界(在 $\eta^0 \ll 1$ 处)开始化学转变:

$$\frac{dT^0}{dx} = \frac{u^0 Q_s}{\kappa c} \qquad (1-63)$$

利用式(1-62),可以通过温度梯度来表示浓度对反应速率 W 的影响,并将问题归结为一个导热方程。在气相火焰传播理论中,这个方程的第二项可以忽略,因为整个反应区的温度几乎是恒定的。引入 $\zeta(T^0) = dT^0/dx$,式(1-57)简化为一阶方程:

$$-\zeta \frac{d\zeta}{dT^0} = \frac{Q_s}{\kappa \rho c} W(T^0, \zeta) \qquad (1-64)$$

考虑以下两种典型情况。

(1)零阶反应

$$W_0 = \rho \tilde{k}_0 \exp(-E/RT^0) \qquad (1-65)$$

结合式(1-63)和式(1-64)计算得到燃速为

$$u_0^0 = \sqrt{\frac{2\tilde{k}_0 \kappa c R (T_b^0)^2}{Q_s E} \exp\left(-\frac{E}{RT_b^0}\right)} \qquad (1-66)$$

这与 $n=0$ 时的气相火焰传播速率式(1-53)相吻合,因为是否存在扩散对零阶反应的速率没有任何影响。

(2)一阶反应

$$W_1 = \rho \tilde{k}_1 (1-\eta^0) \exp\left(-\frac{E}{RT^0}\right) \qquad (1-67)$$

将式(1-64)积分,并且考虑到式(1-63),得到前沿传播速率:

$$u_1^0 = \sqrt{\frac{\tilde{k}_1 \kappa c R (T_b^0)^2}{Q_s E} \exp\left(-\frac{E}{RT_b^0}\right)} \qquad (1-68)$$

与 u_0^0 仅相差了一个 $1/\sqrt{2}$ 因子。

在当前的无限凝聚相介质中燃烧前沿传播理论(Novozhilov,1961)与聚合前沿传播的可能性有关。几年后,Chechilo 等(1972)的实验中观察到了设想的聚合过程。

Belyaev 和 Komkova(1950)首先使用铝热剂研究了纯无气燃烧。在这种情况下,燃料和燃烧产物都很难挥发且化学稳定。因此,该反应主要发生在凝聚相中,其速率与压力无关。后一个事实被 Belyaev 和 Komkova(1950)的实验证实。

随着时间的推移,广泛的无气燃烧已经变得明显,特别是在自蔓延高温合成(SHS)发展之后(Merzhanov,1994)。人们发现了一大类正在进行无气化学转化的燃烧系统,这反过来又刺激了理论发展。

当考虑正在进行气化的凝聚相系统时,会出现一个不同的问题。必须考虑半无限空间 $-\infty < x \leq 0$, $x = 0$ 表示凝聚相与气相的界面。另一个重要的区别是,通常存在从气相到凝聚相的热流。因此,界面处的温度梯度不为零。

让我们首先考虑没有凝聚相热流的情形。

能量和质量守恒方程[式(1-57)和式(1-58)]仍然成立,而边界条件的形式为

$$x \to -\infty, \quad T^0 = T_a, \quad \eta^0 = 0 \tag{1-69}$$

$$x = 0, \quad \frac{\mathrm{d}T^0}{\mathrm{d}x} = 0, \quad \eta^0 = \eta_s^0 \tag{1-70}$$

式中:η_s^0 为进度变量(原始燃料转化为产物的分数)。

类似于式(1-60),有

$$\kappa \frac{\mathrm{d}T^0}{\mathrm{d}x} - u^0(T^0 - T_a) + \frac{u^0 \eta^0}{c} Q_s = 0 \tag{1-71}$$

在 $x = 0$ 处式(1-71)给出了交界面的温度表达式:

$$T_s^0 = T_a + \frac{Q_s}{c} \eta_s^0 \tag{1-72}$$

此外,式(1-70)~式(1-72)将温度梯度和反应区内的浓度联系起来

$$\kappa \frac{\mathrm{d}T^0}{\mathrm{d}x} = \frac{u^0 Q_s}{c}(\eta_s^0 - \eta^0) \tag{1-73}$$

将式(1-73)代入式(1-58)得到:

$$(u^0)^2 \frac{Q_s(\eta_s^0 - \eta^0)}{c\kappa} \frac{\mathrm{d}\eta^0}{\mathrm{d}T^0} = \frac{1}{\rho} W(T^0, \eta^0) \tag{1-74}$$

对于零阶反应式(1-65),对式(1-74)积分得到:

$$u_0^0 = \frac{1}{\eta_s^0} \sqrt{\frac{2\tilde{k}_0 \kappa c R (T_s^0)^2}{Q_s E}} \exp\left(-\frac{E}{RT_s^0}\right) \tag{1-75}$$

对于一阶反应式(1-67),有

$$u_1^0 = \sqrt{\frac{\tilde{k}_0 \kappa c R (T_s^0)^2}{[\eta_s^0 + (1-\eta_s^0)\ln(1-\eta_s^0)]Q_s E}} \exp\left(-\frac{E}{RT_s^0}\right) \tag{1-76}$$

对于较小的进度变量,零阶和一阶反应燃速几乎相等,实际上当 $\eta_s^0 \ll 1$ 时,有

$$\frac{u_0^0}{u_1^0} \approx 1 + \frac{\eta_s^0}{6} \tag{1-77}$$

Merzhanov 和 Dubovitsky(1959)、Manelis 等(1996)、Novikov 和 Ryazantsev

(1965a,1965b)的文章中考虑了放热反应前沿在凝聚相介质中的传播。它们涵盖了向反应区提供外部热量的情况,即最高温度点处的非零温度梯度。设 q 为进入凝聚相的热流密度

$$q = \lambda \left. \frac{dT^0}{dx} \right|_{x=0} \quad (1-78)$$

在没有热量供应的情况下,燃烧温度由反应区的放热决定:$Q_s = c(T_s^0 - T_a)$。随着气相热流密度 q 增加,燃烧温度 T_{sq}^0 增加,并可从式(1-79)中得到:

$$q + \rho u_q^0 Q_s = \rho u_q^0 c(T_{sq}^0 - T_a) \quad (1-79)$$

式中:u_q^0 为存在热量供应时的燃速。

对于零阶反应,燃速为(Chechilo 等,1972;Belyaev 和 Komkova,1950)

$$u_{q0}^0 = \frac{\sqrt{[u_0^0(T_{sq}^0)\rho Q_s]^2 + q^2}}{\rho c(T_{sq}^0 - T_a)} \quad (1-80)$$

这里 $u_0^0(T_{sq}^0)$ 代表式(1-66),其中 T_{sq}^0 替代了 T_b^0。

1.7 推进剂不稳定燃烧理论的两种方法

本节研究固体推进剂不稳定燃烧理论。显然,这样的理论必然涉及稳定燃烧过程的性质。有两种截然不同的方法可以将这些性质应用到理论中。

第一种方法是火焰模型(FM)方法。第二种方法是 Z-N(Zeldovich-Novozhilov)理论。

在 FM 方法的框架内,首先发展的是稳定燃烧模型。但是,对于现实的推进剂组合物来说,这一目标实际上是不可能实现的(Miller 和 Anderson,2004)。

原因如下:燃烧总是涉及大量的化学反应,在大多数情况下,燃速取决于化学动力学。因此,实际上每种燃烧理论基本上都依赖各种反应的动力学。然而,目前对燃烧动力学的认识还远远不够。例如,人们对凝聚相物质燃烧过程中涉及的反应动力学知之甚少。因此,理论计算使用了某些反应模型,这些模型只与实际的化学过程略有相似。很明显,这样的研究只是定性的,很难与实验相比较。例如,凝聚相物质的稳定燃烧理论是专门为最简单的化学反应开发的。虽然它可以定性地解释燃速与推进剂压力或初始温度的关系,但由于高度理想化的反应模型,它的实验验证实际上是不可能成功的。真实的物理化学过程比目前提出的理论模型要复杂得多。此外,显然不可能开发一种涵盖各种性质迥异的物质的定量稳定燃烧理论。De Luca(1992)对 FM 方法进行了综述。在这个方向上进行的研究的主要缺点是它们没有提供对相变机制的描述。特

别地,必须处理从凝聚相到气相的转变以及界面上发生的化学反应。上述问题尚未得到妥善解决。

通常使用 Denison 和 Baum(1961)提出的模型。它假定凝聚相和气相的质量燃速都符合阿伦尼乌斯定律,有

$$m_s^0 = C_s \exp(-E_s/RT_s^0) \tag{1-81}$$

$$m_g^0 = C_g p^{\frac{n}{2}} (T_b^0)^{(\frac{n}{2}+1)} \exp(-E_g/2RT_b^0) \tag{1-82}$$

在这些关系中,参数 C_s 和 C_g 是常量。根据 1.6 节的结果,如果 E_s 表示化学反应的活化能,则必须在指数的分母中引入乘数 2。对于气相燃速,式(1-82)符合式(1-53)。应该注意的是,气体的热扩散率被假定为与压力和温度无关(Denison 和 Baum,1961)。

此外,Denison 和 Baum(1961)假定两相的比热容相等。因此,燃烧温度被简单表示为

$$T_b = T_a + \frac{Q}{c} \tag{1-83}$$

在稳定下,质量燃速也是相等的,即

$$m_g^0 = m_s^0 \tag{1-84}$$

FM 方法也被其他一些研究者采用,例如 Belyaev(1938,1940)、Istratov 和 Librovich(1964)、Novikov 和 Ryazantsev(1966)。最有说服力的是 Belyaev(1938,1940)的模型,模型中将凝聚相向气体的转变看作在界面上有平衡条件的蒸发过程,这将在下一节中详细讨论。

均质推进剂不稳定燃烧理论处理的大多数问题都是在假定只有凝聚相中的预热层具有热惯性的情况下解决的。该理论只包含以时间为单位的量,即加热层的弛豫时间 $t_c \propto \kappa/(u^0)^2$,忽略了气体和凝聚相中化学反应区的有限弛豫时间以及气体中加热区的有限弛豫时间。这种方法称为准稳定、均质、一维(QSHOD)分析或 t_c 近似。

泽尔多维奇(1942)提出了这种不稳定理论的方法。他证明,在 100 atm 的压力下,预热层的弛豫时间远大于气相的弛豫时间。Akiba 和 Tanno(1959)以及 Hart 和 McClure(1959)后来也证实了这一点。

泽尔多维奇(1942)表明,t_c 近似允许以这样一种方式推导现象学不稳定理论,即化学反应动力学和所有复杂物理过程仅通过一种依赖关系包括在内,即稳定燃烧速率作为压力和初始温度的函数。后者可以通过实验确定,重要的是,仅需在稳定条件下测量这种依赖性。考虑由导热方程描述的凝聚相的热惯性并不困难。

这一理论的一大优点是,它允许考虑不稳定燃烧,而不涉及稳定理论。泽

尔多维奇理论只需燃烧速率与初始温度和压力 $u^0(T_a,p)$ 的关系。这种依赖性可以通过实验引入理论。Atwood 等(1999a,1999b)讨论了相关的实验技术。

泽尔多维奇理论定性地解释了不稳定燃烧中固有的某些现象,但它与实验的定量比较产生了矛盾。尤其表现在,根据这一理论,实际系统中的稳定燃烧是不稳定的。这种差异是由燃烧模型的过度简化造成的,其中凝聚相表面温度被认为是恒定的。

泽尔多维奇(1942)忽略了凝聚相中的化学反应以及推进剂表面温度 T_s^0 的相关变化。实验数据表明,表面温度是初始温度和压力的函数。因此,这种忽视导致理论和实验结果之间的差异。

Novozhilov(1965a,1965b)提出了具有可变表面温度的不稳定理论,他证明了除了函数 $u^0(T_a,p)$ 外,还需要表面和燃烧温度 $T_s^0(T_a,p)$ 和 $T_b^0(T_a,p)$ 对相同参数的依赖关系。这些稳定依赖性也可以通过实验确定。

值得注意的是,Z－N 理论的数学实现比 FM 方法中要求的要简单得多。例如,在线性近似中(不稳定过程仅与稳定略有偏差),燃料特性总是简单地通过燃速、表面温度和燃烧温度对初始温度和压力的线性灵敏度系数来反映。

1.8　稳定别利亚耶夫模型

如上所述,发展气化含能材料稳定燃烧理论的主要障碍是燃烧机理的复杂性,即使对于均质体系也是如此。特别是,这涉及从凝聚相到气相的相变,再加上化学变化。

第一个真实的凝聚相推进剂燃烧模型是由 Belyaev(1938,1940)提出的。他还对这个问题进行了实验研究,并将理论预测与测量结果进行了比较。最初的模型是针对液体物质建立的,但由于蒸发和升华过程之间的相似性,它同样适用于固体推进剂。在这个模型中,化学反应发生在液体的蒸汽中,液体被加热到一定的温度,并通过燃烧区的热通量蒸发(伴随着蒸发潜热 L)。最简单的反应方案为 $A \rightarrow P + Q_g$,其中 A 和 P 分别为初始推进剂和反应产物,Q_g 为反应热。还假设未燃烧的推进剂和产物的分子量相差很小,因此假定分子量是恒定的。类似地,假定凝聚相和气相的比热容相等。

考虑火焰附着在相界面 $x=0$ 处的问题。

在上述模型中,控制燃烧过程的方程包括凝聚相和气相($-\infty < x \leq 0$)中的导热方程:

$$\begin{cases} \dfrac{\mathrm{d}}{\mathrm{d}x}\lambda\dfrac{\mathrm{d}T^0}{\mathrm{d}x} - m^0 c\dfrac{\mathrm{d}T^0}{\mathrm{d}x} = 0 \\ \dfrac{\mathrm{d}}{\mathrm{d}x}\lambda\dfrac{\mathrm{d}T_g^0}{\mathrm{d}x} - m^0 c_p\dfrac{\mathrm{d}T_g^0}{\mathrm{d}x} + Q_g W(Y^0, T_g^0) = 0 \end{cases} \quad (1-85)$$

以及推进剂气化产物($0 \leqslant x < \infty$)的质量守恒方程:

$$\dfrac{\mathrm{d}}{\mathrm{d}x}D\rho_g\dfrac{\mathrm{d}Y^0}{\mathrm{d}x} - m^0\dfrac{\mathrm{d}Y^0}{\mathrm{d}x} - W(Y^0, T_g^0) = 0 \quad (1-86)$$

对于气相的 n 阶反应

$$W = \tilde{k}(\rho_g Y^0)^n \exp(-E_g/RT_g^0) \quad (1-87)$$

所需的边界条件为

$$x \to -\infty, \ T^0 = T_a$$
$$x \to \infty, \ \dfrac{\mathrm{d}T_g^0}{\mathrm{d}x} = 0, \ \dfrac{\mathrm{d}Y^0}{\mathrm{d}x} = 0 \quad (1-88)$$

界面间的关系具有以下形式:

$$\begin{cases} x = 0, \ T^0 = T_g^0 \\ \lambda\dfrac{\mathrm{d}T^0}{\mathrm{d}x}\bigg|_{0-} = \lambda_g\dfrac{\mathrm{d}T_g^0}{\mathrm{d}x}\bigg|_{0+} - m^0 L \\ m^0 = m^0 Y^0 - D\rho_g\dfrac{\mathrm{d}Y^0}{\mathrm{d}x} \end{cases} \quad (1-89)$$

最后,界面浓度与温度的平衡蒸发条件为

$$pY_s^0 = b\exp\left(-\dfrac{L\tilde{\mu}}{RT_s^0}\right) \quad (1-90)$$

式中: $\tilde{\mu}$ 为液体的分子量。如果某一给定压力 p_r 下的沸腾温度 T_r 已知,则可以排除常量参数 b。在本例中,式(1-90)重写为

$$pY_s^0 = p_r\exp\left[-\dfrac{L\tilde{\mu}}{R}\left(\dfrac{1}{T_s^0} - \dfrac{1}{T_r}\right)\right] \quad (1-91)$$

质量燃速可以通过适用于火焰在气体中传播的相同考虑因素来计算(1.5节)。特别地,应用式(1-39)~式(1-49),获得与式(1-53)相同的表达式:

$$(m_n^0)^2 = 2n!\dfrac{\lambda_g(T_b^0)\tilde{k}_n[\rho_g(T_b^0)]^n}{c_p}\left(\dfrac{c_p R(T_b^0)^2}{Q_g E_g}\right)^{n+1}\exp\left(-\dfrac{E_g}{RT_b^0}\right) \quad (1-92)$$

此外,与式(1-40)相比,燃烧温度不仅由气相反应热决定,还由蒸发热决定:

$$T_b^0 = T_a + \dfrac{Q_g - L}{c_p} \quad (1-93)$$

气相浓度场和温度场的相似性提供了燃料温度和界面浓度之间的关系

$$Y_s^0 = \frac{c_p(T_b^0 - T_s^0)}{Q_g} \qquad (1-94)$$

式(1-94)加上式(1-91),就可以得到 Y_s^0 和 T_s^0。

最终,式(1-85)和式(1-86)以及条件式(1-88)~式(1-91)给出了两相的温度分布和气相中的浓度分布。Belyaev 将该模型应用于硝化甘醇的燃烧,而 Allison 和 Faeth(1975)将其应用于肼的燃烧。

第2章
不稳定燃烧理论方程

2.1 主要假设

Z-N理论的主要假设如下。

(1) 该理论基于 t_c 假设,即气体中所有化学反应区和加热区的松弛时间与凝聚相的预热区的热惯性相比可以忽略不计。可以直观地看出后一个预热区(图1.1中Ⅰ区)的热松弛时间,$t_c \sim \kappa/(u^0)^2$,远远大于反应区(图1.1中Ⅱ区)的松弛时间 t_{cr}。事实上,后者可以被估计为 $t_{cr} \sim t_c \Delta T/(T_s^0 - T_a)$,其中 ΔT 为较大反应速率的温度范围。由于反应速率对温度的敏感性较强 $\Delta T \ll T^0 - T$,因此 $t_{cr} \ll t_c$,范围 ΔT 可以估计阿伦尼乌斯反应速率为 $\Delta T \sim R(T_s^0)^2/E$。例如,这里假设 $t_{cr}/t_c \propto 0.1$,则对应的有 $E \approx 84 \text{ kJ/mol}$,为此,凝聚相中的反应区被认为是无限薄的。

泽尔多维奇(1942)估计气相的惯量为 $t_g \propto l_g/u_g^0$,这里 l_g 是气体预热区的厚度,u_g^0 是该区域的平均气体速度。对于双基发射药,当压力从 1 atm 向 100 atm 变化时,松弛时间 t_c 从 0.5 s 向 10^{-3} s 变化。因此,在 1 atm 时 $t_c/t_g \propto 7 \times 10^3$,在 100 atm 时 $t_c/t_g \propto 7$。

要实现推进剂中温度分布的详细测量(1.3节)需要对上述预测模型进行修正。在根据实际温度变化进行估算之前,我们首先要知道,不稳定燃烧理论有两个主要问题需要研究。

第一个问题是在给定(特定)条件下对推进剂燃烧速率的预测,即压力、切向气流和外部辐射。这个问题已经被广泛地研究过,也是本书的一个主要焦点。第二个问题是研究实际燃烧室中的不稳定燃烧需要解决耦合问题,即压力必须通过相关方程来确定,这些方程与不稳定燃烧速率和燃烧室温度有关。在不稳定条件下,后者也随时间变化。

如第1章所述,N形双基发射药的实验数据表明,在一定的压力和初始温度范围内,气相反应区可分为两个区域。第一个区域最接近凝聚相表面,控制燃烧速率。该区域内的温度明显低于燃烧温度,这个区域称为冷焰区。第二个区域是气体火焰区域,距离表面几毫米。反应在激发态模式下进行,温度与燃烧温度相等。这个区域对燃烧速率的影响很小。这意味着在特定压力的变化过程中,如果冷焰区惯量比凝聚相的惯量小,则其所呈现的理论将是有效的。气体火焰区域的时间延迟不会影响结果。

对于已知的温度分布,由气相的温度惯量大小 t_g 可得

$$t_g = \int_0^{l_b} \frac{\mathrm{d}x}{u_g^0(x)} = \frac{p\tilde{\mu}}{m^0 R} \int_0^{l_b} \frac{\mathrm{d}x}{T_g^0(x)} \tag{2-1}$$

由于这两个火焰区域在压力超过约 60 atm 时会重合,长度大小 l_b 应该看作距离凝聚相表面的距离,在那里热量产生可以忽略,例如在 100 atm 时,$l_b = 2 \times 10^{-2}$ cm(以表面为起点,这个位置的温度约是气体燃烧温度的 0.9 倍),$t_g = 1.8 \times 10^{-4}$ s,该值比 $t_c = 10^{-3}$ s 小,因此气相惯量可忽略的假设是正确的。

在两个火焰区域分开的情况下,t_g 的预测应该以最接近表面的区域为基础,因为这个区域影响燃烧速率。实验数据($p = 50$ atm 时的温度变化)给出了 $t_c = 3 \times 10^{-3}$ s, $t_{cr} \approx 10^{-4}$ s, $t_c/t_{cr} = 30$。同样的条件,$t_c \gg t_{cr}$,也能在较低的压力下实现。因此,如果需要在已知外部条件(压力或切向流速)下预测燃烧速率,则气相惯量相对于凝聚相预热区惯量可以忽略不计。

(2)非定常过程的时间尺度 t_p(例如,一个压力变化周期)假定满足 $t_p \gg t_{cr}$ 和 $t_p \gg t_g$。该理论如果应用于频率为 10 kHz 量级的足够快的非定常过程,则可能与实验数据相矛盾。

(3)Z-N 理论(泽尔多维奇,1942;Novozhilov,1965a,1965b,1973a,1973b)假设已知燃烧速率、表面温度和燃烧温度的稳定依赖 $u^0(T_a,p)$、$T_s^0(T_a,p)$ 和 $T_b^0(T_a,p)$。这里 T_a 为推进剂初始温度,p 为压力或任何其他相关外部参数。这些依赖关系可以从实验数据或特定的推进剂燃烧模型中得到。

(4)推进剂性质假定是均匀的和各向同性的。当非均匀尺度比迈克尔逊长度小得多时,满足这一假设。后者是考虑稳定燃烧为 $l = \kappa/u^0$ 时得到的,即凝聚相的热扩散系数与线性稳定燃烧速率的比。这一要求对于火箭固体燃料是无条件成立的。它适用于燃料和氧化剂颗粒尺寸小于迈克尔逊长度的复合推进剂。

(5)考虑一维问题(3.3 节除外),即直的火焰前沿和凝聚相分离界面。均质推进剂的燃烧表面可能会形成特定的结构(Zenin,1992),当超过 10 atm 压力时,这个尺度要小于迈克尔逊长度。复合推进剂必须有足够小的颗粒尺寸来满足这一要求。

2.2 泽尔多维奇理论:恒定的表面温度

不稳定推进剂燃烧理论的最简单形式是由泽尔多维奇提出的,他假定燃烧燃料的表面温度是恒定的。值得注意的是,这种假设与实验数据有明显矛盾。然而,为了理解利用稳定燃烧速率对压力和初始温度的依赖关系来预测不稳定燃烧速率,考虑这一理论是有指导意义的。泽尔多维奇(1942,1964)的主要发现如下。

假设推进剂表面温度恒定,气相惯量可以忽略不计。记住,上标 0 表示稳定条件;不稳定过程的值省略下标。

在稳定燃烧条件下,燃烧速率由推进剂的压力和初始温度决定:

$$u^0 = F_u(p, T_a) \qquad (2-2)$$

燃烧产生的能量部分用于将推进剂从初始温度加热到表面温度,加热需要的热流为

$$\lambda f^0 = \rho c u^0 (T_s^0 - T_a) \qquad (2-3)$$

这里 f^0 为界面(凝聚相侧)的温度梯度

$$f^0 = \left.\frac{\mathrm{d}T^0}{\mathrm{d}x}\right|_{x=0} \qquad (2-4)$$

式(2-3)可以直接考虑能量平衡,也可以从米克尔森分布得到,而米克尔森分布是能量守恒的结果。

由于温度梯度、初始温度和燃烧速率之间的关系式(2-3)的存在,可以将式(2-2)改写为燃烧速率依赖初始温度和温度梯度的形式:

$$u^0 = F_f(p, f^0) \qquad (2-5)$$

事实上,使用式(2-3)可以将初始温度表示为燃烧速率和梯度的函数,然后将结果代入式(2-2)。用关系式(2-5)代替关系式(2-2)进行稳定燃烧是不方便的,因为实验测量容易提供推进剂的初始温度。然而,正是这种将燃烧速率作为压力和表面温度梯度函数的表示,才使对不稳定燃烧过程的描述有了决定性的一步。

惯性可以忽略,气相中的过程受到界面附近的压力和凝聚相温度分布的控

制。燃料层较深部位的温度变化与气相变化无关。

气相的温度分布和化学转变速率不仅取决于压力,还取决于表面的凝聚相温度梯度分布。后者的作用可以从它控制从气相到凝聚相的传热这一事实清楚地看出。也就是说,燃烧速率只受表面温度梯度式(2-4)的影响,而不受凝聚相温度分布的整体形状的影响。

上述推理意味着相同值(p, f^0)对应的稳定和瞬时不稳定燃烧速率相等。这一结论意味着依赖式(2-5)是普遍的,即适用于稳定和不稳定燃烧。因此,式(2-5)中的上标0可以省略。

稳定条件下的恒定燃烧速率对应f^0值,这是根据迈克尔逊分布得出的。不稳定条件下的燃烧速率由压力和梯度的瞬时值决定。因此,它是由压力的时间历程和凝聚相的热传导过程控制的,这决定了梯度的过程变化。后者在传热方程中得到了考虑:

$$\rho c \frac{\partial T}{\partial t} = \frac{\partial}{\partial x} \lambda \frac{\partial T}{\partial x} - \rho c u \frac{\partial T}{\partial x} \quad (x \leq 0) \tag{2-6}$$

描述凝聚相的热惯量。边界条件为

$$x = 0, \ T = T_s; \ x \rightarrow -\infty, \ T = T_a \tag{2-7}$$

必须补充已知的燃烧速率和压力依赖性,即

$$u = F_f(p, f), \ p = p(t) \tag{2-8}$$

如前所述,燃烧速率相关性$u(p, f)$应该将平衡式(2-3)的稳定关系$u^0(p, T_a)$考虑在内作为一个例子,让我们考虑一个最简单的稳定燃烧速率模型,即幂关系依赖压力和指数关系依赖初始温度:

$$u^0 = A p^l \exp(\beta T_a) \tag{2-9}$$

泽尔多维奇(1942)在他的第一篇关于不稳定燃烧的论文中考虑了这个模型。应用式(2-3),可以得到以下燃烧速率对压力和温度梯度的依赖关系:

$$u = A p^l \exp\left\{\beta \left(T_s - \frac{\kappa f}{u}\right)\right\} \tag{2-10}$$

如前所述,这种依赖关系对稳定和不稳定燃烧系统都适用。

我们画出固定压力值时的$u(f)$分布。首先考虑稳定燃烧,绘制依赖关系$u^0(T_a)$[由式(2-9)给出]和$(T_s^0 - T_a)(T_a)$作为初始温度的函数(图2.1中的曲线1和曲线2)。根据式(2-3),这些依赖关系的乘积给出了稳定梯度(图2.1中的曲线3)。这条曲线的重要特征是存在梯度的最大值。在低温下函数$f^0(T_a)$的增加是由于燃烧速率的强烈上升,而在高温时,该函数逐渐递减随着$T_s^0 - T_a$接近零。现在可以用曲线3得到依赖关系$u^0(f^0)$,这在非定常状态下同样适用。这种依赖关系如图2.2所示。在稳定条件下,这条曲线上的每个点对应固定初始温度下的恒定燃烧速率。燃烧速率的最大值发生在初始温度等于表面温度的时候。这条曲线上最大梯度值的存在意味着燃烧速率不能唯一地确定。

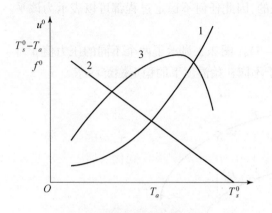

图 2.1 燃烧速率与表面温度梯度的关系计算过程

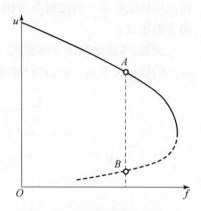

图 2.2 燃烧速率与地表温度梯度的关系

然而泽尔多维奇(1942,1964)表明,稳定的稳定解只在曲线的下降分支中观察到:

$$\left(\frac{\partial u}{\partial f}\right)_p < 0 \qquad (2-11)$$

曲线的其余部分对应于物理上无关的不稳定燃烧状态,因此以虚线表示。例如,图 2.2 中 A 点对应的燃烧状态是稳定的,即凝聚相的温度分布不随时间变化。B 点对应相同的温度梯度值,但是较低的初始温度。如果燃烧速率足够小,那么这个点的燃烧模式稳定。但是,由于在相同的梯度值下,可能出现较大的燃烧速率值(A 点对应的燃烧速率),事实上,燃烧是随着后者较高的燃烧速率值进行的。结果就是,推进剂的深层不加热,温度分布变窄,表面温度梯度上升。当后者达到其可能的最大值时,燃烧停止。

燃烧的稳定性要求表面温度梯度的降低从而燃烧速率的增加。这可以从以下原因定性地理解:更高的燃烧速率导致预热层更快地燃尽,从而增加梯度和接近稳定条件。因此,在定压和表面温度恒定的条件下,只有满足式(2-11)时,燃烧状态才稳定。很容易证明(见问题8),将燃烧模型式(2-9)的条件式(2-11)转化为以下的稳定性标准:

$$k < 1, \quad k = \beta(T_s^0 - T_a) \qquad (2-12)$$

同时,允许稳定燃烧进行的初始温度的最低值为

$$T_a^* = T_s^0 - \frac{1}{\beta} \tag{2-13}$$

泽尔多维奇提出用平面(f,u)来表示不稳定燃烧状态。由于燃烧速率和表面温度梯度在某一特定时刻是相关的,因此任何不稳定过程都可以表示为该平面上的轨迹。

例如,考虑燃烧速率模型式(2-9)。图2.3显示了两个不同的压力值p对$u(f)$的依赖关系$p_2 > p_1$,它们对应于不同初始温度下的稳定燃烧状态。

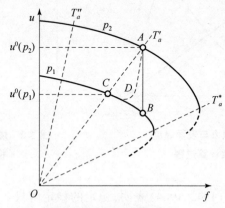

图2.3 平面过渡区(f,u)

注意坐标系的原点($T_a'' > T_a'$)。事实上,式(2-3)意味着对于固定的表面温度,稳定燃烧速率和表面温度梯度是呈比例的:

$$u^0 = \frac{\kappa f^0}{T_s - T_a} \tag{2-14}$$

曲线斜率越小,初始温度越低。T_a^*曲线是稳定边界。参数k沿这条线取最大值$k = 1$。

如果压力变化的时间尺度相对于预热层的松弛时间t_c较大,则这个过程是准稳定的。这种状态的轨迹由从原点出现的与实际推进剂初始温度相对应的线表示。在这种情况下,燃烧速率遵循稳定依赖式(2-9),$u^0 \sim p^l$。类似地,曲线$p = $常数表示由初始温度缓慢变化而得到的准稳定状态。在这种情况下,再次从式(2-9)中找到燃烧速率,这一次作为T_a的一个函数,$u^0 \sim \exp(\beta T_a)$。

在压力从p_2快速下降到p_1的相反范围,凝聚相中的温度分布基本保持不变,表面温度梯度也是如此。

这个过程p_1如图2.3中的垂直线AB所示。B点的燃烧速率小于p_1压力下稳定燃烧的相应值(用C点表示)。因此热传导会导致表面温度梯度的降低,相应的燃烧速率的增加。该过程将沿曲线段BC接近稳定状态。压力和燃烧速率在图 2.4 中显示为时间的函数。对于较慢的压降,不稳定过程轨迹由图 2.3 中的虚线曲线 ADC 表示。这种情况下的压力和燃烧速率如图 2.5 所示。

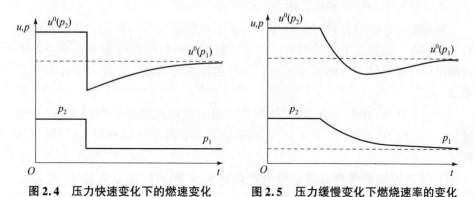

图 2.4 压力快速变化下的燃速变化　　图 2.5 压力缓慢变化下燃烧速率的变化

任何其他不稳定燃烧过程都可以用同样的方法定性地考虑。

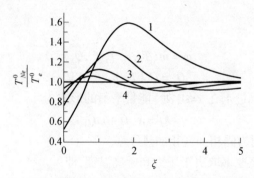

图 2.6 近似温度曲线与精确温度曲线之间的比例 $T_e^0(\xi)$

(每条曲线上的数字表示 N 用于计算每个曲线的近似温度曲线 T_{Ne}^0)

2.3 表面温度变化

本节将不稳定燃烧理论(泽尔多维奇,1942)推广到表面温度变化的情况。在 2.1 节的假设下,通过求解给定初始温度分布下凝聚相的传热方程,可以预测推进剂的不稳定燃烧过程。为了施加适当的边界条件,燃烧速率、表面温度和燃烧温度对压力和表面温度的依赖关系梯度必须已知。这些关系是通过转换各自的稳定依赖关系得到的。此外,其还需要指定压力随时间变化或一个可以确定后者的方程。

不稳定燃烧理论的一个主要焦点是研究压力变化对燃烧速率的影响。应该注意的是，其他影响燃烧速率的因素也可以用类似的方式来解释。其中，最重要的是燃烧面附近切向气流的速度。在后一种情况下，凝聚相惯量导致了流速的瞬时值与燃烧速率的相应值之间的延迟。

所发展的理论还允许考虑燃烧产物辐射对燃烧速率的影响。有些推进剂对热辐射在一定程度上是透明的。这意味着超过辐射的穿透深度 l_r 推进剂中的温度分布受到另一个热源的影响。辐射条件下的不稳定燃烧问题在第 6 章考虑。

从这里开始，在本节中，与气相有关的影响燃烧区域的外部因素（没有惯量）记为 p，称为"压力"。事实上，它也可能意味着其他外部参数，如切向气流速度。

采用 t_c 近似意味着凝聚相质量燃烧速率 m 和对应的反应热 Q_s 是表面温度 T_s、压力、从气相的供热速率，到凝聚相的传热速率的函数。气体的供热速率由气相侧的温度梯度 f_g 控制，而对凝聚相的传热则受凝聚相侧温度梯度 f 的控制。

因此有

$$m = m(T_s, p, f, f_g, Q_s) \tag{2-15}$$

$$Q_s = Q_s(T_s, p, f, f_g) \tag{2-16}$$

界面（$x=0$，推进剂在 $x \leq 0$ 处）能量平衡的形式为

$$\lambda f = \lambda_g f_g + mQ_s \tag{2-17}$$

式中：λ 和 λ_g 分别为固相和气相的热导率。

气相中的燃烧速率取决于压力和燃烧温度，即

$$m_g = m_g(T_b, p) \tag{2-18}$$

由于气体中燃烧区的惯量可忽略不计，因此有

$$m = m_g \tag{2-19}$$

气相的能量平衡是

$$mcT_s + m(Q_s + Q_g) - \lambda f = mc_p T_b \tag{2-20}$$

而总化学能是守恒的，即

$$Q_s + Q_g = Q \tag{2-21}$$

压力被认为是时间的函数，式 2-15 ~ 式 2-21 包含 8 个未知数 T_s、T_b、f、f_g、Q_s、Q_g、m、m_g，这意味着任何未知数都可以看作两个参数的函数，即 $x=0$ 时凝聚相的压力和温度梯度 f。例如，可以考虑关系 $m = m(p, f)$，$T_b = T_b(p, f)$ 等。

无论考虑的是定常状态还是非定常状态，所提出的推理都是有效的。因此，所得到的燃烧过程参数与 p 和 f 这两个变量的相关性在稳定和不稳定情况下都是普遍适用的。

我们把对压力和初始温度的稳定依赖关系称为稳定燃烧定律。其中最重要的是对燃烧速率、表面温度和燃烧温度的依赖关系。它们的上标 0 表示稳定条件,即

$$u^0 = F_u(p^0, T_a), \quad T_s^0 = F_s(p^0, T_a), \quad T_b^0 = F_b(p^0, T_a) \quad (2-22)$$

这些依赖关系可以从稳定燃烧的实验数据或从特定的推进剂燃烧模型中得到。

另外,让我们把任何变量对表面 f 上的压力和温度梯度的依赖关系称为不稳定燃烧定律。这些例子是

$$u = u(p, f), \quad T_s = T_s(p, f), \quad T_b = T_b(p, f) \quad (2-23)$$

稳定燃烧定律式(2-22)可以转化为不稳定燃烧定律,使用稳定燃烧状态下推进剂温度的迈克尔逊分布:

$$T^0(x) = T_a + (T_s^0 - T_a)\exp\left(\frac{u^0 x}{\kappa}\right) \quad (2-24)$$

以及直接从该分布中获得的梯度值

$$f = \left.\frac{\partial T}{\partial x}\right|_{x=0}, \quad f^0 = \frac{u^0}{\kappa}(T_s^0 - T_a) \quad (2-25)$$

后一个表达式允许将式(2-22)转换为

$$u^0 = F_u\left(p^0, T_s^0 - \kappa\frac{f^0}{u^0}\right)$$

$$T_s^0 = F_s\left(p^0, T_s^0 - \kappa\frac{f^0}{u^0}\right) \quad (2-26)$$

$$T_b^0 = F_b\left(p^0, T_s^0 - \kappa\frac{f^0}{u^0}\right)$$

该理论的主要思想是,对于不稳定燃烧也存在同样的依赖关系(如刚才所讨论的,依赖关系式(2-26)是普遍的,因此关于稳定的上标可以省略)。

$$u = F_u\left(p, T_s - \kappa\frac{f}{u}\right)$$

$$T_s = F_s\left(p, T_s - \kappa\frac{f}{u}\right) \quad (2-27)$$

$$T_b = F_b\left(p, T_s - \kappa\frac{f}{u}\right)$$

后一结论表明,考虑凝聚相的惯量可以得到不稳定燃烧速率。这可以通过求解传热方程来实现:

$$\rho c\frac{\partial T}{\partial t} = \frac{\partial}{\partial x}\lambda\frac{\partial T}{\partial x} - \rho c u\frac{\partial T}{\partial x} \quad (2-28)$$

边界条件为

$$x \to -\infty, T = T_a; x = 0, T = T_s \qquad (2-29)$$

已知关系式(2-27),初始温度曲线和压力时间变化也必须指定。

$$t = 0, T = T_t(x); p = P(t) \qquad (2-30)$$

以下推导经常使用无量纲变量。u^0 是对应于稳定状态的特定燃烧速率值(例如初始或平均)压力 p^0。无量纲变量被引入为

$$v = \frac{u}{u^0}, \xi = \frac{u^0}{\kappa}x, \tau = \frac{(u^0)^2}{\kappa}t, \eta = \frac{p}{p^0} \qquad (2-31)$$

其中 x 和 t 分别是空间笛卡儿坐标和时间。这里的空间尺度和时间尺度分别是凝聚相的预热区尺度。

引入无量纲推进剂温度、凝聚相表面温度梯度和表面温度:

$$\theta = \frac{T - T_a}{T_s^0 - T_a}, \varphi = \frac{f}{f^0}, \vartheta = \frac{T_s - T_a}{T_s^0 - T_a} \qquad (2-32)$$

表面温度 T_s^0、温度梯度 f^0 对应燃烧速率为 u^0 的稳定状态。不稳定燃烧理论的问题现表述为:来找到求解传热方程的燃烧速率 $v(\tau)$:

$$\frac{\partial \theta}{\partial \tau} = \frac{\partial^2 \theta}{\partial \xi^2} - v\frac{\partial \theta}{\partial \xi} \quad (\xi \leq 0) \qquad (2-33)$$

有初始条件和边界条件:

$$\theta(\xi, 0) = \theta_i(\xi), \theta(-\infty, \tau) = 0, \theta(0, \tau) = \vartheta(\tau) \qquad (2-34)$$

考虑到关系

$$v = v(\eta, \varphi), \vartheta = \vartheta(\eta, \varphi) \qquad (2-35)$$

压力依赖关系

$$\eta = \eta(\tau) \qquad (2-36)$$

如果需要,可以从式(2-18)中得到不稳定的燃烧温度。很明显,在稳定条件下

$$\theta = e^{\xi}, \eta = 1, \vartheta = 1, \varphi = 1, v = 1 \qquad (2-37)$$

2.4 理论的积分表达式

在 2.3 节讨论的理论公式中得到的不稳定燃烧问题的解,除其他参数外,产生了与时间有关的推进剂温度分布 $\theta(\xi, \tau)$。这一领域实际上是该理论的副产物,因为它通常不用于双基炸药研究(除了少数非常特殊的情况)。事实上,不稳定燃烧理论的主要焦点是根据给定的压力和/或切向气流速度的时间依赖性来预测燃烧速率 $u(\tau)$ 的。因此,以这样一种方式(Novozhilov,1970)重新表述

该理论是很自然的,即排除(在弹道中的应用)无效的领域 $\theta(\xi,\tau)$。

假设在推进剂表面右侧 $\theta=0(\xi>0)$,把热传导方程式(2-38)

$$\frac{\partial \theta}{\partial \tau} = \frac{\partial^2 \theta}{\partial \xi^2} - v\frac{\partial \theta}{\partial \xi} \quad (\xi \leq 0) \tag{2-38}$$

代入傅里叶变换得

$$F(k,\tau) = \int_{-\infty}^{0} \theta(\xi,\tau) e^{-ik\xi} d\xi \tag{2-39}$$

它将偏导数随时间的变化转化为傅里叶变换的全时间导数。变换后的方程右边的第一项可以分部积分两次得到:

$$\int_{-\infty}^{0} \frac{\partial^2 \theta}{\partial \xi^2} e^{-ik\xi} d\xi = \varphi + ik\vartheta - k^2 F \tag{2-40}$$

最后,将流项变换为

$$-v\int_{-\infty}^{0} \frac{\partial \theta}{\partial \xi} e^{-ik\xi} d\xi = -v(\vartheta + ikF) \tag{2-41}$$

因此,傅里叶变换的演化方程为

$$\frac{dF}{d\tau} + (k^2 + ikv)F = \varphi - v\theta + ik\theta \tag{2-42}$$

初始条件设为

$$F(k,0) = \int_{-\infty}^{0} \theta_i(\xi) e^{-ik\xi} d\xi \tag{2-43}$$

线性方程式(2-42)[具有初始条件式(2-43)]有以下解

$$F(k,\tau) = \int_{0}^{\tau} [\varphi(\tau') - v(\tau')\vartheta(\tau') + ik\vartheta(\tau')] \exp[-k^2(\tau-\tau') - ikI] d\tau'$$
$$+ F(k,0)\exp[-k^2\tau - ikJ] \tag{2-44}$$

同时

$$I = \int_{\tau'}^{\tau} v(\tau'') d\tau'', \quad J = \int_{0}^{\tau} v(\tau'') d\tau'' \tag{2-45}$$

解式(2-44)现在可以进行逆转换:

$$\theta(\xi,\tau) = \frac{1}{2\pi} \int_{-\infty}^{\infty} F(k,\tau) e^{ik\xi} dk \tag{2-46}$$

下面的积分出现在这个逆转换中:

$$\int_{-\infty}^{\infty} e^{-q^2k^2} \cos pk \, dk = \frac{\sqrt{\pi}}{q} e^{-p^2/4q^2}, \quad \int_{-\infty}^{\infty} k e^{-q^2k^2} \sin pk \, dk = \frac{\sqrt{\pi}p}{2q^3} e^{-p^2/4q^2}$$
$$\tag{2-47}$$

得到的温度积分方程为

$$\theta(\xi,\tau) = \frac{1}{2\sqrt{\pi}}\left\{\int_0^\tau \left(\varphi(\tau') - v(\tau')\vartheta(\tau') + \frac{\vartheta(\tau')(I-\xi)}{2(\tau-\tau')}\right)\exp\frac{-(I-\xi)^2}{4(\tau-\tau')}\frac{\mathrm{d}\tau'}{\sqrt{\tau-\tau'}}\right.$$

$$\left. + \frac{1}{\sqrt{\tau}}\int_{-\infty}^0 \theta_i(z)\exp\frac{-(z+J-\xi)^2}{4\tau}\mathrm{d}z\right\} \tag{2-48}$$

在式(2-48)中存在三个未知的时间函数:燃烧速率、表面温度梯度和表面温度。

式(2-35)不足以确定这3个函数。而v、ϑ和φ之间的第三个关系可以在表面$\xi=0$调用式(2-48)得到。温度曲线的跳动发生在$\xi=0$时,$\theta(0,\tau) = \vartheta(\eta,\varphi)$、在$\xi>0$时,$\theta(0,\tau) \equiv 0$。因此,使式(2-48)中的$\xi=0$,右边乘以2,得

$$\theta(\tau) = \frac{1}{\sqrt{\pi}}\left\{\int_0^\tau \left(\varphi(\tau') - v(\tau')\vartheta(\tau') + \frac{\vartheta(\tau')I}{2(\tau-\tau')}\right)\exp\frac{-I^2}{4(\tau-\tau')}\frac{\mathrm{d}\tau'}{\sqrt{\tau-\tau'}}\right.$$

$$\left. + \frac{1}{\sqrt{\tau}}\int_{-\infty}^0 \theta_i(z)\exp\frac{-(z+J)^2}{4\tau}\mathrm{d}z\right\} \tag{2-49}$$

考虑到瞬时关系:

$$v = v(\eta,\varphi),\ \vartheta = \vartheta(\eta,\varphi) \tag{2-50}$$

我们可以得到一个封闭的方程集,它允许任意函数v、ϑ或φ在指定依赖时间的$\eta(\tau)$作为输入时被确定。

推进剂的全部温度分布$\theta(\xi,\tau)$仍然可以找到,如果需要参见式(2-48)。

燃烧过程中最重要的参数是燃烧速率。如果式(2-50)关系明确,则式(2-49)和式(2-50)可以简化为$v(\tau)$的单个方程,而后者在任何给定时间的值将由压力的时间变化来确定。

当解决内部的双基炸药问题时,积分方程式(2-49)的使用比原来的方程式(2-33)~式(2-36)有明显的优势。首先,不需要找到无用的函数$\theta(\xi,\tau)$。这为不允许解析解的问题带来了更有效的数值求解方法。其次,若干不稳定燃烧问题可以用扰动法来解决,即对一些小参数进行展开式,例如对谐振压力幅值的展开式。在这种情况下,由于不考虑稳定温度分布的各种扰动,使用积分方程可以显著地简化计算。最后,所得积分方程的作用在于它封闭了内弹道问题所需的方程组(包含其他变量如压力和燃速)。对于稳定或准稳定燃烧状态,该集合由稳定依赖关系$u^0 = u^0(p,T_a)$封闭。对于不稳定燃烧,需要用积分关系式(2-49)和附加限制式(2-50)来代替这种稳定依赖关系。显然,理论式(2-33)~式(2-36)的偏微分方程式也可以用于同样的目的。然而,在这种情况下,由于需要考虑推进剂温度分布$\theta(\xi,\tau)$,因此内部的双基炸药的控制方程组明显变得更加复杂。

2.5 常微分方程组的理论表达式

描述推进剂不稳定燃烧的方程组式(2-33)~式(2-36)包含传热方程式(2-33)。后者是一个偏微分方程,可以用无穷常微分方程组代替(Novozhilov,2003,2004)。

为了给出这样一个集合,我们将使用定义为 $0 \leqslant \xi < \infty$ 的拉盖尔(Laguerre)多项式。因此,在式(2-33)和边界条件式(2-34)中,空间坐标的符号都应该转换。结果是

$$\frac{\partial \theta}{\partial \tau} = \frac{\partial^2 \theta}{\partial \xi^2} + v \frac{\partial \theta}{\partial \xi} \quad (\xi \geqslant 0) \tag{2-51}$$

$$\theta(0,\tau) = \vartheta(\tau), \; \theta(\infty,\tau) = 0 \tag{2-52}$$

无量纲温度梯度的表达式改为

$$\varphi = -\left.\frac{\partial \theta}{\partial \xi}\right|_{\xi=0} \tag{2-53}$$

解决方案以下列系列的形式来寻求:

$$\theta(\xi,\tau) = e^{-\xi} \sum_{n=0}^{\infty} y_n(\tau) L_n(\xi) \tag{2-54}$$

其中

$$L_n(\xi) = \frac{e^{\xi}}{n!} \frac{d^n}{d\xi^n} e^{-\xi} \xi^n \tag{2-55}$$

是 Laguerre 多项式。它们在 $0 \leqslant \xi < \infty$ 上是正交的(权重 $e^{-\xi}$)。

$$\int_0^{\infty} e^{-\xi} L_m(\xi) L_n(\xi) d\xi = \delta_{mn} \tag{2-56}$$

利用式(2-54)~式(2-56),温度分布表示为

$$y_n(\tau) = \int_0^{\infty} \theta(\xi,\tau) L_n(\xi) d\xi \tag{2-57}$$

在式(2-51)两边同时乘以 $L_n(\xi)$ 对 ξ 从 0 到无穷积分。左边变成 y 的时间导数 y_n,右边可以分部积分,考虑下式

$$L_n(0) = 1, \; \left.\frac{dL_n(\xi)}{d\xi}\right|_{\xi=0} = -n$$

$$\frac{dL_n(\xi)}{d\xi} = -\sum_{s=0}^{n-1} L_s(\xi), \; \frac{d^2 L_n(\xi)}{d\xi^2} = \sum_{s=0}^{n-2} (n-s-1) L_s(\xi) \tag{2-58}$$

最终的结果是凝聚相中温度分布的常微分方程组为

$$y'_n(\tau) = \varphi(\tau) - n\vartheta(\tau) + \sum_{s=0}^{n-2}(n-s-1)y_s(\tau) +$$
$$v(\tau)\left(\sum_{s=0}^{n-1}y_s(\tau) - \vartheta(\tau)\right) \quad (n=0,1,2,\cdots) \quad (2-59)$$

式(2-59)的数值解要求有限数量的方程,直到 $n_{max}=N$,才能保留。显然,n_{max} 的选择是由精度决定的,它随着 $n_{max}\to\infty$。

因此,得到了 $N+1$ 个瞬态的常微分方程组

$$y'_n(\tau) = \varphi(\tau) - n\vartheta(\tau) + \sum_{s=0}^{n-2}(n-s-1)y_s(\tau) +$$
$$v(\tau)\left(\sum_{s=0}^{n-1}y_s(\tau) - \vartheta(\tau)\right) \quad (n=0,1,2,\cdots,N) \quad (2-60)$$

再加上燃烧速率和表面温度的相关性[式(2-35)]:

$$v = v(\eta,\varphi), \quad \vartheta = \vartheta(\eta,\varphi) \quad (2-61)$$

另外,也可以是压力对时间的显式依赖:

$$\eta = \eta(\tau) \quad (2-62)$$

或者必须给出一个允许确定压力的方程。

式(2-60)~式(2-62)为 $N+5$ 个未知数,v、φ、ϑ、η 和 $N+1$ 分布矩,仅包含 $N+4$ 个方程。缺少一个额外的方程使集合是封闭的,这是由无穷方程组到有限方程组的变换的结果。

在本例中,封闭相当简单:在 $\xi=0$ 处应用的展开式(2-54)提供了所需的额外方程:

$$\vartheta(\tau) = \sum_{s=0}^{N} y_s(\tau) \quad (2-63)$$

特别是在稳定条件下:

$$\eta^0 = 1, \quad \varphi^0 = 1, \quad v^0 = 1, \quad \vartheta^0 = 1,$$
$$y_0^0 = 1, \quad y_n^0 = 0 \quad (n=1,2,\cdots,N)$$

应该注意的是,也可以从式(2-54)中获得

$$\varphi(\tau) = \sum_{s=0}^{N}(s+1)y_s(\tau) \quad (2-64)$$

后一种关系可用于控制计算的精度,即选择适当的截断数 N。图2.6给出了本方法的一个应用实例。

2.6 线性近似

燃烧推进剂代表一个非线性系统。这可以从描述推进剂燃烧所必需的热

第 2 章 不稳定燃烧理论方程

传导方程中看出,它包含一个非线性对流项(等于燃烧速率和温度梯度的乘积)。此外,不稳定燃烧规律通常是非线性的。

非线性问题的解析解是例外。特别是在不稳定推进剂燃烧理论中,虽然我们只能指出两篇论文(泽尔多维奇,1964;Librovich 和 Novozhilov,1972),但是得到了描述自相似燃烧波的解析解。

当燃烧状态接近于稳定时,存在一些不稳定燃烧问题。这些问题可以用扰动法来解决。特别地,将原问题在稳定燃烧状态附近线性化,得到了适当的解析解。线性化是解决不稳定燃烧理论中具有挑战性的重要问题的有效方法。一些例子将在后面的章节中考虑。

本节的写作目的是发展非稳定推进剂燃烧理论的线性化版本。

当燃烧状态与稳定状态仅存在微弱差异时,任意时变变量均可表示为稳定值和一个小修正。例如,压力可以写成 $p(t) = p^0 + p_1(t), p_1 \ll p^0$ 在所有的变换和线性逼近的最终表达式中,只考虑与一阶修正呈比例的值。

让我们从不稳定热传导方程的线性化开始,即

$$\frac{\partial T}{\partial t} = \kappa \frac{\partial^2 T}{\partial x^2} - u \frac{\partial T}{\partial x} \qquad (2-65)$$

设 $T^0(x)$ 是满足方程的稳定解:

$$\kappa \frac{\partial^2 T^0}{\partial x^2} - u^0 \frac{\partial T^0}{\partial x} = 0 \qquad (2-66)$$

式中:u^0 为稳定燃烧速率。式(2-65)被线性化,假设

$$T(x,t) = T^0(x) + T_1(x,t), \ u(t) = u^0 + u_1(t) \quad (T_1 \ll T^0; u_1 \ll u^0) \qquad (2-67)$$

将这些代入式(2-65)并考虑式(2-66)得到线性近似的热传导方程:

$$\frac{\partial T_1}{\partial t} = \kappa \frac{\partial^2 T_1}{\partial x^2} - u^0 \frac{\partial T_1}{\partial x} - u_1 \frac{\mathrm{d} T^0}{\mathrm{d} x} \qquad (2-68)$$

边界和初始条件的线性化

$$x \to -\infty, T = T_a; \ x = 0, T(0,t) = T_s(t) \quad t = 0, T(x,0) = T_i(x) \qquad (2-69)$$

不呈现任何困难。表面温度和初始温度分布写成这种形式:

$$T_s(t) = T_s^0 + T_{s1}(t), \ T_i(x) = T_i^0(x) + T_{i1}(x) \qquad (2-70)$$

对于小的修正,得到

$$x \to -\infty, T_1 = 0; \ x = 0, T_1(t) = T_{s1}(t) \quad t = 0, T_1(x) = T_{i1}(x) \qquad (2-71)$$

该理论的必要组成部分是燃烧速率的稳定依赖关系、表面和燃烧温度对压力和初始温度的依赖关系。它们被写成(上标 0 表示通常的稳定)

$$u^0 = F_u(p^0, T_a), \quad T_s^0 = F_s(p^0, T_a), \quad T_b^0 = F_b(p^0, T_a) \qquad (2-72)$$

并且可以转化为它们的不稳定对应项:

$$u = F_u\left(p, T_s - \frac{\kappa f}{u}\right), \quad T_s = F_s\left(p, T_s - \frac{\kappa f}{u}\right), \quad T_b = F_b\left(p, T_s - \frac{\kappa f}{u}\right) \qquad (2-73)$$

继续对它们进行线性化,在线性逼近中,第一定律的形式是

$$u_1 = \left(\frac{\partial u^0}{\partial p^0}\right)_{T_a} p_1 + \left(\frac{\partial u^0}{\partial T_a}\right)_{p^0}\left(T_{s1} - \frac{\kappa f_1}{u^0} + \frac{\kappa f^0 u_1}{(u^0)^2}\right) \qquad (2-74)$$

进一步使用以下无量纲参数:

$$\iota = \left(\frac{\partial \ln u^0}{\partial \ln p^0}\right), \quad k = (T_s^0 - T_a)\left(\frac{\partial \ln u^0}{\partial T_a}\right)_{p^0}, \quad \mu = \frac{1}{T_s^0 - T_a}\left(\frac{\partial T_s^0}{\partial \ln p^0}\right)_{T_a},$$

$$r = \left(\frac{\partial T_s^0}{\partial T_a}\right)_{p^0}, \quad r_b = \left(\frac{\partial T_b^0}{\partial T_a}\right)_{p^0}, \quad \mu_b = \frac{1}{T_s^0 - T_a}\left(\frac{\partial T_b^0}{\partial \ln p^0}\right)_{T_a}, \quad \delta = \iota r - \mu k \qquad (2-75)$$

在这个符号中,式(2-74)可以写成这样的形式:

$$\frac{u_1}{u^0} = \iota \frac{p_1}{p^0} + k\left(\frac{T_{s1}}{T_s^0 - T_a} - \frac{f_1}{f^0} + \frac{u_1}{u^0}\right) \qquad (2-76)$$

进一步介绍无量纲变量:

$$\tau = \frac{(u^0)^2 t}{\kappa}, \quad \xi = \frac{u^0 x}{\kappa}, \quad v_1 = \frac{u_1}{u^0}, \quad \eta_1 = \frac{p_1}{p^0}, \quad \varphi_1 = \frac{f_1}{f^0}$$

$$\theta_1 = \frac{T_1 - T_a}{T_s^0 - T_a}, \quad \theta_b = \frac{T_b - T_a}{T_s^0 - T_a}, \quad \vartheta = \frac{T_s - T_a}{T_s^0 - T_a}, \qquad (2-77)$$

使用这些变量,式(2-76)和其余的不稳定燃烧定律为

$$v_1 = \iota \eta_1 + k(\vartheta_1 - \varphi_1 + v_1)$$
$$\vartheta_1 = \mu \eta_1 + r(\vartheta_1 - \varphi_1 + v_1) \qquad (2-78)$$
$$\theta_{b1} = \mu_b \eta_1 + r_b(\vartheta_1 - \varphi_1 + v_1)$$

后面的方程可以分解推导出 v_1、ϑ_1 和 θ_{b1} 为

$$v_1 = \frac{1}{s}\left[k\varphi_1 - (\iota - \delta)\eta_1\right]$$
$$\vartheta_1 = \frac{1}{s}\left[r\varphi_1 - (\mu + \delta)\eta_1\right] \qquad (2-79)$$
$$\theta_{b1} = \frac{1}{s}\{r_b \varphi_1 - [s\mu_b - r_b(\iota + \mu)]\eta_1\}, \quad (s = k + r - 1)$$

最后,我们结合结果(在无量纲变量)写出线性化的传热方程,连同初始条件和边界条件:

$$\frac{\partial \theta_1}{\partial \tau} = \frac{\partial \theta_1^2}{\partial \xi^2} - \frac{\partial \theta_1}{\partial \xi} - v_1 \frac{\mathrm{d}\theta^0}{\mathrm{d}\xi}$$
$$\xi \to -\infty, \theta_1 = 0; \xi = 0, \theta_1(0,\tau) = \vartheta_1(\tau)$$
$$\tau = 0, \theta_1(\xi, 0) = \theta_{i1}(\xi)$$
(2-80)

式(2-79)和式(2-80)的集合表示了线性近似下的不稳定燃烧问题(给定压力随时间变化)的表达式。

2.7 理论的常规数学证明

不稳定燃烧理论的主要思想是从稳定燃烧定律得到不稳定燃烧定律的可能性。对于表面温度恒定的情况,如2.2节所示,将稳定依赖关系 $u^0(p^0, T_a)$ 转化为非定常依赖 $u(p, f)$ 是很简单的。

2.3节考虑了变化的表面温度的情况。但是,考虑简化为只考虑动力学和热效应。

在本章开头所列的假设下,下面给出一个更严格的证明,证明不稳定燃烧定律的存在。不稳定燃烧定律参考温度梯度、压力的瞬时值与描述无惯性区域的任何参数之间的相关性。后者是凝聚相和气相的界面,是气体所占的区域。

下面的分析使用了一个坐标系,在这个坐标系中,初始凝聚相物质沿 x 轴正方向运动,其速度与线性燃烧速率 $u(t)$ 相吻合。因此,无论燃烧状态如何,两相界面的位置都保持在 $x=0$。凝聚相的化学转变区域(图1.1中的区域Ⅱ)假定是无限薄的。

化学转变、进一步复杂的运输过程和气体运动,发生在界面附近的凝聚相和气相两侧。初始物质转化为燃烧气体产物的空间包括三个区域(图1.1):

区域Ⅰ($-\infty < x \leq 0$)。这是凝聚相被加热的区域。没有发生任何化学转化。

区域Ⅱ($x=0$)。在这里,凝聚的物质被转化为中间体气态产品。如前所述,这个区域被认为是一个平面($x_c = 0$)。

区域Ⅲ($0 \leq x < \infty$)。在该地区,中间产品被转化为燃烧的最终产物。这种转变伴随着气体运动和运输过程。

考虑系统在任意瞬时时刻的状态。燃烧状态可以是稳定的,也可以是不稳定的。下面推导的所有关系只与无惯量区有关,因此适用于任何类型的情况。

假设区域Ⅲ的气体压力沿坐标方向是恒定的。这是燃烧理论中的一个标准假设,因为气体运动的速度与声速相比很小。无惯量条件要求从描述燃烧过程的方程中去掉所有关于时间的偏导数,即在 t_c 中在无惯量区中只能考虑近似稳定方程。任何变量对时间的依赖可能由于压力或边界条件的变化而出现。连续性方程意味着气流的质量速度 m_g 与质量燃烧速率一致,不依赖坐标。气体密度 ρ_g,明确地进入能量和反应物平衡,是由理想气体的状态方程决定的,即

$$p = \rho RT \sum_{n=1}^{N} \frac{Y_n}{\tilde{\mu}_n} \qquad (2-81)$$

式中:Y_n 为各组分的质量分数;$\tilde{\mu}_n$ 为各组分的分子量。

由于独立分量的数目为 $N-1$,因此有 $N-1$ 个分量的平衡方程(扩散方程),为了完整地描述区域Ⅲ,还必须考虑能量守恒(有化学源的传热方程)。因为每个方程都是二阶的,在它们的积分中有 $2N$ 个任意常数。此外,问题特征值,即质量燃烧速率,必须从同一组方程中找到。因此,一个完整的问题公式化需要 $2N+1$ 个边界条件。

在 $x \to \infty$ 时,边界条件必须反映燃烧产物的平衡条件:

$$\frac{dT}{dx} = 0, \quad \frac{dY_n}{dx} = 0 \qquad (2-82)$$

此类边界条件的数量为 N。另外 $N+1$ 个边界条件为设置在相之间的界面:

$$x = 0, \quad T = T_s, \quad Y_n = Y_{ns}, \quad \frac{dT}{dx} = f_{gs} \qquad (2-83)$$

式中:下标"gs"为气相侧的导数。T_s、Y_{ns}、f_{gs} 的值的总数为 $N+1$,不认为已知。只说明了条件式(2-82)和式(2-83)结合已知的压力 p 是充分的对于温度和反应物质量分数的空间分布有待确定。

$$T_g = T_g(x, T_s, f_{gs}, Y_{ns}, p), \quad Y_n = Y_n(x, T_s, f_{gs}, Y_{ns}, p) \qquad (2-84)$$

质量速度 m_g 不依赖坐标,它的值也是由压力及以上参数决定:

$$m_g = m_g(T_s, f_{gs}, Y_{ns}, p) \qquad (2-85)$$

式(2-84)和式(2-85)决定了所考虑时刻区域Ⅲ的状态。特别 Y_n,在式(2-84)中设置 $x \to \infty$ 提供了燃烧产物的构成和温度。已知的函数 Y_n 表示界面处组分的扩散通量。

$$d_{ns} = d_{ns}(T_s, f_{gs}, Y_{ns}, p) \qquad (2-86)$$

为了达到这个目的,在 $x=0$ 处求导就足够了。集合式(2-86)包含 $N-1$ 个关系。考虑区域Ⅱ,即平面 $x=0$。在这个平面上发生着复杂的物理和化学过程。这些过程的结果就是凝聚态物质转化为气体。质量速度在这种转变中,新生产物的组成和热产生速率可能取决于压力、区域边界的条件及其内部参数。由于这个区域被认为是无限薄的,因此只有一个内部参数,即它的表面温度 T_s,

第 2 章 不稳定燃烧理论方程

采用 f_{cs} 对于凝聚相一侧表面的温度梯度,依赖关系。

$$m_s = m_s(f_{cs}, T_s, f_{gs}, Y_{ns}, p), \ m_{ns} = m_{ns}(f_{cs}, T_s, f_{gs}, Y_{ns}, p),$$
$$Q_s = Q_s(f_{cs}, T_s, f_{gs}, Y_{ns}, p) \tag{2-87}$$

这里,m_{ns} 是在平面 $x=0$ 处产生的组分质量通量(有些可能等于零)和 Q_s 是区域Ⅱ中所有反应的组合热。集合式(2-87)包含 $N+1$ 个关系。

区域Ⅰ、Ⅱ和Ⅲ是由质量、能量和组分的平衡联系起来的,式(2-88)的数量是 $N+1$:

$$m_s = m_g, \ m_{ns} = m_g Y_{ns} + d_{ns}, \ \lambda_{cs} f_{cs} = \lambda_{gs} f_{gs} + m_g Q_s \tag{2-88}$$

因此,集合式(2-85)~式(2-88)包含 $3N+2$ 个关系和完全相同数量的描述区域Ⅱ和Ⅲ瞬时状态的参数,即 T_s、m_s、Q_s、m_{ns}、Y_{ns}、d_{ns}、f_{gs} 和 m_g。

此外,关系式(2-85)~式(2-88)还包含两个变量:压力 p 和梯度 f_{cs}。显然,这些关系允许之前的任何 $3N+2$ 个参数是基于后面两个变量的函数,例如,$T_s = T_s(p, f_{cs})$ 或 $m_s = m_s(p, f_{cs})$。

质量燃烧率可以用 m 表示;请注意,$m_s = m_g = m$。不用 f_{cs},用 f 表示表面的温度梯度,在凝聚相一侧。

已经证明,在任何情况下,都存在依赖关系:

$$m = m(p, f), \ T_s = T_s(p, f) \tag{2-89}$$

除了相关性式(2-89)之外,描述无惯量区的其他参数可能是值得关注的,例如,燃烧产物的温度 $T_b = T_b(p, f)$,该函数在研究半封闭体积的燃烧过程中起着重要作用。

形式式(2-89)的关系称为不稳定燃烧定律。它们可以与稳定的依赖项相对应,如 2.3 节所示:

$$m^0 = m^0(p^0, T_a), \ T_s^0 = T_s^0(p^0, T_a) \tag{2-90}$$

第 3 章
恒压燃烧

3.1 稳定燃烧状态的稳定性判据

在恒压下,稳定状态的迈克尔逊解式(1-4)对于任何给定的压力和初始温度都存在。然而,这个解不一定描述真实的燃烧过程,因为它可能不稳定。真实解必须在温度分布的小扰动下保持稳定。

自然出现的问题是稳定燃烧状态稳定性与迈克尔逊曲线的微小偏差(在固定压力和初始温度下)。这个问题从本质上说是不稳定的,因为它需要考虑时间上的小浮动变化(如燃烧速率或温度分布)。这只有在不稳定燃烧理论的框架内才有可能成立。

泽尔多维奇是第一个考虑稳定燃烧状态稳定性的人。他使用了推进剂表面温度不变的假设,但没有成功再现实验数据。模型预测和实验观测之间的明显差异,导致了后来考虑可变表面温度,对最初的泽尔多维奇理论进行了重新表述。

本章根据诺沃齐洛夫(Novozilov,1965a)的结果,证明了考虑表面温度变化的稳定性分析可以在不详细了解表面温度变化的真正原因的情况下进行。

给定解稳定性的标准分析引入了这种解的小扰动,并以线性近似方式遵循它们的时间演化。对于至少一个频率值,具有随时间增长的正比于 $\exp(\Omega t)$ (Ω 是复频率)的小扰动的稳定状态是不稳定的;在相反的情况下($\mathrm{Re}\,\Omega < 0$;所有扰动幅度都随时间减小)稳定状态是稳定的。

按照上述程序,让我们考虑稳定燃烧速率和温度分布的小扰动。假设这些

扰动与 $\exp(\Omega t)$ 成正比,将找到频率的特征方程和确保 $\mathrm{Re}\,\Omega < 0$ 的条件。

首先考虑凝聚相的传热过程(凝聚相模型的预热区是唯一有惯性的区域)。假设 T_1 和 u_1 是温度和燃烧速率的小扰动,则有

$$T(x) = T^0(x) + T_1(x)\exp(\Omega t), \quad u = u^0 + u_1 \exp(\Omega t) \tag{3-1}$$

即它们的振幅与各自的稳定值相比较小:

$$T_1(x) \ll T^0(x), \quad u_1 \ll u^0 \tag{3-2}$$

未扰动区对应稳定传热方程:

$$k\frac{\mathrm{d}^2 T^0}{\mathrm{d}x^2} - u^0 \frac{\mathrm{d}T^0}{\mathrm{d}x} = 0 \quad (-\infty < x \leqslant 0) \tag{3-3}$$

边界条件为

$$x \to -\infty,\ T = T_a;\ x = 0,\ T = T_s^0 \tag{3-4}$$

后一个边界值问题的解是迈克尔逊曲线:

$$T^0(x) = T_a + (T_s^0 - T_a)\exp\left(\frac{u_0 x}{\kappa}\right) \tag{3-5}$$

相应的温度梯度(在冷凝聚相一侧)为

$$f = \frac{\partial T}{\partial x}\bigg|_{x=0},\ f^0 = \frac{u^0}{k}(T_s^0 - T_a) \tag{3-6}$$

扰动的温度分布满足传热方程:

$$\frac{\partial T}{\partial t} = k\frac{\partial^2 T}{\partial x^2} - u\frac{\partial T}{\partial x} \tag{3-7}$$

边界条件:

$$x \to -\infty,\ T = T_a;\ x = 0,\ T = T_s \tag{3-8}$$

利用式(3-1)的等式关系,对式(3-7)进行线性化。忽略二阶项并结合式(3-5),可以得到振幅 T_1 的线性近似方程如下:

$$\Omega T_1 = k\frac{\mathrm{d}^2 T_1}{\mathrm{d}x^2} - u^0 \frac{\mathrm{d}T_1}{\mathrm{d}x} - \frac{u^0(T_s^0 - T_a)}{k} u_1 \exp\left(\frac{u^0 x}{k}\right) \tag{3-9}$$

该方程对应的边界条件为

$$x \to -\infty,\ T_1 = 0;\ x = 0,\ T_1 = T_{s1} \tag{3-10}$$

根据定义,当 $x = 0$ 时,则有

$$\frac{\mathrm{d}T_1}{\mathrm{d}x} = f_1 \tag{3-11}$$

式中:f_1 为小的表面温度梯度扰动的幅度。

式(3-9)的解具有以下形式:

$$T_1 = \frac{u^0 u_1 (T_s^0 - T_a)}{\kappa \Omega} \exp\left(\frac{u^0 x}{k}\right) + C_1 \exp\left(z_1 \frac{u^0 x}{k}\right) + C_2 \exp\left(z_2 \frac{u^0 x}{k}\right)$$

$$z_{1,2} = \frac{1}{2}\left(1 \pm \sqrt{1 + 4\frac{\kappa\Omega}{(u^0)^2}}\right) \qquad (3-12)$$

式(3-10)中的第一个边界条件是要求扰动必须在无穷远处减小,因此 $C_2 = 0$。第二个边界条件以及 f_1 的定义为

$$T_{s1} = -\frac{u^0 u_1 (T_s^0 - T_a)}{\kappa\Omega} + C_1, \quad f_1 = -\frac{(u^0)^2 u_1 (T_s^0 - T_a)}{k^2 \Omega} + C_1 z_1 \frac{u_0}{k} \qquad (3-13)$$

从式(3-13)中消除积分常数 C_1,可以得到燃烧速率、表面温度与表面温度梯度的振幅之间的关系:

$$z_1 \frac{T_{s1}}{T_s^0 - T_a} - \frac{f_1}{f^0} + \frac{u_1}{z_1 u^0} = 0 \qquad (3-14)$$

T_{s1}、f_1 和 u_1 之间额外的两个关系可以从不稳定燃烧定律中得到。如第2章所述,在非稳定燃烧状态下(恒压),燃烧速率和表面温度只是温度梯度的函数,有

$$u = F_u\left(T_s - k\frac{f}{u}\right), \quad T_s = F_s\left(T_s - k\frac{f}{u}\right) \qquad (3-15)$$

将邻近区域的泰勒公式:

$$u^0 = F_u(T_a), \quad T_s^0 = F_s(T_a) \qquad (3-16)$$

展开则有

$$\begin{cases} u = u^0 + \left(\dfrac{\partial F_u}{\partial T_a}\right)_p \left[T_s - T_s^0 - k\left(\dfrac{f}{u} - \dfrac{f^0}{u^0}\right)\right] \\ T_s = T_s^0 + \left(\dfrac{\partial F_s}{\partial T_a}\right)_p \left[T_s - T_s^0 - k\left(\dfrac{f}{u} - \dfrac{f^0}{u^0}\right)\right] \end{cases} \qquad (3-17)$$

此外,可采用以下形式的线性近似:

$$k\left(\frac{f}{u} - \frac{f^0}{u_0}\right) = (T_s^0 - T_a)\left(\frac{f_1}{f^0} - \frac{u_1}{u^0}\right) \qquad (3-18)$$

式(3-17)可采用以下形式进行表达:

$$\frac{u_1}{u^0} = k\left(\frac{T_{s1}}{T_s^0 - T_a} - \frac{f_1}{f^0} + \frac{u_1}{u^0}\right)$$

$$\frac{T_{s1}}{T_s^0 - T_a} = r\left(\frac{T_{s1}}{T_s^0 - T_a} - \frac{f_1}{f^0} + \frac{u_1}{u^0}\right) \qquad (3-19)$$

其中

$$k = (T_s^0 - T_a)\left(\frac{\partial \ln u^0}{\partial T_a}\right)_p, \quad r = \left(\frac{\partial T_s^0}{\partial T_a}\right)_p \qquad (3-20)$$

后一个参数可以从稳定燃烧实验中得出。

第 3 章 恒压燃烧

如式(3-19)所示,表面温度和燃烧速率的扰动与温度梯度扰动有关:

$$\frac{u_1}{u^0} = \frac{k}{k+r-1}\frac{f_1}{f^0}, \quad \frac{T_{s1}}{T_s^0 - T_a} = \frac{r}{k+r-1}\frac{f_1}{f^0} \quad (3-21)$$

式(3-14)和式(3-21)是三个线性齐次方程的集合。一个复杂的解只存在于:

$$\begin{vmatrix} z_1 & -1 & \dfrac{1}{z_1} \\ 0 & -\dfrac{k}{k+r-1} & 1 \\ 1 & -\dfrac{r}{k+r-1} & 0 \end{vmatrix} = \mathbf{0} \quad (3-22)$$

因此,可得

$$rz_1^2 - (k+r-1)z_1 + k = 0 \quad (3-23)$$

取 z_1 的值如下:

$$z_1 = \frac{1}{2}(1 + \sqrt{1 + 4\tilde{\omega}}), \quad \tilde{\omega} = \frac{k\Omega}{(u^0)^2} \quad (3-24)$$

将其代入式(3-23)可得到复无因次量纲频率的代数方程:

$$r^2\tilde{\omega}^2 + [r(k+1) - (k-1)^2]\tilde{\omega} + k = 0 \quad (3-25)$$

将实部和虚部进行分离,频率则可写成:

$$\tilde{\omega} = i\omega - \lambda \quad (3-26)$$

式中:λ 是振荡衰减频率(相当于只有一个自由度系统的振荡)。后者为正的要求定义了稳定区域。将式(3-25)中的实部和虚部进行分离,可以得到以下两个方程:

$$\begin{aligned} r^2(\omega^2 - \lambda^2) + [r(k+1) - (k-1)^2]\lambda - k &= 0 \\ 2\lambda r^2 - [r(k+1) - (k-1)^2] &= 0 \end{aligned} \quad (3-27)$$

此处,λ 和 ω 分别为

$$\lambda = \frac{r(k+1) - (k-1)^2}{2r^2}, \quad \omega = \sqrt{\frac{k}{r^2} - \lambda^2} \quad (3-28)$$

后两个参数是无量纲。它们对应的量纲参数相差一个因子 $(u^0)^2/k$。

上述分析表明,在参数 k 和 r 变化的一定限度内,推进剂表现为一个振荡系统。频率表达式(3-28)可视为其振荡的自然频率。燃烧速度振荡的固有频率的存在,导致了谐振变化压力和燃烧推进剂之间可能发生共振作用。这一现象对于研究燃烧室内的低频不稳定性和燃烧推进剂表面的声导纳有重要意义。这些问题将在第 4 章中详细讨论。

在线性近似下,如果 $\lambda > 0$,则稳定机制是稳定的,即

$$r \geq r^*, \quad r^* = \frac{(k-1)^2}{(k+1)} \tag{3-29}$$

或者

$$k \leq 1 + \frac{r}{2} + \sqrt{2r + \frac{r^2}{4}} \tag{3-30}$$

上述关系中的等式决定了稳定性边界。对于属于该边界的参数值,燃烧速率(或其他变量)的小扰动不会随时间减少。这些持续振荡的自然频率为 $\omega_1 = \sqrt{k/r}$。

对于表面温度恒定($r=0$)的情况(泽尔多维奇,1942),通过式(3-30)可得出以下稳定性标准:

$$k \leq 1 \tag{3-31}$$

在稳定边界附近,燃烧速率的渐近(大范围)行为为

$$v(\tau) = 1 + v_1 \exp(-\lambda \tau) \cos(\omega \tau + \varphi) \tag{3-32}$$

式中:φ 为由初始条件决定的相位。

频率 Ω 的实部在稳定边界处等于零,在稳定区域为负,在不稳定区域为正。同时,在稳定边界附近(包括边界本身),虚部与零不同。因此,在线性近似下,在不稳定区域内出现振幅增加的振荡状态。远离稳定边界,虚部减少,直到它达到零。如式(3-28)所示,零虚部对应于

$$\lambda r_- = -\sqrt{k}, \quad \text{或者} \quad r_- = (\sqrt{k}-1)^2 \tag{3-33}$$

这就意味着,对于 $r^* > r > r_-$,扰动表现出伴随振荡的指数增长;而对于 $r < r_-$,扰动表现出无振荡的指数增长。

图 3.1 显示了振荡($r=r^*$)和指数($r=r_-$)不稳定区域的边界。两条曲线均源自点(1,0),对应于恒定表面温度情况下的稳定性标准式式(3-31),扰动的定性行为(线性近似)也在图 3.1 中进行了展示。

综上所述,解析解的存在依赖推进剂热性质不变的假设。在这种情况下,稳定方程和线性化不稳定方程都允许有解析解。还有一些其他问题可以进行考虑,进而可以避免数值积分的必要性。经过文献分析可知,Cozzi 等(1999)和 Gusachenko 等(1999)的研究中考虑了在冷凝聚相中出现相变时推进剂燃烧稳定性的问题。在这种情况下,需要考虑另外两个无量纲参数,分别是 $q/c(T_s^0 - T_a)$ 和 $T_p/(T_s^0 - T_a)$,其中 q 和 T_p 分别代表潜热和相变温度。

总之,仅通过两个参数 k 和 r 就可表达具有可变表面温度的模型的稳定性标准(在接近度 t_c 内)。后者描述了燃烧速率和表面温度对初始温度变化的敏

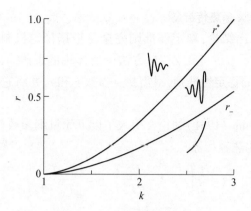

图3.1 恒压下的稳定性边界

感性。需要注意的是,在准则式(3-29)推导的过程中,并未对凝聚相和气相中发生的化学反应的细节进行任何假设。

一些研究(De Luca-1992;Denison 和 Baum,1961;Istratov 和 Librovich,1964;Novikov 和 Ryazantsev 1965a,1965b)使用了不同的方法来描述稳定性条件。首先,他们提出了稳定燃烧的模型,包括对化学反应机理、传输过程的性质以及不同燃烧区热量释放量的各种假设。然后在线性近似中考虑非定常控制方程。因此,此类分析的结论仅适用于经过考虑的特定模型,这些模型仅粗略地反映了推进剂燃烧过程中发生的真实过程。当然,这些模型涉及了大量的参数(如化学反应的活化能与燃烧热、传输系数、气体和推进剂的比热容等),它们在大多数情况下是未知的。后一种情况使得与实验进行比较相当困难。

这种火焰模型方法比本节介绍的分析要复杂得多,它需要对凝聚相和气相中的非稳定过程进行大量的计算。这种计算是不必要的,因为从本节的结果来看,考虑到任何化学反应必须得到准则式(3-29),其中参数 k 和 r 将与动力学和所选模型的其他参数相关。因此,要研究任何特定推进剂燃烧模型的稳定燃烧状态的稳定性,只需要计算相关参数 k 和 r,并将它们代入准则式(3-29)即可。

我们将通过 Denison 和 Baum(1961)模型来证明这一点。作者用了大约20页篇幅来讨论以下五个方面的问题。

(1)气相守恒方程;
(2)边界条件;
(3)气相方程的解;
(4)气相扰动关系;

(5) 固体中的瞬态热传导等。

最后,作者得出结论,稳定性准则完全是根据稳定机制的性质来制定的。这正是1942年泽尔多维奇在 Z – N 方法中所体现的思想。因此,要获得 Denison 和 Baum 模型的稳定性准则,只需找到参数 k 和 r,并将它们代入式(3 – 29)即可。

Denison 和 Baum (1961) 的论文引入了以下无量纲参数(为了不失一般性,此处假设各相的比热容相等)。

$$\varepsilon = \frac{1}{2}\left(n + 2 + \frac{E_g}{RT_b^0}\right), \quad \alpha = \frac{T_b^0}{(T_s^0 - T_a)\varepsilon}$$

$$A = (T_s^0 - T_a)\frac{E_s}{R(T_s^0)^2}, \quad q = 1 + A(1 - \alpha) \tag{3 – 34}$$

利用这些参数,Denison 和 Baum(1961)给出了以下线性近似中的稳定性条件。

对于

$$q > 1, \quad q^2 - q - 2A > 0, \quad q^2 < 4A \tag{3 – 35}$$

T_s 有一个无限的振荡增长,这种振荡的频率为

$$\omega = \frac{1}{2}(q - 1)\sqrt{4A - q^2} \tag{3 – 36}$$

而对于

$$q > 1, \quad q^2 - q - 2A > 0, \quad q^2 > 4A \tag{3 – 37}$$

T_s 有一个无限的非振荡增长。

下面我们来证明这些发现与本节中所得到的结果是相同的。

对于 Denison 和 Baum 模型,有

$$m_s^0 = C_s \exp\left(-\frac{E_s}{RT_s^0}\right)$$

$$m_g^0 = C_g p^{\frac{n}{2}} (T_b^0)^{\frac{n}{2}+1} \exp\left(-\frac{E_g}{2RT_b^0}\right) \tag{3 – 38}$$

在这些关系中,C_s 和 C_g 是常量,在稳定状态下,$m_s^0 = m_g^0$,通过简单的计算可知:

$$k = \frac{(T_s^0 - T_a)\varepsilon}{T_b^0}, \quad r = \frac{R(T_s^0)^2\varepsilon}{2E_s T_b^0} \tag{3 – 39}$$

很容易看出:

$$\alpha = \frac{1}{k}, \quad A = \frac{k}{r}, \quad q = 1 + \frac{k-1}{2} \tag{3 – 40}$$

指数不稳定性的边界由以下条件决定：
$$q>1, \quad q^2=4A \tag{3-41}$$
其中,给出式(3-33)：
$$k>1, \quad r_-=(\sqrt{k}-1)^2 \tag{3-42}$$
将式(3-40)代入稳定边界式(3-35)的条件中,可以得到：
$$k>1, \quad r<r^* \tag{3-43}$$
这与式(3-29)是一致的。

最后,将式(3-40)代入式(3-36)中,可得到振荡频率的表达式(3-28)。这同样适用于任何可用的特定推进剂燃烧模型(De Luca 等,1995)。

3.2 渐近扰动分析

在3.1节的分析中,是假设燃烧速率和其他变量的小扰动与时间呈指数关系。这种分析并不是十分地详细完美,因为严格来说,小扰动的其他时间相关性也是可能的。泽尔多维奇等(1975)与Novikov 和 Ryazantsev(1966)讨论了这个问题。然而,因为线性微分方程的解有误差,所以泽尔多维奇等(1975)的结果是不正确的。Novikov 和 Ryazantsev(1966)的研究结果仅限于描述稳定性的边界。Kiskin 和 Novozhilov(1989)则基于二维拉普拉斯变换给出了整个(k,r)平面的完整分析。本节将给出一个基于一维拉普拉斯变换的更简单的分析。

让我们来研究一下线性近似下小扰动的演化。

其对应的无量纲变量的传热方程为
$$\frac{\partial \theta}{\partial \tau}=\frac{\partial}{\partial \xi}\left(\frac{\partial \theta}{\partial \xi}-v\theta\right) \quad (-\infty<\xi<0) \tag{3-44}$$
这些变量的初始条件和边界条件分别为
$$\xi \to -\infty, \theta=0; \xi=0, \theta=\theta(\tau); \tau=0, \theta(\xi,0)=\theta_i(\xi) \tag{3-45}$$
对应的稳定解为
$$\theta^0=e^\xi, v^0=1, \vartheta^0=1, \varphi^0=1, \varphi=\left(\frac{\partial \theta}{\partial \xi}\right)_{\xi=0} \tag{3-46}$$
将稳定附近的不稳定解进行线性化,对应的结果如下：
$$v=1+v_1, \vartheta=1+\vartheta_1, \varphi=1+\varphi_1, \theta_i=e^\xi+\theta_1 \tag{3-47}$$
需要注意的是,与稳定值相比,带下标的扰动很小。

相应的传热方程以及线性近似中的初始条件和边界条件如下：

$$\frac{\partial \theta_1}{\partial \tau} = \frac{\partial^2 \theta_1}{\partial \xi^2} - \frac{\partial \theta_1}{\partial \xi} - v_1 \mathrm{e}^\xi \quad (-\infty < \xi \leq 0)$$

$$\xi \to -\infty, \theta_1 = 0; \xi = 0, \theta_1 = \vartheta_1(\tau)$$

$$\tau = 0, \theta_1(\xi, 0) = \theta_{1i}(\xi) \tag{3-48}$$

利用拉普拉斯-卡森转换方程：

$$\bar{f}(p) = p \int_0^\infty \mathrm{e}^{-p\tau} f(\tau) \mathrm{d}\tau \tag{3-49}$$

可对式(3-48)进行转换求解，对应转换后的方程为

$$\bar{\theta}_1'' \varepsilon - \bar{\theta}_1' - p\bar{\theta}_1 = \bar{v}_1 \mathrm{e}^\xi - p\theta_{1i} \tag{3-50}$$

对应的边界条件为

$$\xi = 0, \bar{\theta}_r = \bar{\vartheta}_1(\tau); \xi \to -\infty, \bar{\theta}_1 = 0 \tag{3-51}$$

类似地对应于式(3-48)，在 $\xi \to -\infty$ 处，具有以下解：

$$\bar{\theta}_1(p,\xi) = -\frac{\bar{v}_1}{p}\mathrm{e}^\xi + \left[C + \frac{p}{\sqrt{1+4p}} \int_\xi^0 \theta_{1i}(u) \mathrm{e}^{-zu} \mathrm{d}u \right] \mathrm{e}^{z\xi} +$$

$$\frac{p}{\sqrt{1+4p}} \mathrm{e}^{(1-z)\xi} \int_{-\infty}^\xi \theta_{1i}(u) \mathrm{e}^{(z-1)u} \mathrm{d}u \tag{3-52}$$

其中 C 是积分常数，且有

$$z = \frac{1}{2} + \sqrt{p + \frac{1}{4}} \tag{3-53}$$

依据式(3-21)，可得

$$\vartheta_1 = \frac{r}{k}\bar{v}_1, \quad \bar{\varphi}_1 = \frac{k+r-1}{k}\bar{v}_1 \tag{3-54}$$

利用变换方程的解和后两个关系式，可得到燃烧速率扰动的变换：

$$\bar{v}_1 = \frac{kpv_1}{1 + \left(r - \frac{k}{z}\right)(z-1)}, \quad v_1 = \int_{-\infty}^0 \theta_{1i}(\xi) \mathrm{e}^{(z-1)\xi} \mathrm{d}\xi \tag{3-55}$$

首先考虑表面温度恒定的情况，即 $r=0$。依据式(3-55)可得

$$\bar{v}_1 = \frac{k}{1-k} \int_{-\infty}^0 \theta_{1i}(\xi) \mathrm{e}^{-\frac{1}{2}} \frac{p\left(\frac{1}{2} + \sqrt{p+\frac{1}{4}}\mathrm{e}^{\sqrt{p+\frac{1}{4}}\xi}\right)}{\sqrt{p+\frac{1}{4}}\mathrm{e} - \tilde{k}} \mathrm{d}\xi, \quad \tilde{k} = \frac{k+1}{2(k-1)}$$

$$\tag{3-56}$$

因此，为了获得燃烧速率随时间变化的历程 $v_1(\tau)$，需要对式(3-57)进行逆变换：

$$\bar{\psi}(p) = \frac{p\left(\frac{1}{2} + \sqrt{p + \frac{1}{4}}\right) e^{-\sqrt{p + \frac{1}{4}}y}}{\sqrt{p + \frac{1}{4}} - \tilde{k}} \qquad (3-57)$$

这里,为了强调 ξ 是负的,引入了正变量 $y = -\xi$。

使用拉普拉斯 - 卡森转换方程变换表(如表 3.1)可以找到对应的逆变换:

$$v_1(\tau) = \frac{k}{2\sqrt{\pi}(k+1)} \frac{e^{-\frac{\tau}{4}}}{\tau^{\frac{3}{2}}} \int_{-\infty}^{0} \theta_{1i}(\xi) e^{-\frac{\xi}{2}} \left(J_1 - \frac{2k}{k-1} e^{\tilde{k}\xi} J_2\right) d\xi \qquad (3-58)$$

表 3.1 从拉普拉斯 - 卡森转换方程变换表中获得的数据

$\bar{f}(p) = p \int_0^\infty e^{-pt} f(t) dt$	$f(t)$
$\bar{f}(p)$	$\varphi(t)$
$\dfrac{p}{p-\beta} \bar{f}\left(\dfrac{p-\beta}{\partial}\right)$	$e^{\beta t} \varphi(\alpha t)$
$e^{-\alpha p} \bar{f}(p)$	$0 \; (t<\alpha)$ $\varphi(t-\alpha) \; (t>\alpha)$
$\sqrt{p}\, \bar{f}(\sqrt{p})$	$\dfrac{1}{2t\sqrt{\pi t}} \int_0^\infty \tau \exp\left(-\dfrac{\tau^2}{4t}\right) \varphi(t) d\tau$
$p^{\frac{n+1}{2}} \bar{f}(\sqrt{p})$	$\dfrac{1}{2^{\frac{1+n}{2}} \sqrt{\pi t}^{1+\frac{n}{2}}} \int_0^\infty \exp\left(-\dfrac{\tau^2}{4t}\right) He_{n+1}\left(\dfrac{\tau}{\sqrt{2t}}\right) \varphi(t) d\tau$ $He_n(x) = (-1)^n e^{\frac{x^2}{2}} \dfrac{d^n}{dx^n}\left(e^{-\frac{x^2}{2}}\right)$
1	1
$\dfrac{1}{p-a}$	$\dfrac{e^{\alpha t} - 1}{\alpha}$
$\dfrac{p e^{-\alpha p}}{p+\alpha}, \alpha > 0$	$0 \; (t<\alpha)$ $e^{-\alpha(t-\alpha)} \; (t>\alpha)$

其中

$$J_1 = \int_y^\infty e^{-\frac{u^2}{4\tau}} \left(\frac{u^2}{2\tau} - 1\right) du, \quad J_2 = \int_y^\infty e^{\frac{-u^2}{4\tau + \tilde{k}u}} \left(\frac{u^2}{2\tau} - 1\right) du$$

$$\tilde{k} = \frac{k+1}{2(k-1)} \qquad (3-59)$$

积分计算后,可以得到:

$$\begin{cases} J_1 = y\mathrm{e}^{-\frac{y^2}{4\tau}} \\ J_2 = \mathrm{e}^{-\frac{y^2}{4\tau}}\left[(y+2\tilde{k}\tau)\mathrm{e}^{\tilde{k}y} + 2\sqrt{\pi}\,\tilde{k}^2\tau^{\frac{3}{2}}\mathrm{e}^{\frac{y^2}{4\tau+\tilde{k}^2\tau}}\mathrm{erfc}\left(\frac{y-2\tilde{k}\tau}{2\sqrt{\tau}}\right)\right] \end{cases} \quad (3-60)$$

其中

$$\mathrm{erfc}(\xi) = \frac{2}{\sqrt{\pi}}\int_\xi^\infty \mathrm{e}^{-t^2}\mathrm{d}t \quad (3-61)$$

用 $-\xi$ 代替 y，可得

$$\begin{cases} J_1 = -\xi\mathrm{e}^{-\frac{\xi^2}{4\tau}} \\ J_2 = \mathrm{e}^{-\frac{\xi^2}{4\tau}}\left[(-\xi+2\tilde{k}\tau)\mathrm{e}^{-\tilde{k}\xi} + 2\sqrt{\pi}\,\tilde{k}^2\tau^{\frac{3}{2}}\mathrm{e}^{\frac{\xi^2}{4\tau+\tilde{k}^2\tau}}\mathrm{erfc}\left(-\frac{\xi+2\tilde{k}\tau}{2\sqrt{\tau}}\right)\right] \end{cases} \quad (3-62)$$

将式（3-62）代入式（3-58），可以得到燃烧速率扰动 $v_1(\tau)$ 的最终表达式。

这个结果可以使用以下形式的一个微扰动示例进行说明，该扰动是关于 δ 在 $\xi = \xi_0$ 时的方程：

$$\theta_i(\xi) = \mathrm{e}^\xi[1 + \Delta\delta(\xi-\xi_0)], \quad \theta_{1i}(\xi) = \Delta\mathrm{e}^\xi\delta(\xi-\xi_0) \quad (3-63)$$

在这种情况下，则有

$$v_1(\tau) = \frac{\Delta k}{2\sqrt{\pi}(k+1)}\mathrm{e}^{\frac{\xi_0}{2}}\left(J_1(\xi_0,\tau) - \frac{2k}{k-1}\mathrm{e}^{\tilde{k}\xi}J_2(\xi_0,\tau)\right)\frac{\mathrm{e}^{-\frac{\tau}{4}}}{\tau^{\frac{3}{2}}} \quad (3-64)$$

此处，有

$$\begin{cases} J_1(\xi_0,\tau) = -\xi_0\mathrm{e}^{-\frac{\xi_0^2}{4\tau}} \\ J_2(\xi_0,\tau) = \mathrm{e}^{-\frac{\xi_0^2}{4\tau}}\left[(-\xi_0+2\tilde{k}\tau)\mathrm{e}^{-\tilde{k}\xi_0} + 2\sqrt{\pi}\,\tilde{k}^2\tau^{\frac{3}{2}}\mathrm{e}^{\frac{\xi_0^2}{4\tau+\tilde{k}^2\tau}}\mathrm{erfc}\left(-\frac{\xi_0+2\tilde{k}\tau}{2\sqrt{\tau}}\right)\right] \end{cases}$$
$$(3-65)$$

依据燃烧速率在 $\tau\to\infty$ 时的渐近行为，利用互补误差函数的渐近性质（Abramowitz 和 Stegun，1972）则有

$$\xi\to\infty, \ |\arg\xi|<\frac{3}{4}\pi, \ \sqrt{\pi}\xi\mathrm{e}^{\xi^2}\mathrm{erfc}(\xi) \sim 1-\frac{1}{2\xi^2} \quad (3-66)$$

其中，还存在以下关系：

$$\mathrm{erfc}(-\xi) = 2 - \mathrm{erfc}(\xi) \quad (3-67)$$

当 $\tau \gg 1$ 时，可得

$$J_1 \approx -\xi_0 \quad (3-68)$$

第 3 章 恒压燃烧

而 J_2 的值则取决于 $\tilde{k}$：

当 $\tilde{k} > 0 (k > 1)$ 时：

$$J_2 \approx 4\sqrt{\pi}\tilde{k}^2 \tau^{\frac{3}{2}} e^{\tilde{k}^2 \tau} \qquad (3-69)$$

而当 $\tilde{k} < 0 (k < 1)$ 时：

$$J_2 = \frac{1}{\tilde{k}} e^{-\tilde{k}\xi_0} \qquad (3-70)$$

最后，当 $\tau \to \infty$ 时：

$$k < 1,\ v_1(\tau) \approx -\frac{\Delta k}{2\sqrt{\pi}(k+1)}\left(\xi_0 + \frac{4k}{k+1}\right) e^{\frac{\xi_0}{2}} \frac{e^{-\frac{\tau}{4}}}{t^{\frac{3}{2}}} \qquad (3-71)$$

$$k < 1,\ v_1(\tau) \approx -\frac{\Delta k^2(k+1)}{(k-1)^3} e^{\frac{k\xi_0}{k-1}} e^{\frac{k\tau}{(k-1)^2}} \qquad (3-72)$$

当表面温度不稳定，即 $r \neq 0$ 时，此时，也可以从式(3-55)得到对应燃烧速率表达式：

$$\bar{v}_1 = \frac{k}{r}\int_{-\infty}^{0} \theta_{1i}(\xi) e^{-\frac{\xi}{2}} \frac{p\left(\frac{1}{2} + \sqrt{p + \frac{1}{4}}\right) e^{\sqrt{p + \frac{1}{4}}\xi}}{\left(\sqrt{p + \frac{1}{4}} - a\right)\left(\sqrt{p + \frac{1}{4}} - b\right)} d\xi$$

图 3.2 和图 3.3 都说明了表面温度恒定时的燃烧速率的变化规律。

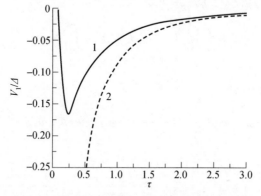

图 3.2 表面温度恒定时的燃烧速率变化规律(1)及其渐近线(2)
($r = 0, k = 0.5, \xi_0 = 0.1$)

$$a = \frac{1}{2r}(k - 1 + \sqrt{(k-1)^2 - r[2(k+1) - r]})$$

$$b = \frac{1}{2r}(k - 1 - \sqrt{(k-1)^2 - r[2(k+1) - r]}) \qquad (3-73)$$

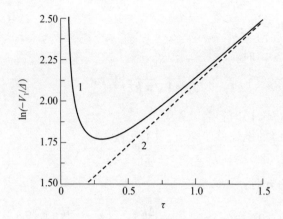

图 3.3 表面温度恒定时的燃烧速率变化规律(1)及其渐近线(2)
($r=0, k=3, \xi_0 = 0.1$)

为了将燃烧速率校正 $v(\tau)$ 作为时间的函数,需要对下式进行逆变换:

$$\bar{\psi}(p) = \frac{p\left(\frac{1}{2} + \sqrt{p + \frac{1}{4}}\right) e^{-\sqrt{p + \frac{1}{4y}}}}{\left(\sqrt{p + \frac{1}{4}} - a\right)\left(\sqrt{p + \frac{1}{4}} - b\right)} \qquad (3-74)$$

(再次,负值 ξ 用正变量 $y = -\xi$ 替代),再次使用表 3.1,则有

$$v_1(\tau) = \frac{k}{2\sqrt{\pi} r(a-b)} \frac{e^{-\frac{\tau}{4}}}{\tau^{\frac{3}{2}}} \int_{-\infty}^{0} \theta_{1i}(\xi) e^{-\frac{\xi}{2}} [W_a(\xi,\tau) - W_b(\xi,\tau)] d\xi$$

$$W_a(\xi,\tau) = \left(a + \frac{1}{2}\right) e^{a\xi} J_a(\tau), \quad J_a(\tau) = \int_{-\xi}^{\infty} u \exp\left(-\frac{u^2}{4\tau} + au\right) du$$

$$(3-75)$$

通过积分不难得到:

$$J_a(\tau) = 2\tau \left[\exp\left(-\frac{\xi(\xi + 4a\tau)}{4\tau}\right) + a\sqrt{\pi\tau} e^{a^2\tau} \mathrm{erfc}\left(-\frac{\xi + 2a\tau}{2\sqrt{\tau}}\right) \right] \quad (3-76)$$

为此:

$$W_a(\xi,\tau) = \tau(2a+1) e^{a\xi} \times \left[\exp\left(-\frac{\xi(\xi + 4a\tau)}{4\tau}\right) + a\sqrt{\pi\tau} e^{a^2\tau} \mathrm{erfc}\left(-\frac{\xi + 2a\tau}{2\sqrt{\tau}}\right) \right]$$

$$(3-77)$$

当 $\xi = \xi_0$ 时,δ 的扰动方程可表达为

$$\theta_{1i}(\xi) = \Delta e^\xi \delta(\xi - \xi_0) \qquad (3-78)$$

则有

第 3 章 恒压燃烧

$$v_1(\tau) = \frac{\Delta k e^{\frac{\xi_0}{2}}}{2\sqrt{\pi}r(a-b)} \frac{e^{-\frac{\tau}{4}}}{\tau^{\frac{3}{2}}} [W_a(\xi_0,\tau) - W_b(\xi_0,\tau)]$$

$$W_a(\xi_0,\tau) = \tau(2a+1)e^{a\xi_0}\left[\exp\left(-\frac{\xi_0(\xi_0+4a\tau)}{4\tau}\right) + a\sqrt{\pi\tau}e^{a^2\tau}\text{erfc}\left(-\frac{\xi_0+2a\tau}{2\sqrt{\tau}}\right)\right]$$

(3-79)

研究 $\tau \to \infty$ 时的燃烧速率的渐近行为,从 $0 < k < 1$ 开始。在这个区域,如果 $r < 2(k+1)$,则 a 和 b 的实部是负的。利用渐近性质式(3-66),会发现:

$$W_a(\xi) = \left(1 + \frac{1}{2a}\right)\xi + \frac{1+2a}{2a^2} \tag{3-80}$$

因此,$\tau \to \infty$ 时,对应的渐进表达式为

$$v_1(\tau) = -\frac{\Delta k e^{\frac{\xi_0}{2}}}{\sqrt{\pi}[2(k+1)-r]} \frac{e^{-\frac{\tau}{4}}}{\tau^{\frac{3}{2}}}\left[\xi_0 + 2\frac{4k-r}{2(k+1)-r}\right] \tag{3-81}$$

图 3.4 展示了 $0 < k < 1$ 时,燃烧速率的变化规律。

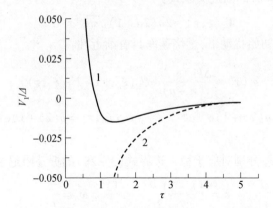

图 3.4 表面温度可变的燃烧速率(1)及其渐近线(2)

$(r=0.25, k=0.5, \xi_0=-0.1)$

对于区域 $r > 2(k+1)$,由于实际上不太可能存在具有该参数范围的真实系统,因此本章对此区域不进行考虑。

剩下 $k > 1$ 的情况,注意到,如果

$$0 \leqslant r \leqslant r_- \text{ 或 } r \geqslant r_+ \tag{3-82}$$

其中

$$r_- = (\sqrt{k}-1)^2, \quad r_+ = (\sqrt{k}+1)^2 \tag{3-83}$$

那么 a 和 b 都是实数。在这个区域之外,它们将是十分复杂的(图3.5)。

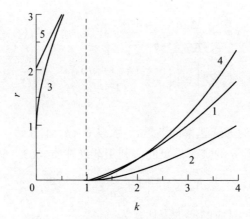

图 3.5 表面温度可变时典型燃烧区域

$(1,r^*;2,r_-;3,r_+;4,r_{dw}(3.94);5,r=2^{(k+1)})$

在 $0 \leqslant r \leqslant (\sqrt{k-1})^2$ 区域内 a 和 b 都是正值。利用式(3-67)和式(3-79),可以获得在 $\tau \to \infty$ 时的渐进关系式:

$$W_a(\xi,\tau) \approx 2a(2a+1)\sqrt{\pi}e^{a\xi}\tau^{\frac{3}{2}}e^{a^2\tau} \tag{3-84}$$

在 δ 函数的初始扰动下,燃烧速率具有渐近性:

$$v_1(\tau) \approx \frac{\Delta k e^{\frac{\xi_0}{2}} e^{-\lambda\tau}}{r(a-b)}[U_a(\xi_0,\tau) - U_b(\xi_0,\tau)]$$

$$U_a(\xi_0,\tau) = a(2a+1)e^{a\xi_0}e^{\sqrt{\lambda^2-\omega_0^2}\tau}, \quad U_b(\xi_0,\tau) = b(2b+1)e^{b\xi_0}e^{-\sqrt{\lambda^2-\omega_0^2}\tau}$$

$$\tag{3-85}$$

其中,λ 和 ω_0 分别对应于稳定边界式(3-28)的振荡阻尼衰减和频率:

$$\lambda = \frac{r(k+1)-(k-1)^2}{2r^2}, \quad \omega_0 = \frac{\sqrt{k}}{r} \tag{3-86}$$

注意,在所考虑的区域中,减量是负的。

在所考虑的区域内 $(r<r_-)$,式(3-85)中的 $U_b(\xi_0,\tau)$ 与 $U_a(\xi_0,\tau)$ 相比可以忽略不计,因此 $\tau \to \infty$,有

$$v_1(\tau) \approx \frac{\Delta k a(2a+1)e^{(a+\frac{1}{2})\xi_0}}{r(a-b)}e^{(-\lambda+\sqrt{\lambda^2-\omega_0^2})\tau} \tag{3-87}$$

图 3.6 显示了燃烧速率对应于该区域的参数的依赖性。

在所考虑区域的边界 $(r=r_-)$,$a=b$,因此这两个参数必须保留在式(3-85)中,对应的结果为

$$v_1(\tau) \approx 2k(\sqrt{k}+1)\exp\left[\frac{\sqrt{k}}{\sqrt{k}-1}\left(\xi_0+\frac{\tau}{\sqrt{k}-1}\right)\right] \tag{3-88}$$

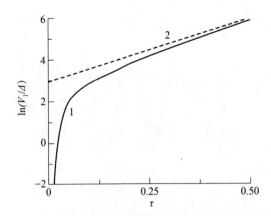

图 3.6 表面温度可变的燃烧速率(1)及其渐近线(2)
($r = 0.5, k = 3, \xi_0 = -0.5$)

若

$$k > 1, \quad r_- < r < r_+ \tag{3-89}$$

列在这个区域,a 和 b 都是复数,都有正实部。当 $\tau \to \infty$ 时,利用式(3-66)、式(3-67)和式(3-79),可获得对应渐近线表达式:

$$W_a(\xi, \tau) \approx \left(1 + \frac{1}{2a}\right)\xi + \frac{1+2a}{2a^2} + 2a(2a+1)\sqrt{\pi} e^{a\xi} \tau^{\frac{3}{2}} e^{a^2\tau} \tag{3-90}$$

对于 δ 函数初始扰动,渐近线表达式为

$$v_1(\tau) \approx \frac{\Delta k e^{\frac{\xi_0}{2}}}{2\sqrt{\pi} r} \frac{e^{-\frac{\tau}{4}}}{\tau^{\frac{3}{2}}} \frac{\text{Im}[W_a(\xi_0, \tau)]}{\text{Im}[a]} \tag{3-91}$$

在区域 $r_- < r < r^*$,其中 r^* 对应于稳定状态的稳定边界式(3-29),减量为负,燃烧速率随振幅增加而振荡。由式(3-66)和式(3-67)可得

$$v_1(\tau) \approx \frac{\Delta k e^{\frac{\xi_0}{2}} e^{-\lambda \tau}}{r} \frac{\text{Im}[a(2a+1)\exp(a\xi_0 + i\sqrt{\omega_0^2 - \lambda^2})]}{\text{Im}[a]} \tag{3-92}$$

图 3.7 显示了燃烧速率对时间的依赖关系及其渐近性,显然,条件 $\lambda = 0$ 提供了稳定性边界的描述。

在 $r^* < r < r_+$ 区域,即在稳定燃烧区域(减量为正),由式(3-90)和式(3-91)可得

$$v_1(\tau) \approx v_{1d}(\tau) + v_{1w}(\tau)$$

$$v_{1d} \approx \frac{\Delta k e^{\frac{\xi_0}{2}}}{2\sqrt{\pi} r} \frac{e^{-\frac{\tau}{4}}}{\tau^{\frac{3}{2}}} \frac{\text{Im}\left[\left(1 + \frac{1}{2a}\right)\xi_0 + \frac{1+2a}{2a^2}\right]}{\text{Im}[a]}$$

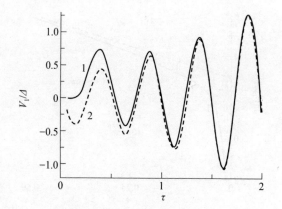

图 3.7 表面温度可变的燃烧速率(1)及其渐近线(2)

($r=0.095, k=1.5, \xi_0=-2$)

$$v_{1\omega}(\tau) \approx \frac{\Delta k e^{\frac{\xi_0}{2}}}{r} \frac{\text{Im}[a(2a+1)e^{a\xi_0}\exp((-\lambda+i\sqrt{w_0^2-\lambda^2})\tau)]}{\text{Im}[a]} \quad (3-93)$$

可以得出结论,燃烧速率的渐近行为包含两个分量,一个分量随时间单调递减,另一个分量随振荡指数递减。

对于对数精度,第一个分量的减量等于 0.25。因此,在 $\lambda<0.25$ 时,振荡分量的下降比单调下降更慢,如图 3.8 所示。对于反向不等式,单调递减分量占优势,如图 3.9 所示。这两种状态之间的界限是 $\lambda=0.25$,这时就有

$$r_{d\omega} = k+1-\sqrt{6k-k^2-1} \quad (3-94)$$

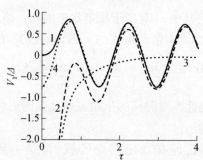

图 3.8 表面温度可变的燃烧速率(1)及其渐近线(2)、参数 $v_{1d}(4)$ 和 $v_{1\omega}(5)$

($r=0.335, k=2, \xi_0=-2$)

区域 $r>r_+$ 可以用与 $0 \leqslant r<r_-$ 完全相同的方式来考虑。然而,与参数 k 和 r 区域相对应的真实系统是不大可能存在的。

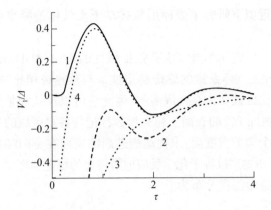

图 3.9 表面温度可变的燃烧速率(1)及其渐近线(2)、参数 v_{1d}(4)和 $v_{1\omega}$(5)
($r = 0.5, k = 2, \xi_0 = -2$)

3.3 无气系统的二维燃烧稳定性

前面部分的稳定性标准是在一维问题公式中获得的。在推导过程中,推进剂的表面被认为是平整的。然而,在恒压下,由于表面形状的扰动,会引起稳定燃烧状态的不稳定性问题。与 3.1 节的结果相反,研究表明以同样的一般形式(独立于任何特定的燃烧模型)是不能解决此类问题的。其原因如下:在稳定燃烧状态下,表面的一维扰动导致推进剂的初始温度不同,这允许在分析中使用从稳定关系 $u^0(T_a)$ 获得依赖关系 $u(f)$。在凝聚相和气相中施加有限波长的二维扰动时,横向热和质量(在气相中)通量出现。因此,表面条件与任何稳定情况的特征不相关。为了解决这个问题,必须考虑特定的燃烧模型。

稳定性标准式(3-29)适用于波长无限大的扰动。在特定的燃烧模型公式中,最不稳定的扰动模式具有有限的波长是有可能的,在这种情况下,式(3-29)将是无效的。式(3-29)仅在最不稳定的表面为非平面扰动模式(具有无限波长)时适用。目前,考虑气相反应的任何模型都无法解决该问题。原则上,失稳的两种情况都是可能的,即有限或无限波长的谐波可能不太稳定。结果将由特定燃烧模型的特性决定。

通常推进剂燃烧伴随着从冷凝态到气态的相变。然而,在某些系统中,反应产物以冷凝状态留在放热反应前沿的后面。Belyaev 和 Komkova(1950)实验研究的白蚁燃烧就是一个例子。在聚合前沿通过凝聚相传播时(Chechilo 等,1972),以及在自传播高温合成的过程中,(Merzhanov,1994)观察到了类似的过程。

本节在线性近似下研究了表面形状扰动下无气体的凝聚系统稳定燃烧状态的稳定性问题。

我们基于化学反应速率对温度有强依赖性的假设(Makhviladze 和 Novozhilov,1971),来研究无气体系统的燃烧稳定性。与预热区相比,这一假设允许原始物质的化学转化区被认为是无限薄的,因此它可以被认为是分离初始反应物(r 区)和反应产物(p 区)的表面。相关指数标记与各自区域的变量相关。

考虑这样一个实验室框架:未扰动推进剂的表面在 $x=0$ 时是静止的,占据半空间 $x \leq 0$ 的原始物质以等于化学反应前沿传播的恒定速度 u^0 从左向右移动。

两个区域的稳定温度分布为

$$T_r^0(x) = T_a + (T_s^0 - T_a)\exp\left(\frac{u^0 x}{k}\right),\quad T_p^0 = T_s^0 \qquad (3-95)$$

满足相同的传热方程:

$$k\frac{\mathrm{d}^2 T_j^0}{\mathrm{d}x^2} - u^0 \frac{\mathrm{d}T_j^0}{\mathrm{d}x} = 0 \quad (j=r,p) \qquad (3-96)$$

边界条件为

$$x\to-\infty,\ T_r^0 = T_a;\ x\to\infty,\ \frac{\mathrm{d}T_p^0}{\mathrm{d}x}=0 \quad x=0,\ T_r^0=T_s^0,\ T_p^0=T_s^0 \quad T_s^0 = T_a + \frac{Q_s}{c}$$

$$(3-97)$$

式中:T_a 为初始温度;T_s^0 为燃烧温度;Q_s 为反应热。

使用小扰动的方法,假设表面扰动的形式为

$$\xi = D\exp(\Omega t + iky) \qquad (3-98)$$

式中:y 为沿着未扰动的反应前沿方向;Ω, k, D 分别为扰动的频率、波数和振幅。

为不失一般性,可以考虑二维问题。

对应的扰动解的形式如下:

$$T_j = T_j^0 + \delta T_j(x)\exp(\Omega t + iky) \quad (j=r,p) \qquad (3-99)$$

将式(3-99)代入不稳定传热方程:

$$\frac{\partial T_i}{\partial x} = k\left(\frac{\partial^2 T_j}{\partial x^2} + \frac{\partial^2 T_j}{\partial y^2}\right) - u^0 \frac{\partial T_j}{\partial x} \quad (j=r,p) \qquad (3-100)$$

可以获得关于 $\delta T_r(x)$ 和 $\delta T_p(x)$ 的二阶常微分方程:

$$\delta T_r(x) = A\exp\left(Z_r \frac{u^0}{2k}\right),\ z_r = 1 + \sqrt{1+4w+s^2}$$

$$\delta T_p(x) = B\exp\left(Z_p \frac{u^0 x}{2k}\right),\ z_p = 1 - \sqrt{1+4w+s^2} \qquad (3-101)$$

$$w = \frac{k\Omega}{(u^0)^2},\ s = \frac{2kK}{u^0}$$

第 3 章 恒压燃烧

式中:ω 为一个无量纲的频率;s 为迈克尔逊预热区 k/u^0 的宽度与扰动 $2\pi/k$ 的波长的比;A 和 B 为积分常数;Z_r 和 Z_p 的公式符号的选择是由无穷远处扰动消失的要求决定的。

在发生化学反应的表面,扰动解通过以下条件相互关联:温度分布是连续的,而热流由于反应区能量的释放而发生跳跃,分别采用近似值进行表达:

$$x = \xi, \quad T_r = T_p, \quad -\frac{\partial T_2}{\partial x} + \left(u^0 - \frac{\partial \xi}{\partial t}\right)\frac{Q_s}{kc} = -\frac{\partial T_p}{\partial x} \quad (3-102)$$

其依据在于,垂直于表面的导数与垂直于 x 方向的导数相差二阶无穷小的值。

进一步假设反应速率只是反应区温度的函数。然后,在线性近似中,由参数描述反应速率随温度的变化如下:

$$k = (T_s^0 - T_a)\frac{\mathrm{d}\ln u^0}{\mathrm{d}T_a} \quad (3-103)$$

其显式形式由稳定燃烧定律 $u^0(T_s^0)$ 确定。在阿伦尼乌斯方程中,反应速率依赖温度:

$$u^0 \sim \exp\left(-\frac{E_s}{2RT_s^0}\right), \quad k = \frac{E(T_s^0 - T_a)}{2RT_s^0} \quad (3-104)$$

使用温度敏感性参数 k,反应物完全消耗的条件可以写成:

$$x = \xi, \quad \frac{\partial \xi}{\partial t} = -\frac{ku(T_p - T_a)}{T_s^0 - T_a} \quad (3-105)$$

当 $x = 0$ 时,对式(3-102)式(3-105)进行线性化,则有

$$\begin{cases} \dfrac{\mathrm{d}T_r^0}{\mathrm{d}x}\xi + \delta T_r = \dfrac{\mathrm{d}T_p^0}{\mathrm{d}x}\xi + \delta T_p \\[2mm] \dfrac{\mathrm{d}^2 T_r^0}{\mathrm{d}x^2}\xi + \dfrac{\mathrm{d}\delta T_r}{\mathrm{d}x} + \dfrac{Q_s\delta\xi}{kc\partial t} = \dfrac{\mathrm{d}^2 T_p^0}{\mathrm{d}x^2}\xi + \dfrac{\mathrm{d}\delta T_P}{\mathrm{d}x} \\[2mm] \dfrac{\partial \xi}{\partial t} = -\dfrac{ku^0}{T_s^0 - T_a}\left(\dfrac{\mathrm{d}T_p^0}{\mathrm{d}x}\xi + \delta T_p\right) \end{cases} \quad (3-106)$$

这里代入式(3-98)以及解式(3-95)和式(3-101),获得了关于未知量 A、B 和 d 的三个线性方程的齐次集合。

系统可求解的条件为

$$16\omega^3 + 4(1 + 4k - k^2 + s^2)\omega^2 + 4k(1 + s^2)\omega + s^2 k^2 = 0 \quad (3-107)$$

取 $\omega = \pm \mathrm{i}\psi$,可得稳定性边界 $k(s^2)$ 的表达式为

$$k = \frac{4 + 3s^2 + \sqrt{(4 + 3s^2) + 4(1 + s^2)^3}}{2(1 + s^2)} \quad (3-108)$$

频率在稳定性边界上是假设的,这意味着稳定性的损失具有振荡性质。此外,频率可以表示为扰动波长的函数:

$$\psi^2 = \frac{1}{8}(4 + 3s^2 + \sqrt{(4 + 3s^2)^2 + 4(1 + s^2)^3}) \qquad (3-109)$$

将 $s=0$ 代入式(3-108)中,可以获得一维扰动的不稳定区域为

$$k_\infty > 2 + \sqrt{5} \approx 4.24 \qquad (3-110)$$

另外,当 $s=1$ 时达到式(3-108)中的最小值,并且 $k_{min}=4$。因此,化学反应面对一维扰动比高维扰动更稳定。图 3.10 和图 3.11 中的曲线 a 显示了式(3-108)和式(3-109)的相关性。值得注意的是,所进行的分析在许多方面类似于热扩散气体燃烧火焰的稳定性研究(Barenblatt 等,1962)。

后一项研究是研究参数 D_g/k(D_g 是气体扩散系数)对长波长扰动下气体火焰稳定性的影响。这个问题是在等密度近似的条件下进行考虑的。因此,避免了长波的限制,Barenblatt 等(1962)的论文相关关系中的极限 $D_g/k \to 0$ 导致了相同的色散关系式(3-107)。

除了无气体燃烧,Makhviladze 和 Novozhilov(1971)也考虑了无焰燃烧方式。在这种情况下,凝聚态物质转变成气体,不会发生化学反应。正如已经指出的那样,在低压条件下,这种状态可以在混合无烟火药的燃烧中观察到。此时,燃烧的稳定性由原始推进剂的热物理性质和燃烧产物的比例决定:

$$\alpha = \left(\frac{\rho_g D_g}{\rho k}\right)^2 \qquad (3-111)$$

该参数的降低会导致不稳定区域的扩大。对于 $\alpha < 0.4$,与更高维的扰动相比,系统对一维扰动变得更稳定。

从式(3-108)中可以看出,二维扰动可能不如一维扰动稳定。然而,在所采用的近似框架内,这个结论并不完全合理。实际上,所进行的分析忽略了反应区的温度变化,其数量级为 $R(T_s^0)^2/E_s$,其特征温度为 $T_s^0 - T_a$,计算式为

$$\frac{R(T_s^0)^2}{E(T_s^0 - T_a)} = \frac{1}{2k} \qquad (3-112)$$

假设一个小参数接近稳定边界 $k \approx 4$,那么这个假设导致最终答案的误差约为 10%。与此同时,当参数 s 从无穷大变为 1,参数 k 的变化率仅为 6% 左右。因此,曲线 $k(s)$ 上最小值的存在不能确定,因为参数 k 的变化幅度与计算误差的量级相同。为此,Borisova 等(1986)考虑了反应区的有限厚度,用数值分析的方法对这个问题进行了线性近似分析。考虑了一级反应以及恒定的推进剂密度和热物理性质。

在实验室坐标系上,原始物质以稳定燃烧速率从左向右移动,无气体的燃

烧过程的控制方程为

$$\frac{\partial T}{\partial x} = k\left(\frac{\partial^2 T}{\partial x^2} + \frac{\partial^2 T}{\partial y^2}\right) - u^0 \frac{\partial T}{\partial x} + \frac{Q_s}{c} W(\eta, T)$$

$$\frac{\partial \eta}{\partial x} = -u^0 \frac{\partial \eta}{\partial x} + W(\eta, T)$$

$$W(\eta, T) = Z(1-\eta)\exp\left(-\frac{E}{RT}\right) \tag{3-113}$$

式中：η 为化学转化的进度变量；Z 为指数前因子。

利用曲线拟合可以很方便地获得计算结果：

$$k = \phi(\beta, s^2), \quad \beta = \frac{RT_s^0}{E} \tag{3-114}$$

将上述参数作为稳定边界处参数之间的关系，那么函数 $\phi(\beta, s^2)$ 精度在 0.5% 时，$0 \leqslant \beta \leqslant 0.15, 0 \leqslant s^2 \leqslant 2.4$ 可以表示为

$$\phi(\beta, s^2) = \frac{3s^2 + 3.39 + \sqrt{(3s^2 + 3.39)^2 + 4(s^2 + 2.35)^2(s^2 + 1)}}{2(s^2 + 1)(1 + 3.1\beta - 3.1\beta^2)}$$

$$\tag{3-115}$$

考虑到参数 β 的固定值，该函数在 $s^2 = 1$ 时具有最小值。$\phi(\beta, 0)$ 和 $\phi(\beta, 1)$ 的值仅相差 2%~3%。然而，最小值的存在是可靠的。与平面扰动相比，这意味着二维或三维扰动的稳定性较低。因此，Makhviladze 和 Novozhilov（1971）通过分析得到的定性结果是有效的。

由平面扰动（$s^2 = 0$）式（3-115），可得

$$k_\infty = \frac{4.60}{1 + 3.1\beta - 3.1\beta^2} \tag{3-116}$$

这实际上与曲线拟合公式是相同的：

$$k_\infty = \frac{4.55}{1 + 2.5\beta} \tag{3-117}$$

该结果由 Shkadinskii 等（1971）利用一维非定常问题的数值解获得的。在无限窄反应区的假设下，反应级数的概念毫无意义，参数 β 变得无关紧要。如上所述，基于 Makhviladze 和 Novozhilov（1971）的分析，在这种情况下，$k_\infty = 4.24$。对于最危险的扰动模式（$s^2 = 1$），由式（3-115）可知：

$$k_{\min} = \frac{4.45}{1 + 3.1\beta - 3.1\beta^2} \tag{3-118}$$

而对于无限窄的反应区而言，$k_{\min} = 4$（Makhviladze 和 Novozhilov, 1971）。

稳定边界处的频率 Ω 是纯虚数 $\Omega = \mathrm{i}\psi(\beta, s^2)$。精度在 2% 以内的计算结果可近似为

$$\psi^2 = (0.28 + \beta + 0.34s^2 + \beta s^2)\phi(\beta, s^2) \tag{3-119}$$

特别地,对于 $s=0$(普通扰动),有

$$\psi_\infty^2 = \frac{4.6(0.28 + \beta)}{1 + 3.1\beta - 3.1\beta^2} \tag{3-120}$$

这是关于 β 的一个非常弱的函数(在 β^2 的二阶项内),并且有 $\psi_\infty^2 = 1.29(1 + 0.5\beta)$。在窄反应区假设下,$\psi_\infty^2 = 1.06$,即 Makhviladze 和 Novozhilov(1971)的近似解对 β 值的误差约为 10%。

图 3.10 和图 3.11 显示了根据式(3-115)和式(3-119),$k = \phi(\beta, s^2)$ 和 $\psi(\beta, s^2)$ 的相关性。

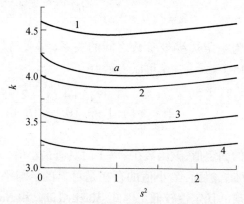

图 3.10 稳定燃烧状态的稳定边界:曲线 a 为式(3-108)的分析结果;
曲线 1~4 为式(3-115)的数值结果

$1, \beta = 0; 2, \beta = 0.05; 3, \beta = 0.1; 4, \beta = 0.15$。

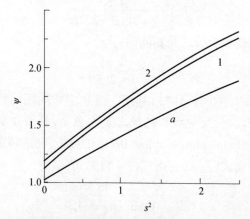

图 3.11 稳定燃烧状态边界的频率:曲线 a 式(3-109)的分析结果;
曲线 1~2 是式(3-119)的数值结果

$1, \beta = 0; 2, \beta = 0.15$。

有人试图在窄反应区的分析上进行近似改进。特别地,与 Makhviladze、Novozhilov(1971)和 Barenblatt 等(1962)相比,Aldushin 和 Kasparyan(1979)提议在化学反应区使用不同的匹配条件。在 Aldushin 和 Kasparyan(1979)的研究中,反应速率被认为不仅是温度的函数(对于无限窄区域方法的通常近似),而且是匹配点温度梯度的函数。Aldushin 和 Kasparyan(1979)声称这种方法考虑了反应区的惯性,但这种说法是站不住脚的,因为没有考虑反应区的质量和能量守恒方程。因此,参数 β 没有出现在最终的结果中。为了比较,Aldushin 和 Kasparyan(1979)的分析给出了 $k_\infty = 4.0$ 和 $k_{\min} = 3.91$。通过他们的分析得到的 $\psi_\infty^2 = 3$ 的值也与 Makhviladze、Novozhilov(1971)和 Borisova 等(1986)的值有很大的不同。

Borisova 等(1990)考虑了类似的问题,假设零级反应具有宽反应区。这项研究的结果表明,与平面扰动相比,二维无气体的系统稳定性较弱的结论可能相当普遍。

对简单凝聚系统的二维燃烧稳定性的研究表明,平面(无限波长)和二维(具有迈克尔逊厚度量级的波长)扰动的稳定性边界没有显著差异。因此,可以预期,在具有有限波长的谐波最不稳定的情况下,稳定范围的稳定边界处的关系 $r(k)$ 与对应于无限波长扰动情况的关系式(3-29)不会有显著不同。这种考虑提供了一个很好的依据,相信 Z-N 理论中采用的一维方法不会显著改变最终结果。然而,应当进一步强调研究特定推进剂燃烧模型中二维扰动行为的重要性。

3.4 稳定区域外的燃烧

本章前面几节研究了线性近似下的不稳定燃烧状态。在不稳定区域的更深处,推进剂燃烧过程将表现出非线性动力系统中的典型特性。后者在过去几十年里得到了广泛的研究(如 Landauand Lifshitz,1987;Mikhailov,2011)。许多研究致力于稳定区以外推进剂燃烧的分析研究。非线性问题迫使研究者只在稳定边界附近考虑。Novozhilov (1966)和 Novozhilov 等(2002a)在稳定燃烧的稳定和不稳定区域发现并研究了自动振荡状态。研究还表明,共振不仅可能发生在燃烧推进剂的固有频率上,也可能发生在它的整数倍上(Novozhilov,1992b)。

本节用数值分析的方法研究了推进剂燃烧超出稳定区的不稳定模式。其使用的是属于 Z-N 理论范围内的框架模型,该模型是一个只含有两个参数的简单推进剂模型。这样的系统是具有分布参数的最简单的动力系统之一。

通过将传热偏微分方程转化为无穷组常微分方程来解决这个问题。该方法由 Novozilov(2003,2004)提出,并在 2.5 节中进行了描述。

如 2.5 节所示,传热方程为

$$\frac{\partial \theta}{\partial \tau} = \frac{\partial^2 \theta}{\partial \xi^2} + v \frac{\partial \theta}{\partial \xi} \quad (\xi \geq 0) \tag{3-121}$$

$$\theta(0,\tau) = \vartheta(\infty,\tau), \; \theta(\infty,\tau) = 0 \tag{3-122}$$

在相应的边界条件下,可将凝聚相温度分布矩阵转化为无穷多个常微分方程组:

$$y_n(\tau) = \int_0^{+\infty} \theta(\xi,\tau) \ln(\xi) \mathrm{d}\xi \tag{3-123}$$

其中

$$\ln(\xi) = \frac{e^\xi}{n!} \frac{\mathrm{d}^n}{\mathrm{d}^n} e^{-\xi} \xi^n \tag{3-124}$$

是拉盖尔多项式,在区间 $0 \leq \xi < \infty$ 上正交,权重为 $e^{-\xi}$。

常微分方程组具有以下形式:

$$y'_n(\tau) = \varphi(\tau) - n\vartheta(\tau) + \sum_{s=0}^{n-2}(n-s-1)y_s(\tau) +$$

$$v(\tau)\left(\sum_{s=0}^{n-1} y_s(\tau) - \vartheta(\tau)\right) \quad (n=0,1,2,\cdots) \tag{3-125}$$

其中,温度梯度为

$$\varphi = -\left.\frac{\partial \theta}{\partial \xi}\right|_{\xi=0} \tag{3-126}$$

对于数值模拟,式(3-125)必须在某个最大值 $n_{\max} = N$ 处截止,且该值必须足够大,以提供所需的精度。

式(3-125)必须用下列与燃烧速度、表面温度和温度梯度相关的约束条件(非稳定燃烧定律)来求解:

$$v = v(\varphi), \; \vartheta = \vartheta(\varphi) \tag{3-127}$$

式(3-125)和式(3-127)一起包含 $N+3$ 个方程和 $N+4$ 个未知数,即 v、φ、ϑ,以及 $N+1$ 个温度分布矩。目前,从无限方程组转换到截断方程组时不可避免地会出现闭合问题,我们应用 $\xi = 0$ 时的式(2-54)展开式得到另外的计算式:

$$\vartheta(\tau) = \sum_{s=0}^{N} y_s(\tau) \tag{3-128}$$

在稳定下,有

$$\varphi^0 = 1, \; v^0 = 1, \; \vartheta^0 = 1$$

$$y_0^0 = 1, \; y_n^0 = 1 \quad (n=1,2,3,\cdots,N) \tag{3-129}$$

让我们考虑一个特定的推进剂模型,即稳定燃烧定律集。选择这些参数的原则是应使问题包含最少数量的参数。模型的最简单选择(我们假设压力保持不变)由以下稳定相关性给出：

$$u^0 = A\exp(\beta T_s), \quad u^0 = B\exp(\beta_s T_s^0) \tag{3-130}$$

式中：A、B、β、β_s 是常数。表征燃烧速率和表面温度对初始温度变化的敏感性的参数采用以下形式进行表达：

$$k = \beta(T_s^0 - T_a), \quad r = \frac{\beta}{\beta_s} \tag{3-131}$$

使用转换到非定常依赖关系的标准过程(2.3节)，可以获得下列无量纲非定常燃烧定律的表达式：

$$v = \text{evp}\left[k\left(\vartheta - \frac{\varphi}{\nu}\right)\right], \quad v = \exp\left[\frac{k}{r}(\vartheta - 1)\right] \tag{3-132}$$

正在研究的系统包含两个参数，即 k 和 r。计算是在 $r = 1/3$ 的固定值下进行的。随着参数 k 的变化，系统从稳定状态向不稳定状态发生转变，因此参数 k 用作分叉参数。

从式(3-28)和式(3-29)可以得出，在线性近似中，稳定性边界是 $k=2$，固有频率 $\omega = 4.243$，振荡周期 $T = \frac{2\pi}{\omega} = 1.481$。结果表明，根据数值模拟，第一次分叉发生在 $k_1 = 1.9610$。在这个值下，稳定燃烧状态通过安德罗诺夫－霍普夫分叉变为振荡状态，分叉点的振荡周期等于 1.505。K_1 的分叉值和分叉时的振荡周期都接近上述由理论线性稳定性分析得到的值。这证实了计算的准确性。

图 3.12~图 3.17 说明了分叉参数变化时的系统行为。每个数字包含两个部分(a)和(b)。(a)部分显示燃烧速率的时间历程，而(b)部分是相位轨迹在平面 (v, y_0) 上的二维投影，将零时刻视为凝聚相获得热源开始传热的时刻，图题列出了定量参数，即参数 k 和振荡周期的值。

图 3.12 所示为处于稳定燃烧区域内的系统，k 值小于第一个分叉对应的值。

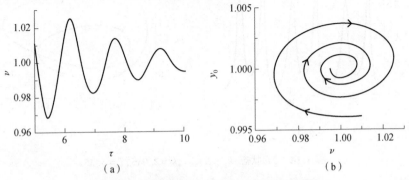

图 3.12 稳定状态：$k < k_1, k = 1.95, T = 1.51$

随着参数 k 的增加,分叉一连串发展,并且在每个分叉处振荡周期加倍。尽管与数值分析相关的误差妨碍了对完全无穷级数分叉的定量描述,但以下是参数 k 的前几个值(在 $\Delta k \approx 10^{-4}$ 的绝对误差范围内)振荡周期连续加倍的地方:

$$k_1 = 1.961\,0, \ k_2 = 2.076\,4, \ k_3 = 2.089\,2, \ k_4 = 2.091\,9 \quad (3-133)$$

在第四次分叉之后,随着分叉参数略微增加($k=2.095$),可以观察到混沌燃烧状态。图 3.13~图 3.16 展示了系统在分叉参数 k 连续单调递增下值的演化。选择分叉参数 k 时,可以清楚地看到周期加倍的过程。通常人们(Landau 和 Lifshitz,1987)将获得的机制称为 T 机制、$2T$ 机制等。精确的周期加倍发生在分叉点。随着两个连续分叉点之间分叉参数的增加,周期略有变化。因此,图 3.13~图 3.16 中所示的两个周期之间的两个差值因子只是大致成立。图 3.17 显示了一个混乱的燃烧状态。

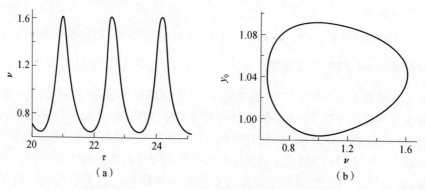

图 3.13 T 状态:$k_1 < k < k_2, k = 2.05, T = 1.59$

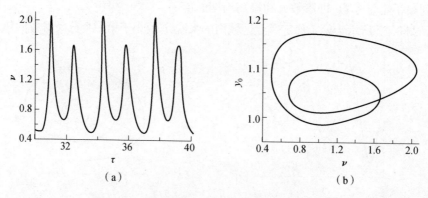

图 3.14 $2T$ 状态:$k_2 < k < k_3, k = 2.085, T = 3.35$

第 3 章 恒压燃烧

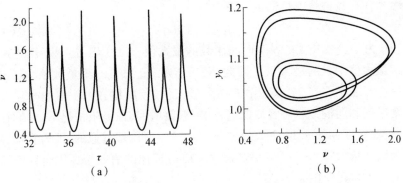

图 3.15 $4T$ 状态:$k_3 < k < k_4$,$k = 2.0905$,$T = 6.74$

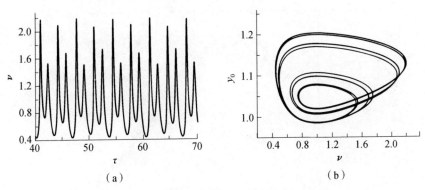

图 3.16 $8T$ 状态:$k > k_4$,$k = 2.0923$,$T = 13.51$

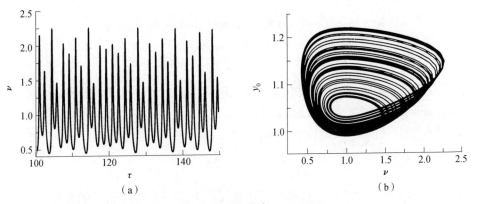

图 3.17 混乱燃烧状态:$k = 2.0952$

在燃烧速度-时间历程图中不可能发现任何周期性,并且相轨迹几乎均匀地填充相空间中的某个区域。在图 3.18 中,以不同的方式连续建立了 2^{m-1} 个 T 机制并转换到混乱状态。根据 Lorenz 的观点,图 3.18 所示的构造是基于在混

沌区域中存在近似依赖性的关系,有

$$M_{s+1} = p(M_s) \tag{3-134}$$

式中:M_s 为与过程相关的某个时间函数的最大值。图 3.18 显示了燃烧速度作为上述最大值函数的最大值。因此,对于 T 状态,只有一个最大值,由图 3.18 上的一个点表示。在 $2T$ 状态下有两个最大值,相应地在图上有两个点。在周期倍增过程和向混乱状态过渡的过程中,点数增加,在极限情况下,它们在极限情况下,点数在曲线 3.14 上失效。映射式(3-134)是近似的,因为它描述的集合称为康托集(Cantor set)。映射式(3-134)近似的另一个原因是数值模拟存在偏差是不可避免的。

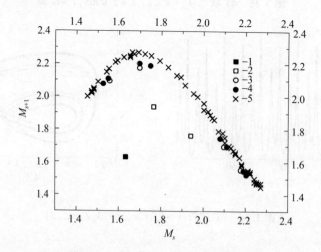

图 3.18 当参数 k 增加时周期加倍和向混沌转变的连续性

1—T 状态 $k=2.05$;2—$2T$ 状态,$k=2.08$;3—$4T$ 状态,$k=2.091$;
4—$8T$ 状态,$k=2.0922$;5—混乱状态,$k=2.095$。

计算已经证实,从稳定到混沌状态的转变是通过级联分叉的经典费根鲍姆(Feigenbaum)场景发生的(Landau 和 Lifshitz,1987;Arnold,1988)。在这种情况下,连续的分叉值 k_m 满足以下法则:

$$\lim_{m \to \infty} \delta_m = \delta, \quad \delta_m = \frac{k_m - k_{m-1}}{k_{m+1} - k_m} \tag{3-135}$$

式中:$\delta = 4.669\cdots$ 为常规的费根鲍姆常数。根据式(3-133)提供的参数 k 的分叉值,可以估算得到:

$$\delta_2 = 9.0 \pm 0.2, \quad \delta_3 = 4.7 \pm 0.4 \tag{3-136}$$

因此,正如已经在许多场合观察到的,序列 δ_m 收敛得非常快。

3.5 与实验数据的比较

下面开展对冷凝系统燃烧稳定性理论计算结果进行比较的实验研究,以验证理论结果的准确性。

首先应该注意的是,在所描述的 Z – N 理论方法的框架内,不可能确定特定推进剂的燃烧在给定条件下是稳定的还是不稳定的。事实上,在稳定燃烧条件下获得的关系是该理论的重要组成部分。因此,人们只能判断推进剂是否稳定燃烧的现象和在这种稳定状态下测得的并包含在稳定性判据中的参数值是否一致。

例如,在推进剂表面温度不变的情况下,如果测量值 $k = \beta(T_s^0 - T_a)$ 满足条件 $k < 1$,则理论结果将与实验结果一致。

严格来说,只有使用稳定的燃烧状态才能测试理论与观测数据的一致性。如在恒定表面温度下燃烧,在不稳定燃烧状态下测量的参数值 k 不一定大于 1,该理论确实将参数 k 的值与稳定燃烧的事实联系起来,但是没有将可观察到的不稳定性与在这种不稳定状态下测量的该参数的值联系起来。

表面温度变化的情况也是如此。只有在一定的稳定燃烧状态下,才能满足理论和实验相一致:

$$r > \frac{(k-1)^2}{k+1} \tag{3-137}$$

其中,k 和 r 的值是在同一状态下测量获得的。

在燃烧速度、表面温度和凝聚相中的温度分布都随时间变化的不稳定状态下,测量的参数 k 和 r 将与这个特定的观察到的状态有关,而与观察到的状态所源自的不稳定的稳定状态无关,因此,在不稳定燃烧状态下测量的参数 k 和 r 不必满足类似于式(3 – 137)的不等式,但不等式符号相反,即 $r < (k-1)^2/k+1$。

Kondrikov(1969)总结了一些硝酸酯的燃烧数据(其中,表面温度恒定且接近沸腾温度),以确定参数 k 的值,并将其与实验中观察到的稳定或不稳定的状态类型联系起来。另外,他还给出了在 1 个标准大气压下燃烧速率 β 的温度系数以及硝酸甲酯、硝酸甘油、二甘醇二硝酸酯和季戊四醇四硝酸酯(PETN)的表面温度的数据。这些数据用于推导这些物质的参数 k 值。在初始温度为 20 ℃ 时,硝酸甲酯和硝酸甘油的 k 值分别为 0.34 和 0.90。实验证明了这两种硝酸酯在此条件下的稳定燃烧。对于另外三种硝酸酯,也就是硝化甘油、二甘醇二硝酸酯和 PETN,参数 k 的值都超过了 1(分别为 1.29、1.13 和 1.50)。Kondrikov(1969)的论文讨论了后一种物质的实验燃烧方法,并得出结论,它们在大气压和室温下的燃烧是相当不稳定的。这种燃烧可能只在有额外热源的情况下才能维持。

因此,对于硝酸甲酯和硝酸甘油,参数 k 的值和观察到的稳定稳定燃烧状态与理论结论一致。

在表面温度可变的情况下,与试验数据对比的稳定性标准式(3-137)只有在依靠关系 $T_s^0(T_a)$ 被认为是涉及该函数的倒数的标准时才有可能正确。这种比较是在发展了适当的热电偶技术之后进行的,该技术可以获得初始温度对燃烧推进剂表面温度影响的数据(Zenin 和 Nefedova,1967;Zenin 等,1966)。显然,测量数据 $T_s^0(T_a)$ 的散射妨碍了对该函数的导数 r 式(1.14)的精确计算。此外,所获得的导数值取决于具体的数据处理过程。Zenin 和 Nefedova (1967)的研究表明,表面温度数据中的散射允许函数 $T_s^0(T_a)$ 通过线性相关性进行插值。这使得导数 r 是常数。然而,这样的过程使冷凝聚相中化学反应的活化能是可变的。为此,基于活化能恒定的假设,提出了另一种估算导数 r 的方法(Zenin 和 Nefedova,1967;Zenin 等,1966)。该方法的思想是将实验数据 $(1/T_s^0, \ln u^0)$ 绘制在对应的坐标轴中。近似实验点的直线对应于反应速率对表面温度的阿伦尼乌斯方程的依赖性。在这种情况下,导数 r 是可变的,并且随着初始温度的增加而增加。这种数据处理技术使用了式(1.80)对应于热流从气态到冷凝态的零级化学反应。

如前所述,在大气压力下,只有在较高的初始温度下,无烟火药 N 才会以稳定的状态燃烧,甚至在 $T_a=50$ ℃时,也可以观察到温度分布的振荡。在 $T_a=100$ ℃时获得的 r 值为0.9。对于这样的 r 值,参数 k[式(3-137)]的最大值是2.85。实验值 $k=2.7$ 稍小,但接近后者。因此,$p=1$ atm 和 $T_a=100$ ℃时的燃烧稳定性符合准则式(3-137)。在这种情况下,燃烧很可能发生在稳定边界附近。

在 20 atm 的压力下,稳定燃烧在所有研究的初始温度下发生,满足标准式(3-137)。表3.2 列出了相关参数 k 和 r 以及临界值 r^*。对应于稳定燃烧的不等式 $r > r^*$ 适用于整个温度区间。

表3.2 参数 k、r 以及 $p=20$ atm 无烟火药 N 的临界值

参数	单位	数值						
T_a	℃	-150	-100	-50	0	50	100	140
k		0.2	0.8	1.2	1.6	2.0	2.3	2.7
r		0.2	0.2	0.2	0.3	0.4	0.6	0.9
r^*		0	0	0.02	0.14	0.33	0.51	0.78

第 3 章 恒压燃烧

遵循燃烧速率与表面温度梯度(凝聚相侧)f之间的关系是有指导意义的。在具有恒定表面温度的理论中,燃烧状态的稳定性对应于条件$(\partial u/\partial f)_p < 0$。

如果表面温度变化,情况就不同了。在这种情况下,燃烧速率导数相对于正负梯度都可能实现稳定燃烧(Novozhilov,1967a)。实际上,

$$\left(\frac{\partial u}{\partial f}\right)_p = \frac{k}{k+r-1}\frac{u}{f} \qquad (3-138)$$

因此,导数在$k>0$的符号与表达式$k+r-1$的符号一致,如果满足稳定性标准式(3-137),则表达式$k+r-1$可以是正的,也可以是负的。表面温度对梯度的导数也有类似的结论,当$r>0$时,该值的符号也由相同表达式$k+r-1$的符号决定。

$$\left(\frac{\partial T_s}{\partial f}\right)_p = \frac{r}{k+r-1}\frac{T_s - T_a}{f} \qquad (3-139)$$

表3.3中给出的实验数据允许在20 atm的压力下绘制出无烟火药 N 的依赖关系$u^0(f^0)$曲线。为了实现这个目标,必须利用以下关系:

$$f^0 = \frac{u^0}{k}(T_s^0 - T_a) \qquad (3-140)$$

表 3.3 在 $p=20$ atm 时,无烟火药 N 的燃烧速率和表面温度是初始温度的函数

参数	单位	数值						
T_a	℃	-150	-100	-50	0	50	100	140
u	cm/s	0.18	0.19	0.22	0.27	0.36	0.49	0.76
T_s	℃	275	275	290	310	340	375	410

使用表3.4中的数据,然后从关系式中也可以找出相关性$u^0(f^0)$:

$$f^0 = \frac{u^0}{kc}(Q_s + q) \qquad (3-141)$$

表 3.4 在 $p=20$ atm 时,无烟火药 N 的燃烧区的参数是初始温度的函数

参数	单位	数值						
T_a	℃	-150	-100	-50	0	50	100	140
Q_s	J/g	501.6	426.4	384.6	359.5	359.5	351.1	363.7
Q	J/g	121.2	121.2	112.9	92.0	71.1	50.2	33.4
Q_b'	J/g	1 295.8	1 337.6	1 379.4	1 400.3	1 442.1	1 483.9	1 504.8

续表

参数	单位	数值						
T'_b	℃	1 160	1 200	1 260	1 320	1 360	1 400	1 440
T_b	℃	1 500	1 550	1 600	1 650	1 690	1 740	1 780

当然,这两种方法会产生相同的结果。

图 3.19 表明,在初始温度 $T_a > -100$ ℃下,燃烧速率随着梯度的增加而增加。在 $T_a \approx -100$ ℃,梯度可能达到最小值。初始温度的进一步降低导致燃烧速率相对于梯度的导数变为负值。当然,应该谨慎考虑这一结论,因为在负温度区域($T_a = -150$ ℃)只有一次实验测量,此外,在这个区域,梯度的变化与其计算中的误差相当。然而,在参数 k 和 r 单调依赖初始温度的合理假设下,梯度最小值的存在是不可避免的。$k + r - 1$ 值随着初始温度的降低而改变正负。

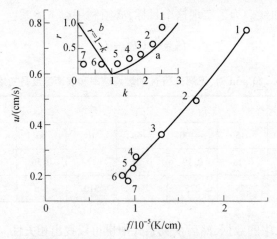

图 3.19 无烟火药 N 在不同 T_a 下的燃烧速率与表面温度梯度的关系
1—140 ℃;2—100 ℃;3—50 ℃;4—0 ℃;5——50 ℃;6——100 ℃;7——150 ℃;
区域 a,不稳定燃烧状态;区域 b,稳定燃烧状态。

注意,在具有恒定表面温度和恒定燃烧速率温度系数的模型中(2.2 节),参数 $k = \beta(T_s^0 - T_a)$ 随着初始温度的降低而增加。稳定性极限是在相当低的初始温度值下达到的。

相反,无烟火药 N 的实验数据表明,燃烧速率的温度系数随着初始温度的升高而升高,具体来说,温度系数与差值 $T_s^0 - T_a$ 的乘积是初始温度的递增函数。因此,较低的初始温度对应于较小的 k 值,如何获得无烟火药推进剂稳定性边界的问题仍未解决。正如已经证明的那样,初始温度的升高会改变参数 k

和 r，从而迫使推进剂进入稳定燃烧区域。当推进剂进行足够高的体积热分解时，初始温度只能升高到一定的极限。另外，推进剂在相当低的温度下（-150 ℃）也以稳定的模式燃烧。如果稳定性标准是正确的，那么 T_a 的进一步降低不会导致不稳定发生（如在这个区域 $k<1$），很可能证明，即使在 0K 的温度下，燃烧也是稳定的。然而，与稳定性无关的原因使这种可能变得不可能。在足够低的初始温度下，凝聚相和气相中燃烧区的温度将不足以维持化学反应。由于在快速压降下观察到了燃烧猝灭的现象，因此推进剂在低温下燃烧的实验研究相当有意义。最低临界燃烧初始温度的存在可能有助于理解这种现象。

除了用无烟火药 N 外，还用高氯酸铵验证了稳定区的稳定性判据。目前，这种化合物经常在复合推进剂中用作氧化剂，其燃烧行为已得到广泛研究。特别是，Friedman 等（1957）和 Glazkova（1963）发现了燃烧速率对压力的异常依赖性。在低压下，燃烧速率随着压力的增加而增加，随后降至最低，然后再次增加。图 3.20 显示了室温下高氯酸铵的燃烧速率与压力的关系（Glazkova，1963）。很明显，在 150 atm 的压力下，燃烧速率的增长转变为快速衰减。Bobolev 等（1964）对高氯酸铵燃烧过程中预热区和化学反应区的温度分布进行了研究。通过微细热电偶获得的温度分布证实了 Glazkova（1963）提出的关于两种燃烧状态存在的结论。第一种状态是在 40~150 atm 压力下实现的，在这种压力下，燃烧速率随着压力的增加而增加。在这种情况下，温度分布看起来相当常见，例如，类似于获得的无烟火药。在此压力范围内的燃烧相当稳定，因为燃烧速率和温度分布与时间无关。第二种状态出现在 160~450 atm 的较高压力下，其特征是火焰区域内的温度脉动，这是不稳定燃烧的迹象。Bobolev 等（1964）的研究还发现了表面温度作为压力函数的异常行为。与无烟火药 N 相反，高氯酸铵的表面温度随着压力的升高而降低。从稳定燃烧到不稳定燃烧的转变可以从稳定性标准式（3-137）的角度来解释。在这方面，Glazkova 等（1970）研究了初始温度对高氯酸铵反应区参数的影响，并在不同压力和初始温度下测量燃烧速率和表面温度。这些数据使稳定性标准中涉及的导数能够被估算，并且该标准的有效性能够被判断。表 3.5 列出了参数 k 和 r 的实验数据和估计值（Glazkova 等，1970）。

当给定 k 时，$r^* = (k-1)^2/(k+1)$ 是参数 r 的一个临界值。系统在该值下处于稳定边界。稳定状态对应于 $r > r^*$。对于 $k < 1$，临界值为 $r^* = 0$，测量了三个不同的初始温度值（20 ℃、50 ℃ 和 100 ℃）和三个压力值（50 atm、100 atm 和 150 atm）。

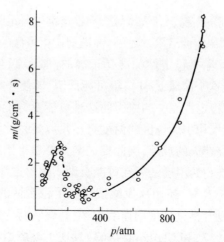

图 3.20 室温下高氯酸铵的燃烧速率与压力的关系

表 3.5 高氯酸铵的参数 k、r、r^* 和其他实验数据

p/atm	T_s^0/℃	$\beta/(10^3/℃^{-1})$	k	r	r^*
$T_a = 20$ ℃					
50	440	2.7	1.1	0.8	0.01
100	340	7.5	2.4	0.6	0.58
150	320	9.8	2.9	0.4	0.93
$T_a = 50$ ℃					
50	460	2.7	1.20	0.8	0.02
100	360	2.5	0.85	0.6	0
150	330	0.9	0.27	0.4	0
$T_a = 100$ ℃					
50	500	2.7	1.30	0.8	0.04
100	390	2.5	0.92	0.6	0
150	355	0.9	0.28	0.4	0

由表 3.5 可知,仅在 $T_a = 20$ ℃时观察到不稳定燃烧。初始温度的升高显著拓宽了高氯酸铵的稳定燃烧区域。在初始温度 $T_a = 20$ ℃时,参数 k 随着压力的增加而增加,而表面温度相对于初始温度的导数下降。在大于 100 atm 的压力下,参数 r 达到临界值,燃烧不稳定性成长,与实验一致。在高初始温度下,

第 3 章 恒压燃烧

由于燃烧速率的温度系数显著降低,系统进入 $k<1$ 区域,因此在该区域内,无论参数 k 值是多少,燃烧都是稳定的。

正如 Manelis 和 Strunin(1971)所提出的,高氯酸铵燃烧的机理包括相界面的放热分解反应和蒸发两个过程。他们的另一篇论文(Strunin 和 Manelis,1971)研究了在燃烧受凝聚相反应控制的条件下,稳定燃烧状态的稳定性。他们假设反应为零级反应,表面温度由物质的挥发性决定。这种模型给出了稳定性准则中涉及的参数的具体表达式。结果表明,参数 k 和 r 与动力学和物理化学性质有关,如活化能、汽化潜热、燃烧热和初始温度。将这些参数代入稳定性标准式(3-137)中,所得出的结论,根据参数大小,有三种可能性:①燃烧在所有压力值下都是稳定的;②燃烧在低压和高压下稳定,在中间区域不稳定;③燃烧在低压下稳定,在高压下不稳定。然而,应该指出,这种方法过于简单。在高压下,气相惰性开始发挥重要作用,标准式(3-137)将不适用。

本章的主要结论之一是推进剂在恒压下燃烧发生自动振荡的可能性。这种状态实际上是在实验中观察到的,最早的结果由 Eisel 等(1964)、Maksimov(1964)、Svetlichnyi 等(1971)和 Simonenko 等(1980)报道。通过检测不同的现象,如燃烧区的光度、温度、火焰、压力或电导率的脉动,可以识别自激振荡状态。

上述论文的作者以不同的方式解释了他们的发现。在 Eisel 等(1964)的研究中,自激振荡的原因与燃料的高度金属化有关。Maksimov(1964)研究了无烟火药 N 的燃烧,并通过推进剂表面烟炱团块的生长和随后的脱落来解释这一现象。另外,Svetlichnyi 等(1971)和 Simonenko 等(1980)的研究正确地将自激振荡归因于推进剂燃烧的固有频率的存在。

$$f \sim \frac{1}{2\pi} \frac{r}{\sqrt{k}} \frac{u^2}{k} \tag{3-142}$$

然而,式(3-142)可能只是定性地符合实验测量。首先,已知的参数 k 和 r 的精度相当低;其次,自振频谱非常复杂。从 3.4 节中可以看出,所提出的理论考虑了各种状态(有各种积分),而在实验中观察到的复杂的频谱,在某些压力变化范围内振荡频率并不明显。毫无疑问,有必要从理论和实验上更精确地研究自激振荡的燃烧状态。

第4章
谐波振荡压力下的燃烧

4.1 线性燃烧速率对谐波振荡压力的响应

本章主要讨论推进剂在压力周期性变化条件下的燃烧特性。由于固体火箭发动机在实际燃烧中往往与设计稳定状态具有一定的偏差,因此有必要了解产生偏差的原因。在不稳定效应中,存在对燃烧速率和振荡压力软或硬性的(触发)激发。固体火箭发动机的广泛应用表明,有一些实用的经验方法可以消除这些常出现在设计初期的不良影响。DeLuca 等(1992)在书中的几篇论文正是专门研究固体火箭发动机不稳定性这一方面的,对比发现在实验室测试和推进剂的实际应用中,理论研究和解释所观察到的各种不稳定燃烧过程会更加保守。正如 Novozhilov(2005)所指出的,主要困难是正确描述燃烧和声场之间的相互作用。这是本章要讨论的问题,先从线性近似开始。

描述不稳定燃烧的方程组[式(2-33)~式(2-36)]通常是非线性的。传热方程包含非线性热流,热流是燃烧速率和温度梯度的乘积。同样地,稳定和不稳定燃烧规律在一般情况下都是非线性的。对于稳定区域产生的微小偏差,燃烧速率对振荡压力的响应可以用 Z-N 理论的线性近似进行解析。

首先,我们需要定义线性燃速响应。

如果燃烧表面附近的压力以小幅度振荡:

$$p = p^0 + p_1 \cos \Omega t \quad (p_1 \ll p^0) \qquad (4-1)$$

那么推进剂的线性燃烧速率将以相同的频率振荡,但是与压力相比,会有一些相位移动:

第 4 章 谐波振荡压力下的燃烧

$$u = u^0 + u_1 \cos(\Omega t + \Psi) \quad (u_1 \ll u^0) \tag{4-2}$$

该复杂函数可表示为

$$U(\Omega) = \frac{(u_1/u^0)}{(p_1/p^0)} \exp(i\psi) \tag{4-3}$$

该式称为燃烧速率对振荡压力的线性响应函数。

在线性近似中,常使用无量纲复振幅的方法。

$$\eta = 1 + [\eta_1 \exp(i\omega\tau) + \text{c.c.}], \quad v = 1 + [v_1 \exp(i\omega\tau) + \text{c.c.}] \tag{4-4}$$

其中

$$\omega = \frac{\Omega_\kappa}{(u^0)^2}, \quad \eta_1 = \frac{p_1}{2p^0}, \quad v_1 = \frac{u_1}{2u^0} \exp(i\psi) \tag{4-5}$$

式(4-5)和 c.c. 代表复共轭。在这些变量中,响应函数的形式为

$$U(\omega) = \frac{v_1}{\eta_1} \tag{4-6}$$

在线性近似中,Novozhilov(1965b)发现了恒压条件下的响应函数。
以下分析利用无量纲变量:

$$\tau = \frac{(u^0)^2 t}{\kappa}, \quad \xi = \frac{u^0 x}{\kappa}, \quad v = \frac{u}{u^0}, \quad \eta = \frac{p}{p^0} \tag{4-7}$$

$$\theta = \frac{T - T_a}{T_s^0 - T_a}, \quad \vartheta = \frac{T_s - T_a}{T_s^0 - T_a}, \quad \varphi = \frac{f}{f^0} \tag{4-8}$$

在 Z-N 理论的框架内,通过求解具有适当边界条件的传热方程来研究推进剂的不稳定燃烧过程:

$$\frac{\partial \theta}{\partial \tau} = \frac{\partial}{\partial \xi}\left(\frac{\partial \theta}{\partial \xi} - v\theta\right) \quad -\infty < \xi \leqslant 0$$

$$\xi \to -\infty, \ \theta = 0, \ \xi = 0, \ \theta = 8(\tau)n \tag{4-9}$$

我们只考虑稳定燃烧状态,因此不需要考虑初始条件。

在稳定状态下,此时有

$$\eta^0 = 1, \ \theta^0 = e^\xi, \ \varphi^0 = 1, \ v^0 = 1, \ \vartheta^0 = 1 \tag{4-10}$$

所有与时间相关的变量都以类似于式(4-4)的形式表示,即作为稳定值和小谐波扰动的总和。在这种情况下:

$$\theta(\xi,\tau) = e^\xi + [\theta_1(\xi) \exp(i\omega\tau) + \text{c.c.}] \tag{4-11}$$

将燃烧速率和凝聚相温度膨胀代入传热方程式(4-9),忽略二次项,得到线性常微分方程:

$$\theta_1'' - \theta_1' - i\omega\theta_1 = v_1 e^\xi \tag{4-12}$$

得出解：

$$\theta_1 = Ce^{z_1\xi} - \frac{v_1}{i\omega}e^{\xi} \quad (4-13)$$

其中

$$z_1 = \frac{1}{2}(1 + \sqrt{1+4i\omega}), \ z_1(z_1 - 1) = i\omega \quad (4-14)$$

解式(4-13)满足 $\xi \to -\infty$ 的边界条件。第二个边界条件式(4-9)可对表面温度进行线性校正，并找到它的梯度：

$$\theta_1 = C - \frac{v_1}{i\omega}, \ \varphi_1 = Cz_1 - \frac{v_1}{i\omega} \quad (4-15)$$

消除积分常数 C，结果为

$$z_1\theta_1 - \varphi_1 + \frac{v_1}{z_1} = 0 \quad (4-16)$$

这是燃烧速率、表面温度及其梯度的线性修正之间的关系，从线性化传热方程获得。

上述修正之间的另外两个关系可以从非定常燃烧定律推导出来。正如已经指出的那样，燃烧速率和表面温度对压力和初始温度的稳定依赖性是该理论的关键要素。这些记录在表格中（保留稳定制度的上标零）：

$$u^0 = F_u(p^0, T_a), \ T_s^0 = F_s(p^0, T_a) \quad (4-17)$$

并且可以从稳定燃烧实验或某些特定的理论推进剂燃烧模型中查找。

稳定燃烧定律式(4-17)可以转化为不稳定燃烧定律：

$$u = F_u\left(p, T_s - k\frac{f}{u}\right), \ T_s = F_s\left(p, T_s - k\frac{f}{u}\right) \quad (4-18)$$

2.3 节描述了从稳定到不稳定燃烧定律的转换方法。

原则上，不稳定燃烧定律式(4-18)是可以在无量纲变量中写下显式关系式的：

$$v = v(\varphi, \eta), \ \vartheta = \vartheta(\varphi, \eta) \quad (4-19)$$

这些无量纲变量在展开时提供线性校正之间的所需关系：

$$v_1 = \left(\frac{\partial v}{\partial \varphi}\right)_\eta \varphi_1 + \left(\frac{\partial v}{\partial \eta}\right)_\varphi \eta_1, \ \vartheta_1 = \left(\frac{\partial \vartheta}{\partial \varphi}\right)_\eta \varphi_1 + \left(\frac{\partial \vartheta}{\partial \eta}\right)_\varphi \eta_1 \quad (4-20)$$

导数是在稳定燃烧状态下推导的，可以通过实验的观察值来表达这些导数。

稳定燃烧实验允许测量燃烧定律相关性 $u^0(p^0, T_a)$ 和 $T_s^0(p^0, T_a)$，随后得出导数：

第 4 章 谐波振荡压力下的燃烧

$$k = (T_s^0 - T_0)\left(\frac{\partial \ln u^0}{\partial T_a}\right)_{p^0}, \quad r = \left(\frac{\partial T_s^0}{\partial T_a}\right)_{p^0}, \quad \iota = \left(\frac{\partial \ln u^0}{\partial \ln p^0}\right)_{T_a}, \quad \mu = \frac{1}{T_s^0 - T_0}\left(\frac{\partial T_s^0}{\partial \ln p^0}\right)_{T_a}$$

$$\delta = \iota r - \mu k \tag{4-21}$$

这些导数以线性近似方式描述了燃烧速率和表面温度对压力和初始温度变化的敏感性。

从导数式(4-21)~式(4-20)中涉及的转换可以使用雅可比行列式进行推导。根据稳定燃烧状态的迈克尔逊关系(2.3节),有

$$kf^0 = u^0(T_s^0 - T_a) \tag{4-22}$$

它遵循:

$$(T_s^0 - T_a)\left(\frac{\alpha \ln f^0}{\alpha T_a}\right)_{p^0} = k + r - 1, \quad \left(\frac{\partial \ln f^0}{\partial p^0}\right)_{T_a} = \iota + \mu \tag{4-23}$$

因此有

$$\left(\frac{\partial \ln u^0}{\partial \ln p^0}\right)_{f^0} = \frac{\partial(\ln u^0, \ln f^0)}{\partial(\ln p^0, \ln f^0)} = \frac{\partial(\ln u^0, \ln f^0)/\partial(\ln p^0, T_a)}{\partial(\ln p^0, \ln f^0)/\partial(\ln p^0, T_a)}$$

$$= \frac{\partial(\ln u^0, \ln f^0)/\partial(\ln p^0, T_a)}{(\partial \ln f^0/\partial T_a)_{p^0}} = \frac{\iota(r-1) - \mu k}{k + r - 1} \tag{4-24}$$

同理,可得如下关系:

$$\left(\frac{\partial \ln u^0}{\partial \ln p^0}\right)_{f^0} = \frac{\iota(r-1) - \mu k}{k + r - 1}, \quad \frac{1}{T_s^0 - T_a}\left(\frac{\partial T_s^0}{\partial \ln p^0}\right)_{f^0} = \frac{\mu(k-1) - \iota r}{k + r - 1}$$

$$\left(\frac{\partial \ln u^0}{\partial \ln f^0}\right)_{p^0} = \frac{k}{k + r - 1}, \quad \frac{1}{T_s^0 - T_a}\left(\frac{\partial T_s^0}{\partial \ln f^0}\right)_{p^0} = \frac{r}{k + r - 1} \tag{4-25}$$

式(4-20)可改写为

$$v_1 = \frac{k\varphi_1 + (\delta - \iota)\eta_1}{k + r - 1}, \quad \theta_1 = \frac{r\varphi_1 + (\delta + \mu)\eta_1}{k + r - 1} \tag{4-26}$$

线性修正之间的三个关系式(4-16)和式(4-26)导致燃烧速率对振荡压力的线性响应函数可表达为 $U = v_1/\eta_1$。

$$U = \frac{\iota + \delta(z_1 - 1)}{1 + (z_1 - z)(r - k/z_1)} \tag{4-27}$$

需要注意的是,响应函数仅涉及稳定燃烧状态的参数。这些参数可以通过实验找到。这种情况可以在不考虑燃烧火焰中的化学转化和传输过程时,计算推进剂对变化压力的响应。

图4.1显示了一组实际的稳定状态参数,响应函数的实部和虚部,以及它的模数和参数。首先,需要指出响应函数的共振型行为。实部最大值是在接近推进剂本征频率 ω_1(3.28)下实现的,共振值比稳定响应 $U(0)$ 大数倍。

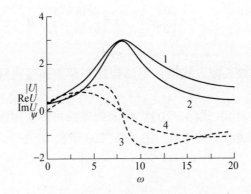

图 4.1 燃烧速率的线性响应函数

$k=1.5, r=0.15, \iota=0.3, \delta=0.1$；1—模数；2—实部；3—虚部；4—论证。

函数 $U(\omega)$ 的共振行为由分母决定,仅取决于参数 k 和 r,它们描述了稳定状态式(3-29)的稳定性边界。由于某些未知原因,大多数挥发性凝聚系统的稳定制度发生在其稳定边界附近。因此,对于参数 k 和 r 的典型值,响应函数的分母模数会比 1 小,产生共振。

此外,必须考虑一个重要问题,即测量推进剂稳定参数时的实验误差对响应函数计算精度的影响(Novozhilov,2000)。后者的共振形状导致对参数 k 和 r 的高度敏感,也就是说,这些参数的微小变化会导致分母的大变化,从而导致响应函数本身的变化。可以将响应函数写成以下形式来说明该问题:

$$U = \frac{N}{D}, \quad N = \iota + \delta(z_1 - 1), \quad D = 1 + \left(r - \frac{k}{z_1}\right)(z_1 - 1) \quad (4-28)$$

此函数计算的相对误差在很大程度上(因为分母很小)由第二项决定。

$$\frac{\Delta U}{U} = \frac{\Delta N}{N} + \frac{\Delta D}{D} \quad (4-29)$$

为了便于说明,取 $\Delta k = 0$,有

$$\frac{\Delta U}{U} \approx \frac{r(z_1-1)}{D}\frac{\Delta r}{r} \quad (4-30)$$

参数 r 的测量误差相对较小,例如,$\Delta r/r = 10\%$,将导致响应函数的相对误差比后者增大数倍(接近共振)。这一点如图 4.2 和图 4.3 所示。图 4.4 显示了参数 δ 变化对燃烧速率响应函数实部的影响。

让我们简要讨论推进剂稳定燃烧实验中通常遇到的实验误差的大小。参数 $k = \beta(T_s^0 - T_a)$ 的估计误差在很大程度上取决于燃烧速率的温度敏感系数的测量误差为

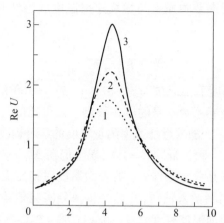

图 4.2 参数 k 的变化对燃烧速率响应函数实部的影响

$\iota=0.3, r=0.3, \delta=0.1; 1—k=1.70; 2—k=1.75; 3—k=1.80$。

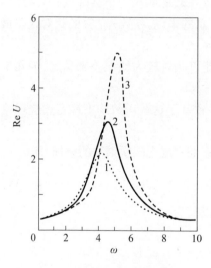

图 4-3 参数 r 变化对燃烧速率响应函数实部的影响

$\iota=0.3, k=1.8, \delta=0.1; 1—r=0.33;$
$2—r=0.30; 3—r=0.27$。

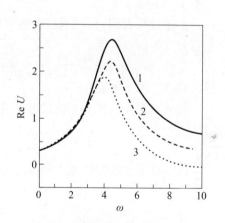

图 4.4 参数 δ 变化对燃烧速率响应函数实部的影响

$\iota=0.3, k=1.75, r=0.3; 1—\delta=0.05;$
$2—\delta=0.0; 3—\delta=-0.05$。

$$\beta=\left(\frac{\partial \ln u^0}{\partial T_a}\right)_{p^0} \tag{4-31}$$

按数量级 $\beta \approx 3\times 10^{-3}\ \mathrm{K}^{-1}$。其实验估计基于不同初始温度 $T_{a,1}$ 和 $T_{a,2}$ 下对推进剂燃烧速率的测算,即

$$\beta=\frac{\ln u_2^0-\ln u_1^0}{T_{a,2}-T_{a,1}} \tag{4-32}$$

这种方法的绝对误差本质上与燃烧速率温度敏感性测量中出现的相对误差有关。

$$\Delta\beta = \frac{2}{T_{a,2} - T_{a,1}} \frac{\Delta u^0}{u^0} \qquad (4-33)$$

在典型的测量精度下，$\Delta u^0/u^0 = 5\%$ 和 $T_{a,2} - T_{a,1} = 100$ K 导致 $\Delta\beta = 10^{-3}$ K^{-1}，这与燃烧速率温度敏感系数本身的值在数量上是可比的。结果证明，相对误差 $\Delta k/k$ 高达 $20\% \sim 30\%$。随着燃烧速率测量精度的显著提高，参数 k 估计的相对误差仍然很大。例如，即使 $\Delta u^0/u^0 = 1\%$，误差仍在 $\Delta k/k = 5\% \sim 7\%$。

第二个重要参数是稳定条件 r 下的表面温度对初始温度的敏感性，通常使用表面温度的热电偶测量来估测，并进一步区分实验依赖性 $T_s^0(T_a)$。对于厚度为 h 的热电偶和表面温度梯度 $f^0 = (u^0/\kappa)(T_s^0 - T_a)$，测量表面温度的误差为 $\Delta T_s^0 = hf$。在 $u^0 \sim 10^{-2}$ m/s 的高压力下，即使是 5 μm 的薄热电偶也会产生 20% 数量级的相对表面温度测量误差。这个误差在较低的压力下会降低，但额外的不准确性伴随着实验数据 $T_s^0(T_a)$ 的差异。总的来说，参数 r 估算的相对误差最好不小于 10%。

上述分析表明，目前响应函数可能只能以相对较大的误差来确定，为几十个百分点的误差量级。

显然，响应函数的估计误差会进一步导致基于这些函数的不稳定燃烧理论得出的结论的不准确性。

任何周期性的压力变化都可以用线性近似写成无限次谐波的叠加，即

$$\eta = 1 + \sum_{m=1}^{\infty} [\eta_m \exp(im\omega\tau) + \text{c.c.}] \qquad (4-34)$$

线性近似中的燃烧速率和温度分布可以写为

$$\nu = 1 + \sum_{m=1}^{\infty} [v_m \exp(im\omega\tau) + \text{c.c.}]$$

$$\theta(\xi,\tau) = e^{\xi} + \sum_{m=1}^{\infty} [\theta_m(\xi) e^{im\omega\tau} + \text{c.c.}] \qquad (4-35)$$

将这些函数代入传热方程式(4-9)求其解，得到类似于式(4-16)的关系：

$$z_m \vartheta_m - \varphi_m + \frac{v_m}{z_m} = 0 \qquad (4-36)$$

其中

$$z_m = \frac{1}{2}(1 + \sqrt{1 + 4im\omega}), \quad z_m(z_m - 1) = im\omega \qquad (4-37)$$

非定常燃烧定律的线性化式(4-18)给出

第 4 章 谐波振荡压力下的燃烧

$$v_m = \frac{k\varphi_m + (\delta - \iota)\eta_m}{k + r - 1}, \quad \vartheta_m = \frac{r\varphi_m + (\delta - \mu)\eta_m}{k + r - 1} \quad (4-38)$$

通过式(4-36)和式(4-38)可以找到 m 次谐波的线性响应函数:

$$U_m(\omega) = \frac{1 + \delta(z_m - 1)}{1 + (z_m - 1)(r - k/z_m)} \quad (4-39)$$

可以很容易地验证,任何谐波的响应函数都可以用主谐波的响应函数表示:

$$U_m(\omega) = U_1(m\omega), \quad U_m(\omega/m) = U_1(\omega) \quad (4-40)$$

其中,后者 $U_1 \equiv U$ 由式(4-27)给出。

前三个谐波响应函数的实部如图 4.5 所示。从该图中可以明显看出,各种谐波的共振发生在频率 $\omega_m = \omega_1/m$ 处。

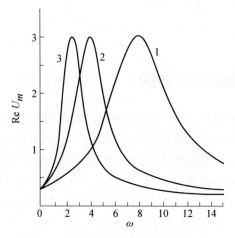

图 4.5 燃烧速率线性响应函数的实部

$k = 1.5, r = 0.15, \iota = 0.3, \delta = 0$; 1—$m = 1$; 2—$m = 2$; 3—$m = 3$。

在本节的结尾,讨论了解决该问题的替代方法,其中绝大多数都在线性近似的同一框架内。50 多年来,人们一直在尝试发展固体火箭发动机燃烧室内不稳定过程的一致理论。大多数出版物是对一些研究者在美国进行研究的成果的总结,然而这些尝试都被证明是令人不满意的,因为燃烧和声场之间的相互作用是由 Culick(1968)的现象学公式描述的,其中 A、B 和 n 是模型参数:

$$U = \frac{nAB}{z + \dfrac{A}{z} - (1 - A) + AB} \quad (4-41)$$

式(4-41)比 Novozhilov(1965b)的论文晚三年发表。它不基于任何理论,而是汇总了许多作者在特定的推进剂燃烧模型下获得的数据,[其中,最著名的是 Denison 和 Baum(1961)的研究]。

Culick(1968)没有揭示模型参数的物理意义。很容易看出式(4-41)是式(4-39)的一个特例,如果赋值

$$n = \iota,\ A = \frac{k}{r},\ B = \frac{1}{k},\ \delta = 0 \tag{4-42}$$

则由于以下原因,Culick(1968)提出的方法不会成功。

首先,即使制定了特定的推进剂燃烧模型,也无法计算常数 A、B 和 n。它们对压力和推进剂初始温度的依赖性尚未确定;其次,边界条件需要指定离开燃料表面的气体的不稳定温度。从式(4-41)中无法得到这个温度;最后,所讨论的方法仅局限于考虑压力和推进剂燃烧速率之间的线性相互作用。

Z-N 理论克服了上述问题。与 Culick(1968)的方法不同的是,它提供了将分析扩展到线性近似之外的可能性。

本书以下各章专门对非线性现象进行系统研究。

4.2 推进剂表面的声导纳

压力波从推进剂表面反射时放大的可能性,是凝聚系统不稳定燃烧理论中的重要问题之一。该问题的解决方案可为在实际中抑制火箭发动机燃烧室内的压力振荡提供借鉴。如果燃烧室内压力波频率的增强与其某一声频一致,那么此时燃烧室内推进剂燃烧过程将不稳定,压力和燃烧速率都会随时间变化。由于压力和燃烧速率变化的频率由腔室的声学特性决定,因此这种不稳定性称为声学或高频不稳定性。4.1 节中开发的线性理论无法预测腔室中产生的振荡幅度。这种预测只能在非线性分析的基础上进行,考虑到振幅的有限值和它确定的能量耗散的大小。在线性近似中,人们只能确定小振荡幅度增加或减少的条件。

由于燃烧室和燃烧推进剂表面之间的相互作用,会产生声学的不稳定性以及低频的不稳定性,研究者已广泛研究了各种配置的腔室的声学特性。因此,研究高频不稳定性的主要困难是描述燃料在不同压力下燃烧时的相关特性。表面对入射声波的反应通常用声导纳的大小来描述。下面讨论这个量的定义。

让声波从右侧($x>0$)向平面 $x=0$ 传播。具有相同频率的反射波从左向右传播,其幅度在线性近似中与入射波的幅度成正比。比例系数由频率和表面的声学特性决定。

使用波动方程的速度势 ψ_a 来描述平面声波:

$$\frac{\partial^2 \psi_a}{\partial t^2} - a^2 \frac{\partial^2 \psi_a}{\partial x^2} = 0 \tag{4-43}$$

第 4 章 谐波振荡压力下的燃烧

式中：a 为声速。气体压力和速度变化通过简单的关系与电势相关，有

$$p_1 = -\rho_g \frac{\partial \psi_a}{\partial t}, \quad u_{g1} = \frac{\partial \psi_a}{\partial x} \tag{4-44}$$

找出反射波放大的条件。与入射波和反射波叠加相对应的声场具有势能，即

$$\Psi_a = A_+ \exp(\mathrm{i}Kx + \mathrm{i}\Omega t) + A_- \exp(-\mathrm{i}Kx + \mathrm{i}\Omega t) \tag{4-45}$$

其中：A_+ 和 A_- 分别为入射波和反射波的振幅；K 为波矢量。振幅比 $\sigma_a = A_-/A_+$ 可以用地表压力和速度的复振幅来表示。由式（4-44）和式（4-45）得

$$u_{g1} = \mathrm{i}K[A_+ \exp(\mathrm{i}Kx + \mathrm{i}\Omega t) - A_- \exp(-\mathrm{i}Kx + \mathrm{i}\Omega t)]$$

$$p_1 = -\mathrm{i}\rho_g \Omega [A_+ \exp(\mathrm{i}Kx + \mathrm{i}\Omega t) + A_- \exp(-\mathrm{i}Kx + \mathrm{i}\Omega t)] \tag{4-46}$$

在曲面（$x=0$）上，这些表达式给出

$$-\frac{u_{g1}(0)}{p_1(0)} = \frac{K(A_+ - A_-)}{\rho_g \Omega (A_+ - A_-)} \tag{4-47}$$

$$\zeta = -\rho_g a \frac{u_{g1}(0)}{p_1(0)} \tag{4-48}$$

该无量纲的值叫作表面的声导纳。

入射波和反射波复振幅的比 σ_a 通过非常简单的关系与声导纳有关，即

$$\zeta = \frac{1-\sigma_a}{1+\sigma_a}, \quad \sigma_a = \frac{1-\zeta}{1+\zeta} \tag{4-49}$$

根据波矢量与频率 $aK=\Omega$ 之间的关系，从式（4-47）和式（4-48）推导出，只有当 σ_a 的绝对值大于 1 时，反射波才被放大。从第二关系式（4-49）得出：

$$|\sigma_a|^2 = 1 - \frac{4\mathrm{Re}\,\zeta}{|1+\zeta|^2} \tag{4-50}$$

这意味着在简谐振荡压力下的燃烧，仅当表面声导纳的实际部分为负时，才会出现放大现象。

在气体或挥发性冷凝系统的燃烧过程中，声波总是在以某种特征速度 u_g^0 运动的介质中传播的。在这种情况下，声导纳可以用以下形式来表示：

$$\zeta = -\gamma M G \tag{4-51}$$

式中：γ 为比热容比；M 为马赫数；G 为气体对振荡压力的速度响应，即

$$M = \frac{u_g^0}{a}, \quad G = \frac{g_1}{\eta_1} \tag{4-52}$$

后一类性质类似于燃烧速率对振荡压力的响应函数，称为气体速度对振荡压力的线性响应函数，等于气体速度和压力的无量纲复振幅的比

$$g_1 = \frac{u_{g1}}{u_g^0}, \quad \eta_1 = \frac{p_1}{p^0} \tag{4-53}$$

在完成这些初步工作之后,下一步着手计算推进剂燃面声容抗。根据式(4-51),可以求出离开燃烧表面的燃烧产物在谐波振荡压力下的速度响应函数 G。

在定义燃烧的冷凝燃烧系统的表面时应注意考虑气体的未扰动状态。在没有声波的情况下,空间上的压力基本上是均匀的(气体速度比声速小),而表面附近的温度从表面温度到燃烧温度变化很大。因此,气体参数(压力和温度)只有在没有声波的情况下,在达到燃烧温度 T_b^0 和所有化学反应完成的截面以外才是恒定的。可以把这种截面视为其声导纳决定固体推进剂相对于声效参数的表面。需要强调的是,在这个表面上所有的值都是精确的,此时,式(4-48)中的参数需要假定为对应于刚刚定义的表面坐标 x_b。注意,x_b 的值与声波的长度相比是很小的。在 Z-N 理论的框架内,声导纳很容易与燃烧速率响应函数和描述离开燃烧表面的气体温度变化响应函数联系起来(Novozhilov,1965b,1968;Gostintsev 等,1970)。燃烧产物温度的后一个线性响应函数定义为

$$\Theta(\omega) = \frac{b_1}{\eta_1}, \quad b_1 = \frac{T_{b1}}{T_b^0} \tag{4-54}$$

式中:T_{b1} 为燃烧温度变化的复振幅。

在忽略气相惯性的情况下,采用了 Z-N 理论中的一个假设,即燃烧温度完全由初始温度和燃烧速率决定。

为了计算声导纳,使用了质量守恒方程和理想气体状态方程,即

$$\rho u = \rho_g u_g, \quad \rho_g = \frac{p\mu_g}{RT_b} \tag{4-55}$$

这两个方程可进一步推导为

$$g = \frac{vb}{\eta} \tag{4-56}$$

其中,$\eta = p/p^0$,$b = T_b/T_b^0$。从这里可得

$$g_1 = v_1 + b_1 - \eta_1 \tag{4-57}$$

或者

$$G = U + \Theta - 1 \tag{4-58}$$

在计算燃烧温度响应函数时,需要考虑到气相的状态(包括燃烧的温度)完全取决于表面的压力和温度梯度。由于燃烧速率是由相同的参数决定的:

$$T_b = T_b(u,p) \text{ 或 } u = u(p,T_b) \tag{4-59}$$

进一步可得

$$v_1 = \left(\frac{\partial \ln u^0}{\partial \ln p^0}\right)_{T_b^0} \eta_1 + \left(\frac{\partial \ln u^0}{\partial T_b^0}\right)_{p^0} T_{b1} \tag{4-60}$$

第 4 章 谐波振荡压力下的燃烧

但对于完全燃烧和等比热容的相来说,有

$$\left(\frac{\partial \ln u^0}{\partial \ln p^0}\right)_{T_b^0} = \left(\frac{\partial \ln u^0}{\partial \ln p^0}\right)_{T_a} = \iota$$

$$\left(\frac{\partial \ln u^0}{\partial T_b^0}\right)_{p^0} = \left(\frac{\partial \ln u^0}{\partial T_a}\right)_{p^0} = \frac{k}{T_s^0 - T_a} \tag{4-61}$$

然后

$$\Theta = \frac{\Delta}{k}(U - \iota), \quad \Delta = \frac{T_s^0 - T_a}{T_b^0} \tag{4-62}$$

并不是说函数 Θ 比对应的函数 U 小得多(因为 Δ 是一个小参数)。因此

$$G \approx U - 1 \tag{4-63}$$

这个结论如图 4.6 所示。

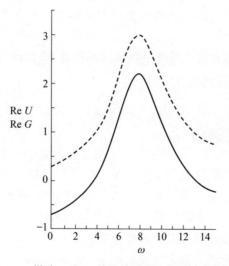

图 4.6 燃速 U 和 G 的线性响应函数的实数部分

考虑到式(4-62),得到声导纳的表达式如下:

$$\zeta = \gamma M\left[1 + \frac{\Delta \iota}{k} - \left(1 + \frac{\Delta}{k}\right)U\right] \tag{4-64}$$

必须强调的是,式(4-62)是基于燃烧过程中产热率恒定的假设推导出来的,这意味着燃烧是在恒定条件下完成的。因此,式(4-64)不宜用于球粒推进剂在较高压力条件下的燃烧。当压力低于 50~60 atm 时,热传导速率随压力和初始温度的变化而变化。在这种情况下,式(4-62)必须替换为包含燃烧温度对环境参数的导数表达式(Gostintsev 等,1970)。然而,这样的校正可能不一致,因为在某些情况下,在相应的压力区间内忽略气相的热惯性是不合理的。

如果要使声波放大,则表达式(4-64)的实部必须是负的,即

$$\operatorname{Re} U > \frac{1 + \frac{\Delta \iota}{k}}{\frac{\Delta}{k}} \tag{4-65}$$

显然,满足这种不等式的最有利条件发生在共振附近,其燃烧速率的响应函数最大,压力和燃烧速率之间的相移发生显著变化。

总结本节,值得注意的是,在周期性不稳定燃烧状态下(例如,在谐波振荡压力下燃烧期间),可变的燃烧温度会导致气体中产生波长远短于声波波长的温度波。实际上,温度扰动与燃烧产物一起以速度 u_g^0 离开表面。因此,比声波波长小 M 倍,长度为 $2\pi u_g^0/\Omega$ 的温度波,将叠加在声波上。如果忽略燃烧产物中发生的耗散过程,则气体流动是等熵的,上述温度波可称为熵波。温度波或熵波的产生与声音和燃烧表面相互作用引起的温度和密度扰动不能单独由声波影响。

温度变化不仅是声波内气体绝热压缩的结果,也是燃烧过程不稳定性质的结果,这意味着燃烧温度是可变的。

4.3 二次响应函数

变压力下推进剂燃烧的相互作用是固体燃料火箭发动机燃烧室不稳定过程研究的重点。线性分析是简单的方法,结合线性声学的近似,可用来求解发动机稳定工况的稳定性条件。然而,考虑到该过程涉及有限的压力振幅(如持续振荡或触发),需要删除限值外的线性近似。

大多数关于燃烧室不稳定效应的研究(例如,Culick 和 Yang(1992))只考虑了声学的非线性行为。燃烧速率对振荡压力的响应函数仅涉及线性近似。Novozhilov 及其团队(1965c,1996,2002)尝试考虑声波与固体推进剂燃烧过程之间的非线性相互作用,但仅考虑了涉及声场的两个最简单谐波的情况。这肯定不足以全面研究多模的问题。

在非线性效应下,声学和燃烧之间相互作用的研究显然只能在较低阶(二次方或最好是关于振荡幅度的三次方)近似中进行。

本节的写作目的是在压力幅度近似的二次方中考虑各种压力谐波之间的相互作用,并找出各种推进剂燃烧参数(燃烧速率、温度和燃烧产物的速度)对振荡压力的响应函数(Novozhilov,2006)。

燃烧室中的周期性声场通常包含许多谐波。它们的相互作用可以采用推

进剂燃烧速率对谐波振荡压力的非线性响应函数来描述。基于以下分析,这些函数是从压力幅度近似值的低阶导数(二次方)中导出的。二次响应函数的物理意义可以用燃烧推进剂表面附近的压力为示例来说明,该压力仅包含两个小振幅谐波(不失一般性 $n>m$)。

$$\eta = 1 + [\eta_m \exp(im\omega\tau) + \eta_n \exp(in\omega\tau) + \text{c.c.}] \quad (4-66)$$

推进剂燃烧速率,在压力幅度近似的二次方中,包含相同的谐波以及具有组合频率的谐波(包括对稳定燃烧速率的修正,该修正量与时间独立)。

$$\begin{aligned} v = 1 + v_{m,-m} + v_{n,-n} + \{v_m \exp(im\omega\tau) + v_n \exp(in\omega\tau) \\ + v_{m,m} \exp[2im\omega\tau] + v_{n,n} \exp[2in\omega\tau] \\ + v_{n,-m} \exp[i(n-m)\omega\tau] + v_{n,m} \exp[i(n+m)\omega\tau] + \text{c.c.}\} \end{aligned} \quad (4-67)$$

显然,除了线性关系:

$$U_m(\omega) = \frac{v_m}{\eta_m}, \quad U_n(\omega) = \frac{v_n}{\eta_n} \quad (4-68)$$

也可以写作:

$$\begin{aligned} v_{m,-m} &= U_{m,-m}(\omega)\eta_m \bar{\eta}_m, \quad v_{n,-n} = U_{n,-n}(\omega)\eta_n \bar{\eta}_n \\ v_{m,m} &= U_{m,m}(\omega)\eta_m^2, \quad v_{n,n} = U_{n,n}(\omega)\eta_n^2 \\ v_{n,-m} &= U_{n,-m}(\omega)\eta_n \bar{\eta}_m, \quad v_{n,m} = U_{n,m}(\omega)\eta_n \eta_m \end{aligned} \quad (4-69)$$

其中

$$\begin{aligned} U_{m,-m}(\omega) &= \frac{v_{m,-m}}{|\eta_m|^2}, \quad U_{m,m}(\omega) = \frac{v_{m,m}}{\eta_m^2} \\ U_{n,-m}(\omega) &= \frac{v_{n,-m}}{\eta_n \bar{\eta}_m}, \quad U_{n,m}(\omega) = \frac{v_{n,m}}{\eta_n \eta_m} \end{aligned} \quad (4-70)$$

函数式(4-70)称为燃烧速率对振荡压力的二次响应函数。在上述符号中,两个较低的指标表示谐波正在相互作用,而它们的总和给出了生成的燃烧速率谐波数。零次谐波、一次谐波和二次谐波的二次响应函数如下:

$$U_{1,1} = \frac{v_{1,1}}{\eta_1^2}, \quad U_{1,-1} = \frac{v_{1,-1}}{|\eta_1|^2}, \quad U_{2,-2} = \frac{v_{2,-2}}{|\eta_2|^2}, \quad U_{2,-1} = \frac{v_{2,-1}}{\eta_2 \bar{\eta}_1} \quad (4-71)$$

首先由 Novozhilov 等(1996)以解析形式获得,然后应用于研究固体火箭发动机燃烧室中的非线性效应(Novozhilov,2002)。

下面推导压力幅度近似的二次方程中的非线性响应函数。在一般情况下,它们的表达式采用非常复杂的形式。这样做的原因是线性近似的结果仅包括4个描述稳定燃烧状态的参数,即燃烧速率和表面温度相对于初始温度和压力的一阶导数。二次响应函数必须涉及二阶导数。因此,参数的数量增加到 10 个(两个稳定燃烧定律中的每个定律的两个一阶导数和三个二阶导数)。这使分析过程和最终结果更加复杂。另外,一阶导数也是从具有显著误差的实验中获得的,更不用说二阶导数了。鉴于这一事实,建议只为某些特定的推进剂燃烧模型推导非线性响应函数。在本节中,考虑具有最少参数数量的简单模型。此类模型由以下稳定依赖项描述:

$$u^0 = A(p^0)^t \exp(\beta T_a), \quad u^0 = B\exp(\beta_s T_s^0) \tag{4-72}$$

式中:A、B、β 和 β_s 为常数。

基于标准 Z-N 理论转化的非定常相关性方法,得到以下无量纲非定常燃烧定律:

$$v = \eta^t \exp\left[k\left(\vartheta - \frac{\varphi}{v}\right)\right], \quad v = \exp\left[\frac{k}{r}(\vartheta - 1)\right] \tag{4-73}$$

其中

$$k = \beta(T_s^0 - T_a), \quad r = \beta/\beta_s \tag{4-74}$$

在下面的分析中,需要将式(4-73)展开到二阶项。采用变量 v、θ、φ、u、η 表示为

$$y = 1 + y_e \tag{4-75}$$

式中:下标"e"表示对稳定值的修正。重新表示式(4-73)为

$$\vartheta = 1 + \frac{r}{k}\ln v, \quad \varphi = v\left(1 + \frac{r-1}{k}\ln v + \frac{\iota}{k}\ln \eta\right) \tag{4-76}$$

将这些关系展开到二次项可得

$$\vartheta_e = \frac{r}{k}v_e - \frac{r}{2k}v_e^2, \quad \varphi_e = \frac{s}{k}v_e + \frac{\iota}{k}\eta_e + \frac{1}{2}\left(\frac{r-1}{k}v_e^2 + 2\frac{\iota}{k}v_e\eta_e - \frac{\iota}{k}\eta_e^2\right)$$
$$\tag{4-77}$$

其中,$s = k + r - 1$。

首先,计算对燃烧速率稳定值的二次修正。在二次近似中,它是谐波自相互作用的结果,因此是这些影响的总和。找到对应于任何一个任意谐波的校正即可:

$$U_{m,-m} = \frac{v_{m,-m}}{|\eta_m|^2} \tag{4-78}$$

将压力表示为

$$\eta(\tau) = 1 + (\eta_m e^{im\omega\tau} + \text{c.c.}) \tag{4-79}$$

在燃烧速率和温度分布表达式中引入两个与时间无关的二次修正量

$$v(\tau) = 1 + v_{m,-m} + (v_m e^{im\omega\tau} + \text{c.c.})$$
$$\theta(\xi,\tau) = e^\xi + \theta_{m,-m}(\xi) + [\theta_m(\xi)e^{im\omega\tau} + \text{c.c.}] \tag{4-80}$$

将热传导式(4-9)写成二阶精度:

$$\theta''_{m,-m} - \theta'_{m,-m} = v_{m,-m} e^{\xi} + (v_m \bar{\theta}'_m + \text{c.c.}) \quad (4-81)$$

包含线性解(4-13)。

积分方程式(4-81)在空间($-\infty < \xi \leq 0$)表示为

$$\varphi_{m,-m} - \vartheta_{m,-m} - v_{m,-m} = v_m \bar{\vartheta}_m + \text{c.c.} \quad (4-82)$$

该表达式的右侧包含线性校正的乘积。由式(4-77)可知,在线性近似中有

$$\vartheta_m = \frac{r}{k} v_m \quad (4-83)$$

因此有

$$\varphi_{m,-m} - \vartheta_{m,-m} - v_{m,-m} = 2\frac{r}{k}|v_m|^2 \quad (4-84)$$

现在考虑不稳定燃烧定律的非线性关系式(4-77)。在本模型中,有

$$\begin{aligned} \eta_e &= \eta_m e^{im\omega\tau} + \text{c.c.}, \quad v_e = v_{m,-m} + (v_m e^{im\omega\tau} + \text{c.c.}) \\ \vartheta_e &= \vartheta_{m,-m} + (\vartheta_m e^{im\omega\tau} + \text{c.c.}), \quad \varphi_e = \varphi_{m,-m} + (\varphi_m e^{im\omega\tau} + \text{c.c.}) \end{aligned} \quad (4-85)$$

将这些表达式代入式(4-77)可得

$$\begin{cases} \vartheta_{m,-m} = \frac{r}{k}(v_{m,-m} - |v_m|^2) \\ \varphi_{m,-m} = \frac{1}{k}[sv_{m,-m} + (r-1)|v_m|^2 + \iota(v_m \bar{\eta}_m + \bar{v}_m \eta_m - |\eta_m|^2)] \end{cases} \quad (4-86)$$

通过式(4-84)和式(4-86)可找到与稳定燃烧速率二次修正相对应的响应函数[对于表面温度恒定的模型,这个问题由 Novozhilov(1965c)解决]。

$$U_{m,-m} = -|U_m|^2 + \iota(2\text{Re}\, U_m - 1) \quad (4-87)$$

与线性响应函数相同,获得的二次响应函数可以通过一次谐波的响应函数表示:

$$U_{m,-m}(\omega) = U_{1,-1}(m\omega), \quad U_{m,-m}(\omega/m) = U_{1,-1}(\omega) \quad (4-88)$$

由前三个谐波的自相互作用得到的响应函数 $U_{m,-m}$ 的频率依赖性如图4.7所示。

在二次近似下,除了对任意谐波引线燃烧速率自相互作用的稳定值进行二次修正外,还产生了双频模式。因此,现在的问题变成了响应函数的计算,即

$$U_{m,m} = \frac{v_{m,m}}{\eta_m^2} \quad (4-89)$$

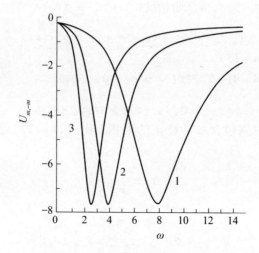

图 4.7 燃速常数分量的二次修正

$k=1.5, r=0.15, \iota=0.3, \delta=0.1; 1\text{—}m=1; 2\text{—}m=2; 3\text{—}m=3$。

使用相同的技术,将压力表示为

$$\eta(\tau) = 1 + (\eta_m e^{im\omega\tau} + \text{c.c.}) \quad (4-90)$$

并给出了燃烧速率和温度分布的表达式:

$$\begin{aligned} v(\tau) &= 1 + (v_m e^{im\omega\tau} + v_{m,m} e^{2im\omega\tau} + \text{c.c.}) \\ \theta(\xi,\tau) &= e^{\xi} + [\theta_m(\xi) e^{im\omega\tau} + \theta_{m,m}(\xi) e^{2im\omega\tau} + \text{c.c.}] \end{aligned} \quad (4-91)$$

写成二阶精度的双频谐波的传热方程:

$$\theta''_{m,m} - \theta'_{m,m} - 2im\omega\theta_{m,m} = \left(v_{m,m} - \frac{v_m^2}{im\omega}\right)e^{\xi} + a_m z_m v_m^2 e^{z_m \xi} \quad (4-92)$$

$$\theta_{m,m} = C_{m,m} e^{z_{2m}\xi} + A_{m,m} e^{\xi} + B_{m,m} e^{z_m \xi} \quad A_{m,m} = -\frac{1}{2im\omega}\left(v_{m,m} - \frac{v_m^2}{im\omega}\right),\ B_{m,m} = -\frac{a_m z_m v_m^2}{im\omega} \quad (4-93)$$

由此得到对表面温度及其梯度的二次修正,消除了积分常数 $C_{m,m}$,有

$$z_{2m}\vartheta_{m,m} - \varphi_{m,m} + \frac{v_{m,m}}{z_{2m}} = \frac{v_m^2}{im\omega}\left[\frac{1}{z_{2m}} - a_m z_m (z_{2m} - z_m)\right] \quad (4-94)$$

另外,非稳定燃烧定律式(4-77)表示为

$$\begin{aligned} \vartheta_{m,m} &= \frac{r}{k}\left(v_{m,m} - \frac{v_m^2}{2}\right) \\ \varphi_{m,m} &= \frac{1}{k}\left[sv_{m,m} + \frac{(r-1)v_m^2}{2} + \iota v_m \eta_m - \frac{m_m^2}{2}\right] \end{aligned} \quad (4-95)$$

第 4 章 谐波振荡压力下的燃烧

从式(4-94)和式(4-95)中可以找到双频谐波的响应函数:

$$U_{m,m} = \frac{U_m^2 U_{2m}}{2\iota}(-1 + rR_{m,m} + kK_{m,m}) + U_{2m}\left(U_m - \frac{1}{2}\right) \quad (4-96)$$

$$R_{m,m} = 3 + z_{2m} - \frac{4z_m}{z_{2m}}, \quad K_{m,m} = \frac{z_{2m}-1}{(m\omega)^2}(2z_m - z_{2m} - 1)$$

这个响应函数与频率的依赖关系如图 4.8 所示。

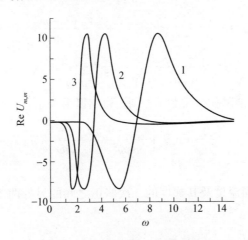

图 4.8 双频燃速响应函数的实部
$k=1.5, r=0.15, \iota=0.3, \delta=0; 1\text{—}m=1; 2\text{—}m=2; 3\text{—}m=3$。

在两个压力谐波的二次相互作用下,产生了具有组合频率的燃烧速率模态。在此推导出相应的响应函数:

$$U_{n,-m}(\omega) = \frac{v_{n,-m}}{\eta_n \bar{\eta}_m}, \quad U_{n,m}(\omega) = \frac{v_{n,m}}{\eta_n \eta_m} \quad (4-97)$$

为了研究式(4-97)中的第一个量,将压力表示为

$$\eta(\tau) = 1 + (\eta_m e^{im\omega\tau} + \eta_n e^{in\omega\tau} + \text{c.c.}) \quad (4-98)$$

在推进剂体内燃烧速率和温度分布的表达式中,除了线性因素影响外,还有相应的组合频率$(n-m)\omega$项,用于表示推进剂室内燃烧速率和温度分布的表达式,即

$$v(\tau) = 1 + (v_m e^{im\omega\tau} + v_n e^{in\omega\tau} + v_{n,-m} e^{i(n-m)\omega\tau} + \text{c.c.})$$
$$\theta(\xi,\tau) = e^{\xi} + [\theta_m(\xi)e^{im\omega\tau} + \theta_n(\xi)e^{in\omega\tau} + \theta_{n,-m}(\xi)e^{i(n-m)\omega\tau} + \text{c.c.}] \quad (4-99)$$

将式(4-99)代入传热方程式(4-9),得

$$\theta''_{n,-m} - \theta'_{n,-m} - \mathrm{i}(n-m)\omega\theta_{n,-m} = \left(v_{n,-m} + \frac{v_n \bar{v}_m}{\mathrm{i}\omega}\frac{(n-m)}{nm}\right)\mathrm{e}^{\xi} + v_n \bar{v}_m (\bar{a}_m \bar{z}_m \mathrm{e}^{\bar{z}_m \xi} + a_n z_n \mathrm{e}^{z_n \xi})$$

$$(4-100)$$

其中满足 $\xi \to -\infty$ 边界条件的解为

$$\theta_{n,-m} = C_{n,-m}\mathrm{e}^{z_{n-m}\xi} + A_{n,-m}\mathrm{e}^{\xi} + M_{n,-m}\mathrm{e}^{\bar{z}_m \xi} + N_{n,-m}\mathrm{e}^{z_n \xi}$$

$$A_{n,-m} = -\frac{1}{\mathrm{i}(n-m)\omega}\left(v_{n,-m} + \frac{v_n \bar{v}_m}{\mathrm{i}\omega}\frac{(n-m)}{nm}\right) \quad (4-101)$$

$$M_{n,-m} = -\frac{\bar{a}_m \bar{z}_m v_n \bar{v}_m}{\mathrm{i}n\omega}, \quad N_{n,-m} = \frac{a_n z_n v_n \bar{v}_m}{\mathrm{i}m\omega}$$

在 $\xi = 0$ 处时，消除积分常数 C_{n-m} 后，得出以下关系：

$$z_{n-m}\vartheta_{n,-m} - \varphi_{n,-m} + \frac{v_{n,-m}}{z_{n-m}} = v_n \bar{v}_m \left[\frac{z_{n-m}-1}{nm\omega^2} - \frac{z_{n-m}-\bar{z}_m}{\mathrm{i}n\omega}\bar{a}_m \bar{z}_m + \frac{z_{n-m}-z_n}{\mathrm{i}m\omega}a_n z_n\right]$$

$$(4-102)$$

燃烧速率、表面温度及其梯度的二次修正之间的另外两个关系可以从不稳定燃烧定律中获得：

$$\vartheta_{n,-m} = \frac{r}{k}(v_{n,-m} - v_n \bar{v}_m)$$

$$\varphi_{n,-m} = \frac{1}{k}[sv_{n,-m} + (r-1)v_n \bar{v}_m + \iota(v_n \bar{\eta}_m + \bar{v}_m \eta_n) - \iota \eta_n \bar{\eta}_m]$$

$$(4-103)$$

后三个关系给出了所需的响应函数：

$$U_{n,-m} = \frac{U_{n-m} U_n \bar{U}_m}{\iota}(-1 + rR_{n,-m} + kK_{n,-m}) + U_{n-m}(U_n + \bar{U}_m - 1)$$

$$R_{n,-m} = -\frac{(n-m)^2}{nm} + (z_{n-m}-1)\left(1 + \frac{nz_n - m\bar{z}_m}{\mathrm{i}nm\omega}\right) \quad (4-104)$$

$$K_{n,-m} = \frac{(z_{n-m}-1)}{nm\omega^2}(1 - \bar{z}_m - z_n + z_{n-m})$$

代入 $m \to -m$，得到对应于频率相加的响应函数：

$$U_{n,m} = \frac{U_{n+m} U_n U_m}{\iota}(-1 + rR_{n,m} + kK_{n,m}) + U_{n+m}(U_n + U_m - 1)$$

$$R_{n,m} = \frac{(n+m)^2}{nm} + (z_{n+m}-1)\left(1 - \frac{nz_n + mz_m}{\mathrm{i}nm\omega}\right) \quad (4-105)$$

$$K_{n,m} = -\frac{(z_{n+m}-1)}{nm\omega^2}(1 - z_m - z_n + z_{n+m})$$

显然有

$$\bar{z}_{-m} = z_m, \quad \bar{U}_{-m} = U_m \qquad (4-106)$$

对应于具有组合频率的模态生成的响应函数包含原始压力变化频率及其组合频率的线性响应函数。因此,预计二次响应函数在 $\omega_1/m, \omega_1/n, \omega_1/(n-m)$ 和 $\omega_1/(n+m)$ 附近会有极值。这在图 4.9 和图 4.10 中进行了说明。

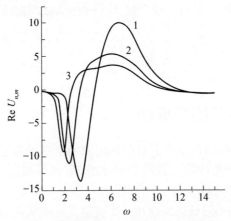

图 4.9　燃烧速率 $U_{n,m}$ 的二次响应函数

$k = 1.5, r = 0.15, \iota = 0.3, \delta = 0, m = 1; 1—n = 2; 2—n = 3; 3—n = 4$。

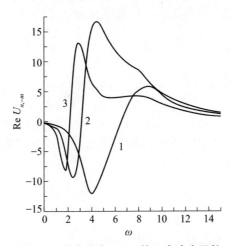

图 4.10　燃烧速率 $U_{n,-m}$ 的二次响应函数

$k = 1.5, r = 0.15, \iota = 0.3, \delta = 0, m = 1; 1—n = 2; 2—n = 3; 3—n = 4$。

结合常数校正式(4-87)、双频式(4-96)以及组合频率式(4-104)和式(4-105)的二次响应函数的结果,进一步概括通用形式:

$$\begin{cases} U_{s,l} = \left(1 - \dfrac{\delta_{s,l}}{2}\right) U_{s+l} \left[\dfrac{U_s U_l}{l} (kK_{s,l} + rR_{s,l} - 1) + U_s + U_l - 1 \right] \\ K_{s,l} = \dfrac{s+l}{z_{s+l} sl} \left(\dfrac{s+l}{z_{s+l}} - \dfrac{s}{z_s} - \dfrac{l}{z_l} \right) \\ R_{s,l} = \dfrac{(s+l)^2}{sl} - \dfrac{s+l}{z_{s+l} sl}(sz_s + lz_l) + z_{s+l} - 1 \end{cases} \quad (4-107)$$

式中：$\delta_{s,l}$ 为克罗内克（Kronecker）三角，线性响应函数和特征根表示为

$$U_s = \dfrac{\iota}{1 + (z_s - 1)\left(r - \dfrac{k}{z_s}\right)}, \quad z_s = \dfrac{1}{2}(1 + \sqrt{4si\omega}) \quad (4-108)$$

4.4 二阶近似下的声导纳

为了解决声学问题，气体速度对振荡压力的响应函数必须在环绕在燃烧室的表面上注明。这种特性称为表面的声导纳（后者可以是推进剂的表面、喷嘴临界截面或任何任意表面）。

燃烧推进剂表面声导纳的线性和二次表达式可以从式（4-68）和式（4-70）中获得，其中线性燃烧速率 v 应替换为离开燃烧区气体的无量纲速度 $g = u_g/u_g^0$。这里 u_g 是空间气体速度。

推导的声导纳的线性和非线性分量定义为

$$G_n(\omega) = \dfrac{g_n}{\eta_n}, \ G_{m,-m}(\omega) = \dfrac{g_{m,-m}}{|\eta_m|^2}, \ G_{m,m}(\omega) = \dfrac{g_{m,m}}{\eta_m^2}$$

$$G_{n,-m}(\omega) = \dfrac{g_{n,-m}}{\eta_n \bar{\eta}_m}, \ G_{n,m}(\omega) = \dfrac{g_{n,m}}{\eta_n \eta_m} \quad (4-109)$$

在 Z–N 理论的框架下，声导纳可以很容易地与燃烧速率的响应函数和描述离开燃烧表面的气体温度变化的响应函数相关联。燃烧产物温度的线性和二次响应函数定义为

$$\Theta_n(\omega) = \dfrac{b_n}{\eta_n}, \ \Theta_{m,-m}(\omega) = \dfrac{b_{m,-m}}{|\eta_m|^2}, \ \Theta_{m,m}(\omega) = \dfrac{b_{m,m}}{\eta_m^2}$$

$$\Theta_{n,-m}(\omega) = \dfrac{b_{n,-m}}{\eta_n \bar{\eta}_m}, \ \Theta_{n,m}(\omega) = \dfrac{b_{n,m}}{\eta_n \eta_m} \quad (4-110)$$

式中：$b = T_b/T_b^0$ 为无量纲燃烧温度。

Z–N 理论假设气相惯性可忽略不计，燃烧温度由初始温度和燃烧速率决定。为了得到对应的燃烧产物速度和燃烧温度的响应函数，需要知道稳定状态下的燃烧温度对初始温度和压力的依赖关系：

第 4 章 谐波振荡压力下的燃烧

$$T_b^0 = F_b(T_a, p^0) \qquad (4-111)$$

为简单起见,假设燃烧温度不独立于压力,其变化等于初始温度的变化,即

$$T_b^0 = T_a + 常数 \qquad (4-112)$$

将稳定相关性转化为不稳定燃烧定律的标准程序为

$$b = 1 + \Delta\left(\vartheta - \frac{\varphi}{\nu}\right), \quad \Delta = \frac{T_s^0 - T_a}{T_b^0} \qquad (4-113)$$

或者根据式(4-73),有

$$b = 1 + \frac{\Delta}{k}(\ln v - \iota \ln \eta) \qquad (4-114)$$

这种关系允许燃烧产物温度的响应函数通过燃烧速率的响应函数来表示:

$$\Theta_m = \frac{\Delta}{k}(U_m - \iota), \quad \Theta_{m,-m} = \frac{\Delta}{k}(U_{m,-m} - |U_m|^2 + \iota),$$

$$\Theta_{m,m} = \frac{\Delta}{k}\left[U_{m,m} - \frac{1}{2}(U_m^2 - \iota)\right] \qquad (4-115)$$

$$\Theta_{n,-m} = \frac{\Delta}{k}(U_{n,-m} - U_n \bar{U}_m + \iota), \quad \Theta_{n,m} = \frac{\Delta}{k}(U_{n,m} - U_n U_m + \iota)$$

注意,由于参数 Δ 很小,因此函数 Θ 远小于相应的函数 U。

为了计算质量的声导纳守恒,需要考虑理想气体的状态方程:

$$\rho u = \rho_g u_g, \quad \rho_g = \frac{p \mu_g}{R T_b} \qquad (4-116)$$

由这两个限制可得

$$g = \frac{vb}{\eta} \qquad (4-117)$$

反之,

$$g_e = v_e + b_e - \eta_e + v_e b_e - (v_e + b_e)\eta_e + \eta_e^2 \qquad (4-118)$$

通过这种关系可得声导纳的线性和二次分量:

$$\begin{aligned}
G_m &= U_m + \Theta_m - 1 \\
G_{m,-m} &= U_{m,-m} + \Theta_{m,-m} + 2\text{Re}(U_m - 1)(\bar{\Theta}_m - 1) \\
G_{m,m} &= U_{m,m} + \Theta_{m,m} + (U_m - 1)(\Theta_m - 1) \\
G_{n,-m} &= U_{n,-m} + \Theta_{n,-m} + \Theta_n(\bar{U}_m - 1) + \bar{\Theta}_m(U_n - 1) - U_n - \bar{U}_m + 2 \\
G_{n,m} &= U_{n,m} + \Theta_{n,m} + \Theta_n(U_m - 1) + \Theta_m(U_n - 1) - U_n - U_m + 2
\end{aligned}$$

$$(4-119)$$

将式(4-119)代入式(4-115),得到燃烧产物的速度与推进剂燃烧的响应之间的关系:

$$G_m = U_m - 1 + \frac{\Delta}{k}(U_m - \iota)$$

$$G_{m,-m} = U_{m,-m} - 2\mathrm{Re}U_m + 2 + \frac{\Delta}{k}[U_{m,-m} + |U_m|^2 - 2(1+\iota)\mathrm{Re}U_m + 3\iota]$$

$$G_{m,m} = U_{m,m} - U_m + 1 + \frac{\Delta}{k}[U_{m,m} - (1+\iota)U_m + \frac{1}{2}(U_m^2 + 3\iota)]$$

$$G_{n,-m} = U_{n,-m} - U_n - \bar{U}_m + 2 + \frac{\Delta}{k}[U_{n,-m} + U_n\bar{U}_m - (1+\iota)(U_n + \bar{U}_m) + 3\iota]$$

$$G_{n,m} = U_{n,m} - U_n - U_m + 2 + \frac{\Delta}{k}[U_{n,m} + U_n U_m - (1+\iota)(U_n + U_m) + 3\iota]$$

(4 – 120)

图 4.11 ~ 图 4.14 比较了燃烧速率的响应函数(虚线)与燃烧产物速度的响应函数(实线)。

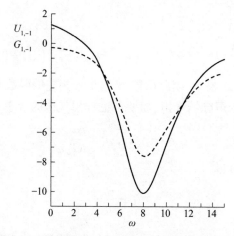

图 4.11　燃烧速率和声导纳响应函数的常数分量

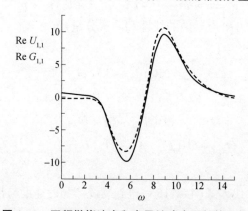

图 4.12　双频燃烧速率和声导纳响应函数的实部

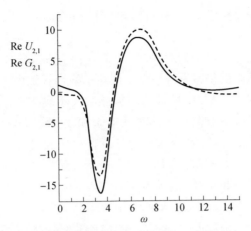

图 4.13　燃烧速率和声导纳响应函数的实部对于等于一次谐波的 3 倍频率的组合频率

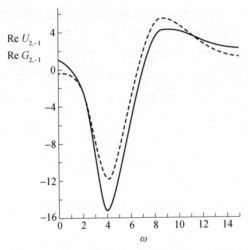

图 4.14　燃烧速率和声导纳响应函数的实部对于等于一次谐波频率的组合频率

4.5　非线性共振

　　本章的前 4 节考虑了低阶近似中的燃烧振荡状态,即线性和二次。本节研究了三阶近似中(相对于压力幅度)燃烧振荡状态的一些最有趣的影响。该现象已经被机械和电气振荡系统所证明,因此有必要进行探究。一旦考虑到三阶非线性近似,需要定性新的特性。最著名的例子是数学摆的自由振荡周期对振荡幅度的依赖性。在极限情况下,一旦振幅接近零,系统就会变成线性的并且振荡是等时的。

Landau 和 Lifshitz(1982)、Stoker(1992)和 Andronov(1966)等提供了关于具有有限数量自由度的非线性振荡系统特性的综合报告。本节讨论了部分特性，它们也是固体燃料振荡燃烧的特性。

以具有平衡状态的机械系统为例。偏离平衡会导致恢复力的出现，该力指向平衡状态。在线性近似中，恢复力与偏差的大小成正比。通常，恢复力的表达式包含与偏差量级的较高次方成正比的附加项，即二次方、三次方等。在中等幅度的自由振荡下，这种系统的动力学方程可以通过逐次逼近的方法求解。以系列的形式寻求偏离平衡，其中第一项是具有某个频率的谐波振荡，其本身是不同数量级项的总和。将该级数代入动力学方程得到一组微分方程，其求解过程从第一近似方程开始，仅包含恢复力中的线性项(相对于偏差)。由于更高阶近似的方程包含一阶近似值的乘积，考虑到非线性效应，偏差对时间的依赖性，将包含频率的贡献，这些频率是初级频率的倍数，属于高次谐波。事实证明，可以根据振荡幅度找到对主频率的修正。例如，定量研究表明，二次谐波以及新出现的非零常数贡献与振荡幅度的平方成正比。对主频率的校正也与幅度成二次方关系，而三次谐波随幅度的三次方变化。

考虑到强迫振荡中的非谐波项，特别是共振区域，出现了显著的新特性。

在线性近似中，强迫振荡的振幅 a 有

$$a_f \sim \frac{f}{\sqrt{\varepsilon^2 + \lambda^2}} \tag{4-121}$$

式中：f 为随时间谐波变化的激振力幅值；λ 为阻尼减量；$\varepsilon = \omega - \omega_1$ 为激振力频率与系统固有频率的差。

如上所述，考虑到非线性对与振幅平方成正比的固有频率的校正。式(4-121)改写为

$$a_f^2[(\varepsilon - \alpha a_f^2)^2 + \lambda^2] \sim f^2 \tag{4-122}$$

式中：α 为一个常数系数。式(4-122)是一个关于振幅平方的三次幂方程。它的实根是强迫振荡的幅度。该振幅对频率的依赖性由激振力的振幅大小决定。

在有相对较小的值的情况下，f 振荡幅度也不大，因此在式(4-122)中只需保留相对于幅度平方的线性项。这种情况相对于常见的线性近似，可由式(4-121)描述。该曲线如图 4.15(a) 所示。共振曲线的形状随着激振力幅值的增加而变化。如果 f 小于某个临界值，则式(4-122)在所有频率上只有一个实根，相应的共振曲线如图 4.15(b) 所示。随着激振力振幅的进一步增加，出现了一个振荡振幅对频率的模糊依赖的区域[图 4.15(c)]。在 f 的某些值下，式(4-122)具有三个实根，因此在该区域中，三个不同振幅的强迫振荡对应于相同的频率值。

第 4 章 谐波振荡压力下的燃烧

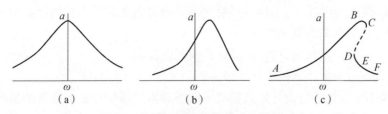

图 4.15 不同振幅激振力的共振曲线

非线性振荡理论[例如，Bogoliubov 和 Mitropolsky(1961)]证明，在三种可能的状态之外，稳定的是只具有最大振幅和最小振幅的状态。谐振曲线的虚线部分[图 4.15(c)]对应于系统的不稳定振荡，因此在某些频率区域中可能出现具有两种不同幅度的稳定振荡。共振曲线的 BC 段可以通过逐渐增加沿分支 ABC 运动的激振力的频率而行进。一旦到达 C 点，幅度就会下降到对应于 E 点的值；相反，当频率从 F 点下降时，支路 FED 会随之移动，在 D 点，幅度跳跃到对应于点 B 的值。

具有有限数量自由度的非线性振荡系统的一个特殊特征是可能在不同于系统固有频率的频率下发生共振(超谐波振荡和次谐波振荡)。

上面的例子表明，考虑非线性可以在具有有限数量的自由度的振荡系统的动力学中观察到许多非常效应。

可以推断类似的现象存在于固体燃料在大燃烧速率下的振荡燃烧状态。在这种情况下，研究非线性振荡燃烧状态的另一个动机是，该问题的数学公式不同于描述机械和电气系统非线性振荡的数学公式。其不是具有小的非线性项的二阶常微分方程(可以减少具有有限数量自由度的系统的大多数振荡问题)，而是必须研究具有非线性限制下的参数(燃烧率)的非线性偏微分方程，涉及边界处的未知函数(温度)及其导数(温度梯度)，并由激振力(压力)控制。这种情况阻碍了非线性振荡理论已经成熟方法的应用。另外，从中可能会发现传统机械和电振荡理论中未知的新的显著效应。

4.1 节考虑了线性近似中的共振。由式(4-27)可知，如果压力振荡频率接近推进剂自身的燃烧速率振荡频率且阻尼减量小(即燃烧状态接近稳定边界)，则复振幅之间的关系为燃烧速率和压力的形式为

$$v_1(\varepsilon - i\lambda) \sim \eta_1 \tag{4-123}$$

三次近似中的共振研究是一项相当困难的分析任务(Novozhilov,1966)。这里我们只报告最终结果。在立方体近似中式(4-123)被一个类似于式(4-122)的关系代替：

$$v_1[\varepsilon - i\lambda + (\alpha_1 - i\alpha_2)|v_1|^2] = F\eta_1 \tag{4-124}$$

式中:α_1 和 α_2 为实数;F 为描述燃烧速率和表面温度对压力和初始温度变化的线性敏感性的参数的复函数,即 k、r、ι 和 μ。

取后者关系的模量,可得到共振曲线的方程:

$$|v_1|^2[(\varepsilon+\alpha_1|v_1|^2)^2+(\lambda+\alpha_2|v_1|^2)^2]=|F||\eta_1| \quad (4-125)$$

因此,考虑非线性效应会导致共振时的频率和阻尼减量对振荡幅度的依赖性增强。与电气和机械系统的传统非线性振荡的情况一样,对频率的校正与振荡幅度的平方成正比。Z-N 理论的一个显著特征是存在于式(4-124)平方中,关于阻尼减量的幅度校正。

在稳定推进剂燃烧状态下,$\lambda>0$。为了研究共振曲线的特性,方便处理,可以引入新变量:

$$U^2=\frac{|\alpha_2\|v_1|^2}{\lambda},\quad \Gamma=\frac{\varepsilon}{\lambda},\quad \alpha=\frac{\alpha_1}{|\alpha_2|},\quad P^2=\frac{|F|^2|\alpha_2||\eta_1|^2}{\lambda^2} \quad (4-126)$$

那么共振曲线方程的形式为

$$(\Gamma+\alpha U^2)^2+(1\pm U^2)^2=\frac{P^2}{U^2} \quad (4-127)$$

其中,正号对应 α_2 的正值,负号对应 α_2 的负值。频率可以由式(4-127)表示为振荡幅度的函数

$$\Gamma=-\alpha U^2\pm\sqrt{\frac{P^2}{U^2}-(1+U^2)^2} \quad (\alpha_2>0) \quad (4-128)$$

$$\Gamma=-\alpha U^2\pm\sqrt{\frac{P^2}{U^2}-(1+U^2)^2} \quad (\alpha_2<0) \quad (4-129)$$

α 的符号没有起到重要作用,因为它的反转(或等价于 α_1 的符号的反转)等价于变换 $\Gamma\to-\Gamma$,即共振曲线相对于轴的反射 $\Gamma=0$。下面我们假设 $\alpha>0$。

首先考虑 $\alpha_2>0$ 的情况,即阻尼随振幅增加。对于小振幅,忽略式(4-127)中 U^2 的较高功率,我们得到线性近似中谐振曲线的表达式:

$$(1+\Gamma^2)U^2=P^2 \quad (4-130)$$

振幅在 $\Gamma=0$ 处具有最大值。压力振幅的增加导致对应于最大振幅的频率发生偏移。由(4-127)得

$$\frac{\mathrm{d}U^2}{\mathrm{d}\Gamma}=\frac{-2U^2(\Gamma+\alpha U^2)}{3(\alpha^2+1)U^4+4(\alpha\Gamma+1)U^2+1+\Gamma^2} \quad (4-131)$$

当振荡幅度达到最大值时,

$$\Gamma_e=-\alpha U_e^2 \quad (4-132)$$

将式(4-132)代入式(4-127),得到燃烧速率振荡的最大幅度与规定压力幅度之间的关系:

第 4 章 谐波振荡压力下的燃烧

$$(1 + U_e^2) U_e^2 = P^2 \tag{4-133}$$

当式(4-134)成立时,导数[式(4-131)]是无限的。

$$3(\alpha^2 + 1) U_i^4 + 4(\alpha \Gamma_i + 1) U_i^2 + 1 + \Gamma_i^2 = 0 \tag{4-134}$$

将式(4-134)与式(4-127)一起求解,得到振幅曲线上点的坐标,其中对于给定的 P и α,导数为无穷大。这些点存在的条件需要定义(它们在研究振荡状态的稳定性中起着重要作用)。式(4-134)是关于 U_i^2 的二次方并且有两个相同的正根,如果

$$\Gamma_i^2(\alpha^2 - 3) + 8\alpha\Gamma_i - 3\alpha^2 + 1 = 0, \quad \alpha\Gamma_i + 1 < 0 \tag{4-135}$$

则后者可表示为

$$(U_i^*)^2 = \frac{2}{\sqrt{3}(\alpha - \sqrt{3})}, \quad \Gamma_i = -\frac{4\alpha + \sqrt{3}(\alpha^2 + 1)}{\alpha^2 - 3} \tag{4-136}$$

因此,具有无穷导数的点只存在于 $\alpha > \sqrt{3}$,即足够大的比例 α_1/α_2。对于给定的 α 值,此类点仅出现在超过临界值的压力幅度处。

$$(P_i^*)^2 = \frac{8(\alpha^2 + 1)}{3\sqrt{3}(\alpha - \sqrt{3})^2} \tag{4-137}$$

将式(4-136)代入式(4-127)可得。如果 $\alpha < \sqrt{3}$,则共振曲线不具有对任何压力振幅值有无限导数的点。

图 4.16 所示为 $\alpha = 10$ 时的共振曲线。曲线 1~曲线 4 表示 P^2 的值分别等于 0.05、0.2、0.4 和 0.8。共振曲线最大值的轨迹是曲线 e,而具有无穷导数点的是曲线 i。压力幅值平方的临界值为 $(P_i^*)^2 = 0.227$。

$\alpha = 1$ 的共振曲线绘制在图 4.17 中。曲线 1~曲线 3 对应于 P^2 值分别等于 0.25、1.0 和 4.0。

将获得的结果与传统的非线性共振进行比较是有必要的。在电气或机械系统的非线性振荡中,阻尼减量不随振荡幅度变化。因此 $\alpha_2 = 0$ 且 $\alpha = \infty$,即谐振属于图 4.16 所示的类型。对于足够大的激振力振幅,共振曲线具有无穷导数的点。这些点之间的曲线部分对应于不稳定的振荡状态。相比之下,在推进剂燃烧期间,阻尼减量确实随振幅变化。目前,$\alpha_2 > 0$,阻尼随着振荡幅度的增加而增加。如果 $\alpha_1/\alpha_2 < \sqrt{3}$,则谐振曲线随着振幅的增加而变宽,补偿了由于频率对振幅的依赖性而导致的弯曲;因此不存在具有无穷导数的点。在 α_1 和 α_2 的反向关系下(共振曲线的强弯曲和弱加宽)存在这样的点。值 $\alpha = \infty$ 对应于阻尼减量确实随振幅变化的情况,上面推导出的公式采用常规非线性振荡理论的已知关系式。

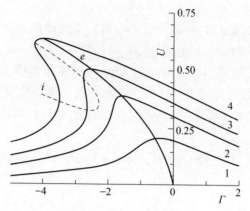

图 4.16　第一种共振曲线

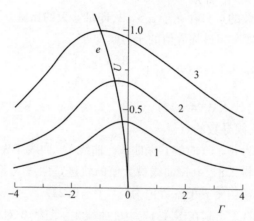

图 4.17　第二种共振曲线

现在考虑 $\alpha_2 < 0$ 情况下的共振曲线,其中阻尼减量随着振幅的增加而减小。从这些关系式中获得极值幅度值:

$$\Gamma_e = -\alpha U_e^2, \quad (1 - U_e^2) U_e^2 = P^2 \tag{4-138}$$

根据 P 的值,式(4-138)中第二个式可能具有一个或三个正根 U_e^2。简单的分析表明,对于较小的压力振幅值:

$$P < P_r, \quad P_r^2 = 4/27 \tag{4-139}$$

有三个根。对于 $P > P_r$,根是唯一的。

可以通过求解以下方程组找到具有无穷导数的点的坐标

$$(\Gamma_i + \alpha U_i^2) + (1 - U_i^2)^2 = \frac{P^2}{U_i^2}$$

$$3(\alpha^2 + 1) U_i^4 + 4(\alpha \Gamma_i - 1) U_i^2 + 1 + \Gamma_i^2 = 0 \tag{4-140}$$

第 4 章 谐波振荡压力下的燃烧

对于 $\alpha^2 > 3$,第二个方程描述分支趋近于无穷的曲线。Γ_i^* 的最小值与对应的 $(U_i^*)^2$ 和 $(P_i^*)^2$ 分别为

$$\Gamma_i^* = -\frac{4\alpha - \sqrt{3}(\alpha^2+1)}{\alpha^2-3}, \quad (U_i^*)^2 = \frac{2}{\sqrt{3}(\alpha+\sqrt{3})} \quad (P_i^*)^2 = \frac{8(\alpha^2+1)}{3\sqrt{3}(\alpha+\sqrt{3})^2}$$

$$(4-141)$$

对于 $\alpha^2 < 3$,曲线 $U_i(\Gamma_i)$ 是闭合的。Γ_i^* 的极值和对应的 $(U_i^*)^2$ 和 $(P_i^*)^2$ 由式 $(4-142)$ 关系给出:

$$\Gamma_i^* = \frac{4\alpha \pm \sqrt{3}(\alpha^2+1)}{\alpha^2-3}, \quad (U_i^*)^2 = \frac{2}{\sqrt{3}(\sqrt{3}\pm\alpha)} \quad (P_i^*)^2 = \frac{8(\alpha^2+1)}{3\sqrt{3}(\sqrt{3}\pm\alpha)^2}$$

$$(4-142)$$

图 4.18 和图 4.19 为 $\alpha_2 < 0$ 时的谐振曲线。图 4.18 表示在 $\alpha = 3$ 时的曲线;曲线 1 ~ 曲线 3 分别表示 P^2 值等于 0.05、4/27 和 0.5 时的曲线。由具有无穷导数的点组成的曲线 i 是不闭合的 $(\alpha > \sqrt{3})$。相反,在 $\alpha = 1$ 的曲线图 4.19 上,具有无穷导数的点的轨迹是闭合曲线。曲线 1 ~ 曲线 5 分别表示 P^2 值为 0.02、4.27、1.00、4.00 和 8.00 的曲线。换句话说,当 $\alpha > \sqrt{3}$ 时,对于大激振力振幅值的共振曲线总是有两个具有无穷导数的点。在相反的情况下 $(\alpha < \sqrt{3})$ 存在激振力振幅的临界值,以至于在这个值之上,不存在具有无穷导数的点。

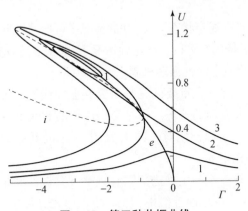

图 4.18 第三种共振曲线

$\alpha_2 < 0$ 的共振曲线最显著的特性是,如果 $P < P_r (P_r^2 = 4/27)$,则它们分成两个分支(曲线 1)。可以在线性近似中获得具有小振荡幅度的底部分支(对于足够小的 P)。然而,封闭点 $(-\alpha,1)$ 的闭环是理论非线性的结果。特别是,在没有激振力的情况下,共振曲线退化为直线 $U = 0$ 和点 $(-\alpha,1)$。事实上,对于 α_2 的负值,即阻尼减量随着振荡幅度的减小,可以满足条件 $\lambda + \alpha_2 |v_1|^2 = 0$。该条

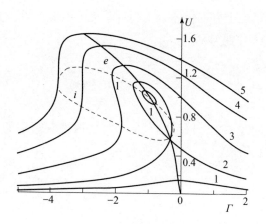

图 4.19 第四种共振曲线

件对应于具有振幅和频率的自由非线性振荡。

$$|v_1| = \sqrt{\frac{\lambda}{|\alpha_2|}}, \quad \varepsilon = -\alpha\lambda \qquad (4-143)$$

这样的过程可以认为是自动振荡。在电气系统的非线性振荡理论中,也存在相同类型的谐振曲线。例如,Stoker(1992)考虑了一种在真空管发生器中的自动振荡系统,该系统具有反馈回路以及包含在其控制电网电路中的附加交流电压源。

上面的分析是指在稳定状态下 $\lambda > 0$ 的情况。可能的结果是这种稳定状态并不稳定($\lambda < 0$),但燃烧仍在进行。在这种情况下,如果 $\alpha_2 > 0$ 且 $\lambda + \alpha_2 |v_1|^2 = 0$,就会存在推进剂燃烧的非线性振荡机制。

非线性振荡理论的一个重要问题是研究共振曲线不同部分的过程稳定性。这个问题的解决需要专门的分析。通过类比传统的非线性振荡(在具有有限数量自由度的系统中),可以预期对于图 4.16 中所示的共振曲线,三种可能状态的中间过程将是不稳定的。

现在有必要解释在不同于推进剂固有频率下共振的发生情况。例如,考虑二次谐波 v_2 的幅度。在线性近似中,对 v_2 的表达式分母包含在 $\omega = \omega_1/2$ 处等于 0 的量。

$$d_2 = 1 + \left(r - \frac{k}{z_2}\right)(z_2 - 1) \qquad (4-144)$$

因此,在激振力的频率等于固有频率的一半时也会发生共振。本节所提出的方法说明,当压力频率等于 $p\omega_1/q$ 时,谐振也必然发生,其中 p 和 q 是整数。这种超谐波和次谐波振荡在电气和机械振荡理论中是常见的。Novozhilov(1992b)

提供了一个计算推进剂在二次谐波处燃烧速率共振的例子。

从定性理解自振荡的一般观点讨论发现的自振荡推进剂燃烧机制具有指导意义。

众所周知[例如,Kharkevich(1953)]任何自动振荡系统都包括三个要素:能源、阀门(调节系统能量供应的装置)和振荡系统本身。在我们的案例中很容易识别这些元素。固体燃料与气体燃烧产物一起用作振荡系统。它的参数,如燃烧速率和凝聚态与气相的温度分布,随时间变化。反应区代表能源。同时,这些区域起到阀门的作用,因为系统的能量供应(在恒定压力下)由它们的温度控制。

此外,自动振荡系统的三个元件必须以这样的方式排列,即除了阀门对系统的直接影响外,系统对阀门的反向影响(反馈)也会发生。反馈是自振荡状态存在的必要条件。在推进剂燃烧中,反馈表现为阀门参数(能量释放区的温度)对系统参数(表面温度梯度)的依赖关系。

自振荡系统的另一个必要特性是非线性。只有当至少一个系统元素或系统反馈是非线性的时,才会出现具有有限幅度的已建立的自振荡。在推进剂燃烧中,系统本身(由于传热方程的非线性)和反馈(由于非线性,在一般情况下,不稳定燃烧定律)都是非线性的。

当偶然的小扰动以适当的频率产生具有有限幅度时,自振荡的激发可能是软的,而当自振荡的状态只有通过系统的强扰动才能实现时,则是硬的(触发)。硬激发发生在稳定(线性近似)燃烧状态($\lambda > 0$)中,而软激发发生在不稳定燃烧状态($\lambda < 0$)中,这似乎是合理的。

4.6　响应函数分叉

本章开始研究了谐波振荡压力下推进剂燃烧速率的线性和二次响应函数。在这两种情况下,燃烧速率振荡的周期 T 与压力振荡的周期一致。我们将这种燃烧状态称为 T 状态或 T 解。通常,在强非线性作用下,T 解不仅包含与压力频率一致的一次谐波,而且包含频率为一次谐波频率倍数的高频模式。当进一步渗透到不稳定区域时会发生什么,即如果压力振荡幅度进一步增加会发生什么?本节考虑的正是这个问题。

在 3.4 节中,应用数值分析研究了恒定压力下超出稳定状态稳定边界的不稳定推进剂燃烧模式。在 Z – N 理论的框架内考虑的最简单的推进剂燃烧模型仅包含两个描述系统特性的参数,即 k 和 r。当参数 r 固定时,第二个参数起到分叉参数的作用。结果表明，改变分叉参数会导致系统从稳定燃烧过渡到混沌燃烧。这种转变是通过级联周期加倍分叉的费根鲍姆情景发生的，最终导致混沌燃烧状态的开始。

本节讨论大振幅谐波振荡压力下推进剂燃烧的数值分析结果（Novozhilov，2005）。这里，在描述推进剂特性的参数和固定值下，压力幅值将被视为分叉参数。

该问题的数学公式如下。传热方程为

$$\frac{\partial \theta}{\partial \tau} = \frac{\partial}{\partial \xi}\left(\frac{\partial \theta}{\partial \xi} - v\theta\right) \quad (0 \leq \xi < \infty, 0 \leq \tau < \infty) \tag{4-145}$$

利用边界条件求解，得

$$\xi = 0, \theta = \vartheta(\tau), \xi \to \infty, \theta = 0 \tag{4-146}$$

稳定燃烧法采用式(4-72)。相应的非定常燃烧定律为

$$v = \eta^{\iota} \exp\left[k\left(\vartheta - \frac{\varphi}{v}\right)\right], v = \exp\left[\frac{k}{r}(\vartheta - 1)\right], \varphi = -\frac{\partial \theta}{\partial \xi}\bigg|_{\xi=0} \tag{4-147}$$

压力对时间的依赖为

$$\eta = 1 + h\cos\omega\tau \tag{4-148}$$

稳定解作为初始条件为

$$\theta^0(\xi, \tau_i) = e^{-\xi}, \tau_i = \frac{\pi}{2\omega} \tag{4-149}$$

其他初始条件为

$$\eta^0(\tau_i) = 1, \varphi^0(\tau_i) = 1, v^0(\tau_i) = 1, \vartheta^0(\tau_i) = 1 \tag{4-150}$$

式(4-150)代表了具有分布式参数（具有无限自由度）的最简单系统之一。它仅用一个偏微分方程和两个（一般情况下是非线性的）燃烧速率、推进剂表面温度及其在凝聚相边界处的梯度之间的关系描述。显然，对这个非线性问题的全面研究只能通过数值方法进行。

式(4-145)~式(4-150)包含5个参数。其中4个参数的值是固定的：

$$k = 1.5, r = 0.15, \iota = 0.3, \omega = 2\pi \tag{4-151}$$

设 $T = 1$。通过逐渐增加压力振幅 h 来研究该系统行为的演变。

对于存在精确解析解的小振幅情况，已经验证了数值建模的准确性。例如，对于 $h = 0.01$，数值解给出了燃烧速率的无量纲幅度 $v_1 = 0.0238$。该值对应于响应函数的模量 $|U| = 2.38$，并且与式(4-27)之后的分析结果 $|U| = 2.45$ 一致，准确度为3%。

图4.20~图4.25说明了系统行为对压力幅度 h 变化的响应。

在小压力振幅 h 下，燃烧速率和压力振荡的周期相同且等于 $T(T$ 状态)。

这种状态如图 4.20 所示。图 4.20(a)绘制了燃烧速率的时间历程。图 4.20(b)是系统的相轨迹在平面(ν, y_0)上的二维投影,其中:

$$y_0(\tau) = \int_0^\infty \theta(\xi, \tau) d\xi \quad (4-152)$$

是由温度分布的一阶矩表示的凝聚相的热含量。

由于图 4.20(b)所示的极限环与椭圆有很大不同,相应的状态可以称为非线性 T 解。回想一下,在线性振荡的情况下,极限环具有椭圆形状,可以退化为直线或圆。

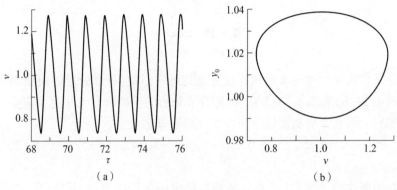

图 4.20 T 状态

$h < h^{(1)}$, $h = 0.1$。

在达到 $h^{(1)} = 0.16565$ 的临界值时,系统经历从 T 到 $2T$ 状态的分叉。这种分叉如图 4.21 所示。

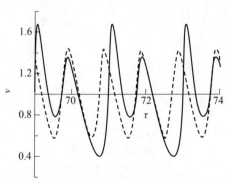

图 4.21 燃烧速率的时间依赖性

虚曲线,$h = 0.16$;实曲线,$h = 0.177$。

在 $2T$ 状态下[图 4.22(a)],燃烧速率振荡周期变为压力振荡周期的 2 倍。极限环开始看起来更复杂[图 4.22(b)]。

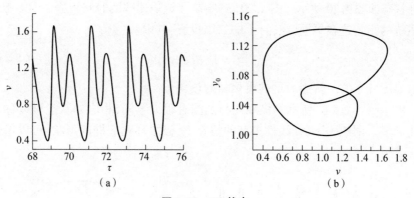

图 4.22 2T 状态

$h < h^{(2)}, h = 0.177$。

分叉参数 h 的进一步增加导致分岔的级联,并且每个分岔的周期都会随之加倍图 4.23(b)和图 4.24(b)。这种数值分析的不准确性无法遵循完整的无限分岔序列。前几个周期加倍分岔发生在以下 h 值处

$$h^{(1)} = 0.16565, \ h^{(2)} = 0.18095, \ h^{(3)} = 0.18275, \ h^{(4)} = 0.18320 \tag{4-153}$$

在第四次分叉之后,随着分叉参数的进一步轻微增加,观察到一个混乱的燃烧状态。相轨迹几乎均匀地填充相平面的某个区域[图 4.25(b)]。

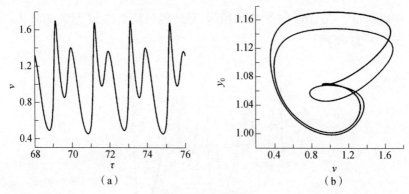

图 4.23 4T 状态

$h^{(2)} < h < h^{(3)}, \ h = 0.182$。

所进行的数值模拟证实,从稳定的稳定到混沌燃烧状态的转变遵循 Feigenbaum 级联分叉情景(Landau 和 Lifshitz,1987；Arnold,1988)。在这种情况下,连续分叉值 $h^{(m)}$ 满足简单定律:

$$\lim_{m \to \infty} \delta_m = \delta, \ \delta_m = \frac{h^{(m)} - h^{(m-1)}}{h^{(m+1)} - h^{(m)}} \tag{4-154}$$

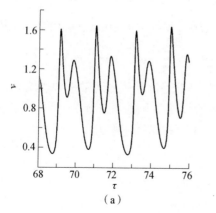
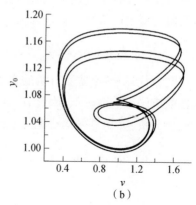

图 4.24　8T 状态

$h^{(3)} < h < h^{(4)}, h = 0.183$。

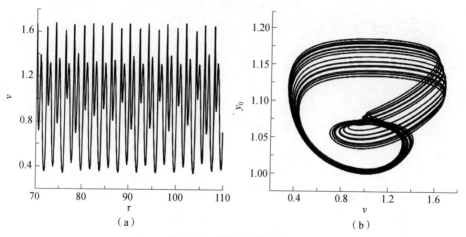

图 4.25　混沌燃烧状态

式中：$\delta = 4.669$ 为通用费根鲍姆常数。由参数 $h^{(m)}$ 的分叉值可以估计

$$\delta_2 = 8.5 \pm 0.5, \quad \delta_3 = 4 \pm 1 \tag{4-155}$$

因此，正如之前在许多情况下观察到的那样，序列 δ_m 收敛得非常快。相对误差的显著值是由于计算式 (4-154) 中涉及的接近值之间的差异以及数值方法的内在不准确性。

4.7　频率 – 振幅图

第 4.6 节考虑了系统在固定频率的周期性压力振荡下的行为。但是，分叉特性不仅取决于压力幅度，还取决于其频率。

本节使用两种不同周期函数的表示方法。数值计算涉及实数,因此使用具有实系数的傅里叶级数。在这种情况下,压力和燃烧速率由式(4-156)给出:

$$\eta = 1 + h\cos\omega\tau, \quad v = 1 - \alpha_0 + \sum_{l=1}^{\infty} \alpha_l \cos(l\omega\tau + \psi_l) \quad (4-156)$$

在此,对燃烧速率常数分量的非线性校正进行确认。通常平均燃烧率会因非线性效应的影响而降低,因此 $\alpha_0 > 0$。假设压力和燃烧速率变化的周期相等,对于解析分析,使用复振幅法更为方便。压力和燃烧速率为

$$\eta = 1 + [\eta_1 \exp(i\omega\tau) + \text{c.c}], \quad v = 1 - v_0 + \sum_{l=1}^{\infty} [v_l \exp(il\omega\tau) + \text{c.c}]$$

$$(4-157)$$

显然有

$$\eta_1 = \frac{h}{2}, \quad v_0 = \alpha_0, \quad v_l = \frac{1}{2}\partial_l \exp(i\psi_l) \quad (4-158)$$

如果可变压力只包含一个谐波,则可以在以压力频率和振幅为坐标的平面上研究系统的行为(Novozhilov,2005;Novozhilov 等,2006)。我们称这个平面为频率-幅度图。如图 4.26 所示。

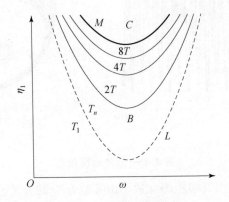

图 4.26 频率-幅度图

实线 B 将分叉区域(该曲线上方)与燃烧速率以与压力相同的频率振荡的区域分开。平面的后半部分可以进一步暂分为两部分。对于小幅度的压力振荡(曲线 L 下方),可以应用线性近似并使用一阶(线性)响应函数。该区域表示为 T_l。对于大幅度的压力振幅,燃烧速率中包含了高次谐波,需要利用更高阶的响应函数(T_n 区域)而非线性近似。

曲线 B 和曲线 L(以及图 4.26 中的所有其他曲线)与推进剂固有频率的最小频率近似相同。共振在该最小值附近最为明显,因此随着压力幅度的增加,

第 4 章 谐波振荡压力下的燃烧

该区域的非线性效应会提前显现,并且在较低的幅度值处出现分叉。

分隔各种 2^mT 状态的边界,即连续分叉的曲线,并绘制在曲线 B 上方。随着压力幅度的增加,同时参数 η_1 的连续分叉值之间的差异迅速下降,曲线变得更加密集。粗线 M 体现了无限序列的倍周期分叉,可能以混沌燃烧状态(区域 C)结束。

推进剂参数的变化不会定性地改变图表。显然,如果共振变得更加明显(例如,$r - r*$ 差值减小),那么所对应的曲线都将向下移动,即对应的非线性和分叉效应将变得更明显。这种影响如图 4.27 所示。

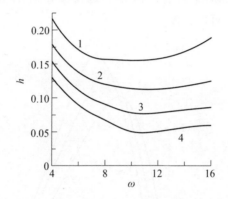

图 4.27 从 T 状态到 $2T$ 状态的分叉上的压力振荡幅度对频率的依赖性

$k = 1.5$,$\iota = 0.3$,$\delta = 0$;1—$r = 0.15$;2—$r = 0.14$;3—$r = 0.13$;4—$r = 0.12$。

上面讨论的频率-幅度图提供了对推进剂燃烧过程与压力单模变化之间相互作用的一般情形。显然,多个谐波的存在会使需要的因素显著复杂化。此外,对声学体积(发动机室)和燃烧过程的综合考虑将导致问题表述及其(甚至定性)研究方面产生新的挑战。

现在考虑非线性 T 体制。声学和燃烧之间非线性相互作用的分析研究显然只能在较低的(二阶或最好是关于振荡幅度的三阶)近似中实现。下面提供了数值模拟的结果及其与分析结果的比较,以及主要利用燃烧速率对周期性振荡压力的非线性响应函数。这些功能在 4.3 节中详细讨论过。研究主要限于二次响应函数上

$$U_{1,-1} = -|U_1|^2 + \iota(2\mathrm{Re}U_1 - 1) \qquad (4-159\mathrm{a})$$

$$U_{1,1} = \frac{U_1^2 U_2}{\iota}\left[-\frac{1}{2} + \frac{k(z_2-1)}{2\omega^2}(2z_1 - z_2 - 1) + \frac{r}{2}\left(z_2 - \frac{4z_1}{z_2} + 3\right)\right] + U_2\left(U_1 - \frac{1}{2}\right)$$

$$(4-159\mathrm{b})$$

其中

$$U_1 = \frac{\iota + \delta(z_1 - 1)}{1 + (z_1 - 1)(r - k/z_1)}, \quad U_2 = \frac{i + \delta(z_2 - 1)}{1 + (z_2 - 1)(r - k/z_2)}$$

$$z_1 = \frac{1}{2}(1 + \sqrt{1 + 4i\omega}), \quad z_2 = \frac{1}{2}(1 + \sqrt{1 + 8i\omega}) \tag{4-160}$$

图 4.28 ~ 图 4.30 表示线性和非线性响应函数模量的频率相关性,比较了解析解和数值解的结果。曲线 1 是利用式(4-159)和式(4-160)绘制的,曲线 2 和曲线 3 是不同压力幅值下的数值模拟结果。二次响应函数的值非常大,特别是在推进剂的固有频率附近。这是线性响应函数 U_1 和 U_2 的共振导致的。二次响应函数包含一阶响应函数的乘积。即使在分叉边界附近,响应函数的解析表达式也能提供良好的精度。

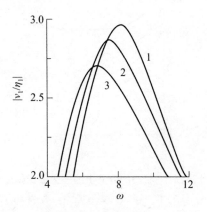

图 4.28　燃烧速率一次谐波相对大小的模量

1—线性逼近;2—$h = 0.1$;3—$h = 0.15$。

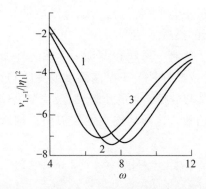

图 4.29　燃烧速率零次谐波的相对幅值

1—二次逼近;2—$h = 0.1$;3—$h = 0.15$。

第 4 章 谐波振荡压力下的燃烧

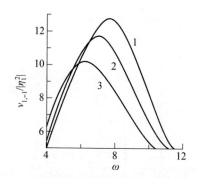

图 4.30 燃烧速率二次谐波相对大小的模量
1—二次逼近；2—$h=0.1$；3—$h=0.15$。

在图 4.31～图 4.34 中可以看到随着压力振幅的增加燃烧速率谱逐渐复杂化。前三个数字是指 T 状态，而图 4.34 是指 $2T$ 状态。压力振荡的频率 $\omega=8$ 被选择为接近推进剂的自然频率（$\omega_1=7.68$）。图 4.31～图 4.34 清楚地表明，随着压力振幅的增加及其对燃烧速率谱的贡献的增加，高次谐波出现。在 $2T$ 范围内，也存在频率等于 $\omega/2$ 倍数的谐波。靠近分叉点（图 4.34 就是这种情况），频率为 $m\omega/2$ 的谐波的幅度很小，因此它们在图中扩展了两个数量级。

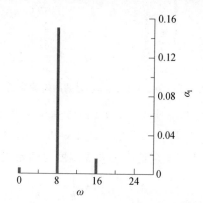

图 4.31 $h=0.05$，$\omega=8$ 时的燃烧速度谱

执行的计算允许估计线性近似的准确性。现在用一个具体的例子说明在固体火箭发动机舱内不稳定燃烧的多模式问题中考虑非线性相互作用的必要性。

根据 Culick 和 Yang(1992)在线性近似中燃烧速率对谐波振荡压力的响应的结果，对长度为 $L=0.6$ m 的腔室，分别获得了一次和二次谐波的无量纲振幅值 $h_1=0.151$ 和 $h_2=0.045$ 的压力振荡谱。当声速 $a=1075$ m/s 时，波长为 $2L$ 的一次谐波的频率 $f=a/2L$，即 $f=895$ Hz。一次谐波的相应无量纲频率

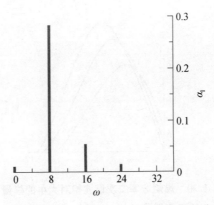

图 4.32 $h=0.1, \omega=8$ 时的燃烧速率谱

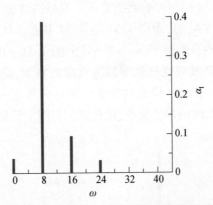

图 4.33 $h=0.15, \omega=8$ 时的燃烧速率谱

$\omega = 2\pi f\kappa/u^2$ 是使用线性燃烧速率 $u = 0.011\ 5$ m/s 和凝聚相的热扩散率 $\kappa = 10^{-7}$ m²/s 的值获得的。结果，$\omega = 4.25$。Culick 和 Yang(1992)使用与参数 k 和 r 相关的参数 A 和 B 描述了燃烧速率和表面温度对初始温度变化的敏感性：

$$A = \frac{k}{r}, \quad B = \frac{1}{k} \tag{4-161}$$

对于本文采用的值 $A = 6$ 和 $B = 0.55$，我们发现 $k = 1.82$ 和 $r = 0.303$。推进剂本征频率和阻尼减量分别为 $\omega_1 = 4.34$ 和 $\lambda = 0.991$。Culick 和 Yang(1992)采用了描述燃烧速率对压力变化敏感性的参数，即 $\iota = 0.3$，考虑了问题参数的选择方式，即燃烧速率对压力振荡的响应具有明显的共振性质。问题参数与第一、第二压力谐波的无量纲振幅值允许对非线性效应的重要性进行估计。作为一个例子，我们将比较二次燃烧速率谐波 v_{2l} 的线性效应和一次谐波自相互作用的非线性效应，这导致二次燃烧速率谐波 $v_{1,1}$ 的产生。这些值可以表示为对应的响应函数：

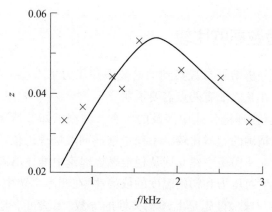

图 4.34　弹道石 JPN 声导纳对频率的依赖性

$$|v_{2l}| = |U_1(2\omega)\|\eta_2|, \quad |v_{1,1}| = |U_{1,1}(\omega)\|\eta_1|^2 \quad (4-162)$$

根据复振幅的定义，它们的模数是相应谐波的无量纲振幅值的一半。所以

$$|v_{2l}| = |U_1(2\omega)|\frac{h_2}{2}, \quad |v_{1,1}| = |U_{1,1}(\omega)|\frac{h_1^2}{4} \quad (4-163)$$

式(4-163)中涉及的响应函数绘制在图 4.35 中。由式(4-159)和式(4-160)

得出

$$|U_1(8.5)| = 1.027, \quad |U_{1,1}(4.25)| = 16.6 \quad (4-164)$$

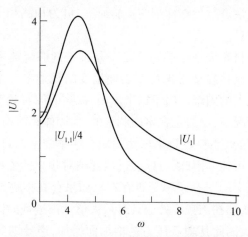

图 4.35　Culick 和 Yang(1992)采用的推进剂参数的响应函数模量

$$|v_{2l}| = 0.0231, \quad |v_{1,1}| = 0.0943 \quad (4-165)$$

结果证明，线性贡献比非线性(二次)效应小几倍。显然，Culick 和 Yang(1992)的结果不能定性地描述固体火箭发动机燃烧室中的非定常过程。

4.8 与实验数据的比较

本节将理论分析结果与观察到的谐波振荡压力下不稳定燃烧状态的实验数据进行比较。在此之前有两点需要说明。

第一点,只有在理论公式中涉及的所有参数都已知的情况下,才能在实验和理论之间进行精确的定量比较。不稳定推进剂燃烧理论依赖稳定燃烧定律,该定律必须在独立实验组中建立或从稳定燃烧理论中推导出来。这些定律(燃烧速率和表面温度对压力和初始温度的依赖性)在实际系统中没有得到充分研究。因此,所需的参数,首先是上述相关性的导数,无法可靠地估算。目前,在理论和实验之间进行严格地定量比较是不可能的。该理论只能通过确定它预测的各种影响是否可以通过实验观察到,以及如果可以,理论和实验之间的相关数量是否在一个数量级上来检验。

第二点涉及通过将理论与实验数据进行比较来获得有关稳定燃烧定律的某些信息的可能性(Novozhilov,1973b)。如果开发的理论令人满意,则可以通过调整模型参数充分地再现实验相关性。在线性情况下,这些参数是代表稳定燃烧定律 $u^0(p^0, T_a)$ 和 $T_s^0(p^0, T_a)$ 的函数的一阶导数。这些通过理论与实验对比得到的参数值,可以进一步用于其他非定常现象的计算。例如,对半封闭体积中的低频不稳定性进行足够详细的实验研究,可为预测相同燃料表面的声导纳值提供必要的信息。

不稳定固体燃料燃烧理论的结论之一是推进剂燃烧速率振荡的固有频率的存在。这种效应仅存在于考虑可变表面温度的模型中。不稳定燃烧速率的直接测量面临着很大的困难。出于这个原因,振荡的固有频率的存在只能间接地确认。大多数情况下,压力是在室内测量的,而固体燃料则是燃烧。

如前所述,在接近燃料燃烧率振荡的固有频率腔室的自然频率下,腔室中声振荡的发展最有可能。因此,可以通过声导纳对频率的依赖形式来判断某些选择性燃料燃烧速率的固有频率是否存在。如果存在推进剂燃烧速率的固有频率,则声导纳的实部在该频率处应具有最大值。推进剂的固有频率与其燃烧速率的平方成正比,因此其随着压力的增加而增加,声导纳实部的最大值应该随着压力的增加而向更高的频率移动。弹道体的实验依赖关系(Horton 和 Price,1963)恰好具有这种形状。此外,在理论预测的数量级为 $(u^0)^2/\kappa$ 的频率处观察到声波的最大放大率。Horton 和 Price(1963)研究了大背景压力值(14~112 atm)下的声学不稳定性。燃烧室具有几十厘米数量级的尺寸。

第 4 章 谐波振荡压力下的燃烧

Eisel 等(1964)证明了在低压下各种固体推进剂的选择性频率的存在。燃烧室设计为直径约为 14 cm 的钢制圆柱形管,由几部分组装而成,使其长度从 3 m 到 18 m 不等。推进剂装在管子的一端或两端。在大气压下开始点火。由于燃烧产物的积累,压力随后增加。在某些情况下,推进剂的碎裂导致在燃烧室中的压力更快增加。压力增加的速率可由喷嘴控制。压力上升发生得相当缓慢(与推进剂热层弛豫的时间尺度相比具有较大的时间尺度),并且可以认为是准稳定过程。

压力示波图证实了在固定的燃烧室长度下,燃烧状态在低压下是稳定的。当压力上升到某个临界压力水平以上时,会发生振荡,并且它们的频率对应于腔室的声频。随着平均压力的进一步增加,振荡幅度增加,达到最大值,然后脉动消失。改变燃烧室长度(以及相应的声频)导致在不同背景压力值下产生脉动燃烧。通过这种方式,获得了燃烧速率振荡的固有频率对压力的依赖性。

在将这些实验结果与理论进行比较时,其中控制固有频率值的参数 k 和 r 是未知的,并且可能随压力本身变化而变化。如果假设这些参数是常数,那么自然频率必须随压力变化 $[u^0(p)]^2 \sim p^{2\iota}$。Eisel 等(1964)没有明确提供依赖关系 $u^0(p)$。但他们的一个数据图表明某个参数与压力成正比,与燃烧速率成正比。从这些数据中可以看出,燃烧速率对压力的依赖可以认定为 $u^0 = B p^\iota$,其中 $B = 0.1$ cm/s, $\iota = 0.5$(压力以 atm 为单位。)。因此,固有频率必须随压力线性增长,这正是 Eisel 等(1964)发现的。固有频率(几十赫兹)的数量级符合理论预测。实际上,由于热扩散系数为 $\kappa \sim 10^{-3}$ cm²/s 时,值 $(u^0)^2/\kappa$ 属于上述区间。

因此,对燃烧声不稳定性的实验结果的定性分析,证实了关于推进剂燃烧速率振荡固有频率存在的理论结论。固有频率幅度的数量级(在 $\sqrt{k/r}$ 的因子内)及其对压力的依赖性也符合理论的预测。

我们现在将尝试使用本章中推导出的理论公式来描述声导纳对声音频率的实验依赖性。首先应当指出,目前固体燃料表面的声导纳是通过实验获得的。通常,不是测量离开表面的气体速度(直接进入声导纳表达式),而是测量其他参数,例如压力的时间历程。Strand 和 Brown(1992)回顾了测量燃烧过程对谐波振荡压力响应的隐式方法。

用于研究声导纳的最成功的谐振器设计之一是 Price 和 Soffers(1958)提出的 T 形腔室。腔室为圆柱形,在两个端面装有推进剂圆盘,用于去除燃烧产物的喷嘴位于气缸中间。这种腔室称为一维腔室,因为腔室中几乎所有地方的气体状态仅由一个空间坐标决定。由于燃烧产物的排放,这种一维结构在靠近喷嘴的地方会略微破裂。然而,在燃料盘附近,声场具有最简单的结构,即纵向声波垂直于燃烧表面传播,气体和声波的传播速度平行。

在脉动燃烧状态发展过程中,在 T 室中观察到压力振荡。在早期阶段,由于与背景压力的偏差很小,并且可以通过线性近似来描述,因此振荡幅度随时间呈指数级增长,如 $\exp(\alpha_1 t)$,其中 α_1 是一个正参数,可以从压力波形图得出。燃烧过程完成后,振荡也遵循指数规律 $\exp(-\alpha_2 t)$ 渐近消失。其中,α_2 体现了腔室中的声学损失,可以使用压力示波图进行估计。

很容易得到无量纲值:

$$z = \frac{2(\alpha_1 + \alpha_2)l}{a} \quad (4-166)$$

式中:l 为燃烧室长度;α 为燃烧产物中的声速,通过简单的关系与推进剂表面的声导纳相关,有

$$z = -\frac{4\rho_g a u^0}{p}\left(\text{Rey} - \frac{1}{\gamma}\right) \quad (4-167)$$

这里 γ 是与声导纳成正比的变量[式(4-64)]

$$y = 1 + \frac{\Delta\iota}{k} - \left(1 + \frac{\Delta}{k}\right)U \quad (4-168)$$

对比 zon 频率的实验和理论相关性(Novozhilov,1973a)。图 4.34 中的十字标记了对应于 56 atm 压力下弹道石 JPN 燃烧的实验测量值(Horton 和 Price,1963)。Wimpress(1950)提供了这种燃料的特性,其稳定燃烧定律中的压力依赖指数 $\iota = 0.69$,密度 $\rho = 1.62 \text{ g/cm}^3$,热扩散率 $\kappa = 10^{-3} \text{ cm}^2/\text{s}$。上述压力下的燃烧速度为 $u^0 = 1.4 \text{ cm/s}$,燃烧室内的声速为 $\alpha = 940 \text{ m/s}$。比热比可以指定为通常采用的值 $\gamma = 1.25$。参数 Δ 的值远小于 1,对结果的影响很小。下面采用的值为 $\Delta = 0.14$。该值对应于(气体和燃料的比热相等)燃烧温度 $T_b^0 = 2\,900$ K 和表面温度 700 K。

式(4-168)中还剩下三个未定参数,即 k、r 和 δ。由于在第 1 章中已经证明,弹道燃料的燃烧速率和表面温度是唯一相关的,因此这些参数中的一部分可以假设为零。参数 k 和 r 只能近似估计,因为它们与表面温度及其导数有关。后者是在有显著误差的实验中测量的。同时,由于响应函数 U 的共振行为,式(4-168)对 k 和 r 的值非常敏感。这些参数的微小变化会导致曲线 $z(\Omega)$ 显著失真。

正如 Novozhilov(1973a)所解释的,k 和 r 的值可以从不稳定燃烧实验中获得,其精度比直接热电偶测量要好得多。图 4.36 中的曲线对应于 $k = 1.45$ 和 $r = 0.2$。需要注意的是,测量误差相当大;Horton 和 Price(1963)估计低频部分为 40%,在其余频谱中为 20%。然而,由于函数 U 对参数 k 和 r 具有很强的敏

感性,因此可以合理地假设它们的值的确定精度可能不低于10%。

得到的 k 值等于 $\beta(T_s^0 - T_a)$。JPN 推进剂燃烧速率的温度系数为 $\beta = 0.0038\ \text{K}^{-1}$(Wimpress,1950)而 $T_s^0 - T_a \sim 400\ \text{K}$。$r = 0.2$ 的值表明表面温度对初始温度的依赖性。因此,分析声不稳定性证实了表面温度的直接热电偶测量,并且可以作为确定推进剂的特性的隐式方法,这些特性携带关于在推进剂表面发生的化学反应动力学的某些信息。

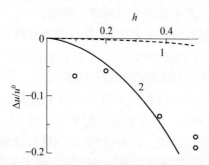

图 4.36 作为压力振荡幅度函数的弹道石 JPN 燃烧速率的相对变化

1—准稳定值(4 – 170)为 $\iota = 0.7$;2—非定常理论(4 – 171)中 $U_{1,-1} = 4$。

以平均燃烧速率为例,说明在周期性振荡压力下非定常推进剂燃烧效应的非线性具有指导意义。

在准稳定状态下 $u \sim p^\iota$。如果压力遵循规律:

$$p = p^0(1 + h\cos\omega\tau) \qquad (4-169)$$

那么平均燃烧速率的相对变化将是

$$\frac{\Delta u}{u^0} = \frac{\iota(\iota - 1)}{4} h^2 \qquad (4-170)$$

在不稳定燃烧的一般情况下,我们从式(4 – 70)中得到

$$\frac{\Delta u}{u} = \frac{U_{1,-1}}{4} h^2 \qquad (4-171)$$

两次修正都是负面的,因为通常 $\iota < 1$,$U_{1,-1} < 0$。就绝对值而言式(4 – 171)远大于准稳定校正式(4 – 170)。

Crump 和 Price(1964)报告了压力振荡对平均燃烧速率影响的实验研究。在带有管状推进剂装药的圆柱形 T 形燃烧室中产生了不稳定的燃烧状态。观察到燃烧室内的驻波振幅可达到背景压力 80%。为了确定平均燃烧率,燃烧过程被突然的下降压力(由打开额外的喷嘴引起)中断。在沿其长度的几个位置测量部分燃烧的装料。通过考虑燃烧层的厚度和燃烧时间,找到每个位置的平均燃烧速率。将该平均速率与在稳定燃烧条件和相同背景压力下测得的相同

值进行比较。这样就可以找到平均燃烧速率的相对变化。随着声场沿腔室发生变化,这种方法可以消除压力振荡和气流速度的影响。特别是,在气体速度接近零的腔室端面附近(喷嘴位于腔室中间),燃烧速率仅受随时间变化的压力的影响。

火箭固体燃料 JPN 在不同强度的压力振荡下进行了研究。图 4.36 中显示的 Crump 和 Price(1964)的实验数据证实了与准稳定情况相比,在不稳定条件下计算的平均燃烧速率发生显著变化的理论结论。

本章对非线性燃烧效应的研究表明,存在自振荡推进剂燃烧状态的可能性对这种现象缺乏系统性的实验研究。以上得到的结果只有在相关的非定常燃烧规律已知的情况下才能与实验数据进行比较。

在实验中经常观察到自动振荡燃烧区。这类过程的例子是第 3 章中提到的弹道炸药、高氯酸铵和无气系统的振荡燃烧。然而,除了存在自振荡之外,目前无法对理论和实验进行比较。此外,理论预测将自动振荡与凝聚相的惯性联系起来,这并不是这种状态的唯一的可能原因。事实证明,由于气相中存在弛豫过程以及一维模式与实际燃烧过程的偏差,因此可能会出现一些振荡状态。

4.5 节考虑了区域 $k>1$。应该注意在自由线性振荡的反向不等式条件不成立时自动振荡的可能性。在这种情况下,非线性效应可能导致阻尼减量的减少和无效。例如,考虑介质中黏度自下而上降低的传统钟摆。如果平衡附近的黏度足够大,那么摆的小偏差就会导致非周期性运动。试想一下,在足够大的振幅下,钟摆到达负黏度区域。在这种情况下,大振幅的自由振荡是可能发生的,因为钟摆将在负黏度区域接收能量并将其消耗在平衡附近。

第 5 章
不稳定侵蚀燃烧

5.1 问题阐述

推进剂燃烧过程与燃烧室中声场的耦合作用是固体火箭发动机不稳定燃烧工况研究中的关键影响因素。该问题需从压强对推进剂燃烧速率的影响规律和不稳定侵蚀燃烧两方面展开研究。其中,不稳定侵蚀燃烧是指沿推进剂表面切向气流作用下的推进剂燃速变化过程。迄今为止,只有压强对燃速的影响机制被充分研究,例如,我们可以参考 Culick 和 Yang(1992) 以及 Novozhilov(2002) 的工作,他们研究了发动机稳定工作状态的稳定条件以及在燃烧室产生的持续周期性非线性燃烧振荡模式。纵向声波中的压力振荡经常伴随着在推进剂燃烧表面附近燃烧产物速度的切向振荡,因此对以上提到的研究进行分析需将侵蚀燃烧考虑在内。

本章主要在推进剂非稳定燃烧唯象理论框架下针对燃速对周期性压力振荡和燃烧产物切向流场的响应规律进行讨论(Novozhilov,2007;Novozhilov 等,2007)。

在 Z-N 理论框架下,推进剂的不稳定燃烧过程主要通过求解凝聚相传热方程进行研究。

$$\frac{\partial T_\varepsilon}{\partial t} = \kappa \frac{\partial^2 T_\varepsilon}{\partial x^2} - u_\varepsilon \frac{\partial T_\varepsilon}{\partial x} \quad (-\infty < x \leqslant 0) \tag{5-1}$$

边界条件为

$$x = 0, T_\varepsilon = T_{S\varepsilon}(t); \quad x \to -\infty, T_\varepsilon = T_a \tag{5-2}$$

式中:$T_\varepsilon(x,t)$、t 和 x 分别为推进剂在侵蚀燃烧条件下的温度、时间和空间坐标；T_a 和 $T_{S\varepsilon}(t)$ 为初始温度和相界面温度；$u_\varepsilon(t)$ 为推进剂线性燃速；κ 为凝聚相热扩散系数。坐标系统的原点固定于推进剂相界面，这样可以使凝聚相沿着正向 x 轴以速度 $u_\varepsilon(t)$ 移动。其中，下标 ε 代表侵蚀燃烧状态。接下来的分析会用到不带有下标的形式，它们代表了非侵蚀燃烧状态。例如，质量流速有以下两种表示方法：

$$m = \rho u, \quad m_\varepsilon = \rho u_\varepsilon \tag{5-3}$$

式中：ρ 为凝聚相的密度。

该理论需要输入参数为稳定燃烧速率和推进剂燃面温度与初始温度的相关性、压力 p 和平行于表面的气流质量流速 g。

以下的结果是根据一个特定的推进剂燃烧模型获得的，该模型被选定包含最少的参数数量，满足该条件的最简单模型形式如下：

$$m^0 = A(p^0)^n \exp(\beta T_a), \quad m^0 = B(\beta_s T_s^0) \tag{5-4}$$

式中：A, B, β, β_s 和 n 均为常数，字母的上标 0 代表稳定燃烧形式。

推进剂燃烧速率和表面温度对初始温度和压强变化的线性敏感性参数为

$$k = (T_s^0 - T_a)\left(\frac{\partial \ln m^0}{\partial T_a}\right)_{p^0}, \quad r = \left(\frac{\partial T_s^0}{\partial T_a}\right)_{p^0}$$

$$\iota = \left(\frac{\partial \ln m^0}{\partial \ln p^0}\right)_{T_a}, \quad \mu = \frac{1}{T_s^0 - T_a}\left(\frac{\partial T_s^0}{\partial \ln p^0}\right)_{T_a}$$

$$\delta = \iota r - \mu k \tag{5-5}$$

当前模型参数表示如下：

$$k = \beta(T_s^0 - T_a), \quad r = \beta/\beta_s, \quad \iota = n, \quad \mu = \iota r/k, \quad \delta = 0 \tag{5-6}$$

假设在存在侵蚀的情况下，稳定燃烧方程可写作以下形式：

$$m_\varepsilon^0 = m^0 \sqrt{1 + b\left(\frac{g^0}{m^0}\right)} \tag{5-7}$$

$$m_\varepsilon^0 = B \exp(\beta_s T_{s\varepsilon}^0) \tag{5-8}$$

其中 b 为常数，这里假设存在侵蚀质量的情况下推进剂燃烧速率仍由推进剂表面温度决定。另外，式（5-7）应视为以侵蚀比与燃烧产物的切向质量流量关系的实验数据做单参数插值的形式。这一关系的理论证明见本书 1.4 部分。

通过比较稳定燃烧方程式（5-4），式（5-7）和式（5-8），易于得到存在及不存在侵蚀燃烧情况下的燃速敏感系数 β、β_ε，以及推进剂表面温度 T_s^0 和 $T_{s\varepsilon}^0$。

$$\beta_\varepsilon = \frac{\beta}{\varepsilon^2}, \quad \beta_\varepsilon = \left(\frac{\partial \ln m_\varepsilon^0}{\partial T_a}\right)_{p^0, g^0}$$

第 5 章 不稳定侵蚀燃烧

$$T_{s\varepsilon}^0 = T_s^0 + \frac{1}{\beta_s}\ln\varepsilon \qquad (5-9)$$

同样应注意以下有用的关系式：

$$\frac{g^0}{m^0} = \sqrt{\frac{\varepsilon^2 - 1}{b}} \qquad (5-10)$$

将稳定燃烧方程转换为不稳定形式的标准流程需要首先将初始温度表示为燃面温度梯度的函数,然后再次引用凝聚相中的迈克尔逊稳定温度分布：

$$T_0^\varepsilon(x) = T_\alpha + (T_{s\varepsilon}^0 - T_a)\exp\left(\frac{u_\varepsilon^0 x}{\kappa}\right) \qquad (5-11)$$

由此可将燃烧表面处(靠近凝聚相一边)的温度梯度表示为

$$f_\varepsilon^0 = \left.\frac{\partial T_\varepsilon^0}{\partial x}\right|_{x=0}, \quad f_\varepsilon^0 = \frac{u_\varepsilon^0}{\kappa}(T_{s\varepsilon}^0 - T_a) \qquad (5-12)$$

在无侵蚀燃烧条件下的推进剂燃速可表示为

$$m^0 = A\,(p^0)^n\exp\left[\beta\left(T_{s\varepsilon}^0 - \kappa\frac{f_\varepsilon^0}{u_\varepsilon^0}\right)\right] \qquad (5-13)$$

根据 Z-N 理论的基本思想,上述燃速函数可适用于不稳定情况,去掉稳定燃烧的角标,可得到不稳定燃烧燃速方程：

$$m = A\,(p)^n\exp\left[\beta\left(T_{s\varepsilon} - \kappa\frac{f_\varepsilon}{u_\varepsilon}\right)\right] \qquad (5-14)$$

同样地,可将稳定侵蚀燃烧方程式(5-7)和式(5-8)转化为对应的不稳定形式：

$$m_\varepsilon^2 = m^2 + bg^2, \quad m_\varepsilon = B\exp(\beta_s T_{s\varepsilon}) \qquad (5-15)$$

为了使不稳定燃烧理论的方程组闭合,有必要指定声波的确切类型。下面我们只考虑单频行进波,其中所有的声扰动(压强、密度、速度)同相位。如果 h 代表压强变化幅度,那么声扰动(由 0 表示)的幅度可表示为

$$\frac{p'}{p^0} = h, \quad \frac{\rho'}{\rho^0} = \frac{h}{\gamma}, \quad \frac{w'}{a} = \frac{h}{\gamma} \qquad (5-16)$$

式中:ρ 和 w 为密度和切向气流流速;a 为声速;γ 为比热容比。因此切向气流质量流可表示为

$$\frac{g'}{g^0} = \left(1 + \frac{a}{w^0}\right)\frac{h}{\gamma} \qquad (5-17)$$

压力和切向气流通量的时间依赖性可表示为

$$p = p^0(1 + h\cos\Omega t), \quad g = g^0\left[1 + \left(1 + \frac{a}{w^0}\right)\frac{h}{\gamma}\cos\Omega t\right] \qquad (5-18)$$

使用式(5-1)、式(5-2)、式(5-15)和式(5-18)能够分析在行进声波场中不稳定侵蚀燃烧过程。接下来我们只研究稳定燃烧形式,所以对初始条件无须考虑。需要注意的是,任何声波都可以描述为由不同波矢量和频率的平面单频行进波叠加的形式。

使用无量纲变量较为方便:

$$\tau = \frac{(u^0)^2 t}{\kappa}, \quad \omega = \frac{\kappa \Omega}{(u^0)^2}, \quad \xi = \frac{u^0 x}{\kappa}$$

$$\nu = \frac{u_\varepsilon}{u_\varepsilon^0}, \quad \eta_p = \frac{p}{p^0}, \quad \eta_g = \frac{g}{g^0},$$

$$\theta = \frac{T_\varepsilon - T_a}{T_{\varepsilon s}^0 - T_a}, \quad \vartheta = \frac{T_{\varepsilon s} - T_a}{T_{\varepsilon s}^0 - T_a}, \quad \varphi = \left(\frac{\partial \theta}{\partial \xi}\right)_{\xi=0} \quad (5-19)$$

根据传热方程[式(5-1)]、边界条件[式(5-2)]、不稳定燃烧方程[式(5-15)]及其相关性式(5-18),可将这些新变量转变为

$$\frac{1}{\varepsilon^2}\frac{\partial \theta}{\partial \tau} = \frac{\partial}{\partial \xi}\left(\frac{\partial \theta}{\partial \xi} - \nu \theta\right) \quad (-\infty < \xi \leq 0) \quad (5-20)$$

$$\xi = 0, \quad \theta = \vartheta(\tau); \quad \xi \to -\infty, \quad \theta = 0 \quad (5-21)$$

$$(\varepsilon \nu)^2 = X^2 + (\varepsilon^2 - 1)\eta_g^2, \quad \nu = \exp\left[\left(\frac{k}{r} + \ln \varepsilon\right)(\vartheta - 1)\right]$$

$$X = \eta_p^1 \exp\left[(k + r\ln\varepsilon)\left(\vartheta - \frac{\varphi}{\nu}\right)\right] \quad (5-22)$$

$$\eta_p = 1 + h\cos(\omega\tau)$$

$$\eta_g = 1 + \frac{h}{\gamma}\left(1 + \frac{1}{M}\sqrt{\frac{b}{\varepsilon^2 - 1}}\right)\cos(\omega\tau) \quad (5-23)$$

式中:$M = w/a$,为燃烧产物的法向马赫数。

需要备注两点:首先,为了导出上述方程,必须引入式(5-9)和式(5-10);其次,无侵蚀的稳定燃烧速率用来做时间和频率的标度,而所有其他变量无量纲,使用稳定侵蚀燃烧速率。这一方式使可变外界条件(如振荡频率)独立于燃烧类型,并且稳定燃烧类型($\eta_p^0 = 1, \eta_g^0 = 1$)可采用最简单的形式:

$$\theta^0 = e^\xi, \quad \varphi^0 = 1, \quad \nu^0 = 1, \quad \vartheta^0 = 1 \quad (5-24)$$

式(5-24)可适用于存在非零稳定切向气流的一般情形,也就是说 $g^0 \neq 0$ 且 $\varepsilon \neq 1$。在相反情况下,式(5-22)必须被替换为

$$\nu^2 = \eta_p^{2\iota}\exp\left[2k\left(\vartheta - \frac{\varphi}{\nu}\right)\right] + S(\eta_p - 1)^2$$

$$\nu = \exp\left[\frac{k}{r}(\vartheta - 1)\right], \quad S = \frac{b}{(\gamma M)^2} \quad (5-25)$$

5.2 线性近似

在与稳定燃烧工况偏差较小时,可以通过线性近似获得推进剂燃速的近似值。使用复振幅的方法很方便。

设定压强和切向燃烧产物气流质量流速为

$$\eta_p = 1 + [\eta_{p1}\exp(i\omega\tau) + \text{c.c.}], \quad \eta_g = 1 + [\eta_{g1}\exp(i\omega\tau) + \text{c.c.}]$$

$$\eta_{p1} = \frac{h}{2}, \quad \eta_{g1} = \frac{h}{2\gamma}\left(1 + \frac{1}{M}\sqrt{\frac{b}{\varepsilon^2 - 1}}\right) \tag{5-26}$$

式中:c.c 为复共轭。

以下分析基于 Novozhilov(1965b)的方法,其中燃烧速率对谐波振荡压力的响应函数是在线性近似中获得的。

所有的时间相关变量都类似于式(5-26)的形式,即表示为稳定值和一个小谐波扰动的总和,例如,燃烧速率为

$$u_\varepsilon = u_\varepsilon^0 + u_{\varepsilon 1}\cos(\Omega t + \psi) \tag{5-27}$$

被写为

$$\nu = 1 + [\nu_1\exp(i\omega\tau) + \text{c.cc}], \quad \nu_1 = \frac{u_{\varepsilon 1}}{2u_\varepsilon^0}\exp(i\psi) \tag{5-28}$$

并且推进剂中的温度扰动写为

$$\theta(\xi,\tau) = e^\xi + [\theta_1(\xi)e^{i\omega\tau} + \text{c.c.}] \tag{5-29}$$

将这些表达式代入传热方程式(5-20)并且忽略二次项,可得到以下线性方程:

$$\theta_1'' - \theta_1' - \frac{i\omega}{\varepsilon^2}\theta_1 = \nu_1 e^\xi \tag{5-30}$$

该方程的解为

$$\theta_1 = C_1 e^{z_1\xi} - \frac{\nu_1\varepsilon^2}{i\omega}e^\xi \tag{5-31}$$

其中

$$z_1 = \frac{1}{2}\left(1 + \sqrt{1 + \frac{4i\omega}{\varepsilon^2}}\right), \quad z_1(z_1 - 1) = \frac{i\omega}{\varepsilon^2} \tag{5-32}$$

该解在 $\xi \to -\infty$ 处满足所需的边界条件。从第一个边界条件式(5-21)中可以获得对表面温度和温度梯度的线性修正:

$$\vartheta_1 = C_1 - \frac{\nu_1\varepsilon^2}{i\omega}, \quad \varphi_1 = C_1 z_1 - \frac{\nu_1\varepsilon^2}{i\omega} \tag{5-33}$$

积分常数 C_1 可以消去并得到:

$$z_1 \vartheta_1 - \varphi_1 + \frac{\nu_1}{z_1} = 0 \quad (5-34)$$

$$\theta_1 = \nu_1 \left(a_1 e^{z_1 \xi} - \frac{\varepsilon^2 e^{\xi}}{i\omega} \right), \ a_1 = \frac{\vartheta_1}{\nu_1} + \frac{\varepsilon^2}{i\omega} \quad (5-35)$$

不稳定燃烧方程式(5-22)的线性化提供了上述振幅与压力和切向质量通量振幅之间的两个附加关系:

$$\varepsilon^2 \nu_1 - (k + r\ln\varepsilon)(\vartheta_1 - \varphi_1 + \nu_1) = \iota\eta_{p1} + (\varepsilon^2 - 1)\eta_{g1}$$

$$\nu_1 = (k + r\ln\varepsilon)\frac{\vartheta_1}{r} \quad (5-36)$$

式(5-34)~式(5-36)可以确定在侵蚀燃烧存在情况下,燃烧速率对振荡压力的响应函数。

$$U_1(\omega) = \frac{N}{D}$$

此函数可以用以下形式书写:

$$N = \frac{1}{\varepsilon^2} + \frac{1}{\gamma \varepsilon^2} \left(\varepsilon^2 - 1 + \frac{\sqrt{b(\varepsilon^2 - 1)}}{M} \right) \quad (5-37)$$

$$D = 1 + \frac{z_1 - 1}{\varepsilon^2} \left(r - \frac{k + r\ln\varepsilon}{z_1} \right) \quad (5-38)$$

图5.1~图5.5显示了响应函数的各种属性对频率和侵蚀率的依赖性,并依据以下固定参数值进行绘制:

$$\iota = 0.7, \ \kappa = 1.8, \ r = 0.35, \ \gamma = 1.25, \ b = 4.5 \times 10^{-5}, \ M = 1.3 \times 10^3 \quad (5-39)$$

这些值对应于在大约100 atm下的推进剂燃烧。

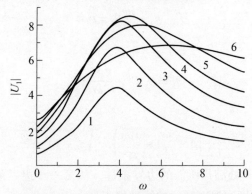

图5.1 不同侵蚀率的响应函数绝对值的频率相关性 ($\varepsilon - 1 \ll 1$)
1—$\varepsilon = 1$; 2—$\varepsilon = 1.005$; 3—$\varepsilon = 1.025$; 4—$\varepsilon = 1.05$; 5—$\varepsilon = 1.1$; 6—$\varepsilon = 1.2$。

需注意大、小侵蚀比例对周期性振荡压力响应的差异。图5.1显示了弱稳定侵蚀燃烧下响应函数模量对频率的依赖性,即$\varepsilon - 1 \ll 1$的情形。很明显,响应函数的绝对值随着侵蚀率增加到 ε = 1.05(曲线 4)而增加,在达到最大值时,响应值大约是没有侵蚀燃烧情况的 2 倍(曲线 1)。还应注意到,在考虑侵蚀比值下,响应函数的共振形状得以保留,并且共振频率几乎保持不变。随着侵蚀率 ε 的进一步增加,共振变宽,共振处的响应值下降(曲线 5 和曲线 6)。

在稳定侵蚀燃烧非常显著时,即 ε - 1 ~ 1,燃烧速率响应的频率依赖性发生质变。如图 5.2 所示,在这种情况下,响应函数绝对值随着侵蚀率的增加而下降,其频率依赖性的共振形状消失。

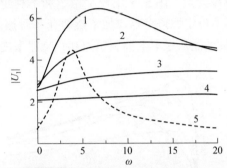

图 5.2　不同侵蚀率的响应函数绝对值的频率相关性($\varepsilon - 1 \sim 1$)
1—ε = 1.25；2—ε = 1.5；3—ε = 2.4；4—ε = 3；5—ε = 1。

响应函数的这种规律很容易理解。稳定侵蚀改变了稳定状态下燃烧速率和表面温度的敏感参数对初始温度 k_ε 和 r_ε 的变化。对于所采用的燃烧模型,这些参数随着侵蚀率的增加而降低。因此,稳定侵蚀会显著改变响应函数式 (5-38) 的分母,其结果是,稳定燃烧变得更稳定,而声共振现象变得不那么明显。响应函数式(5-38) 分子中的第一项与压力变化有关,而第二项是不稳定侵蚀的贡献,两者强烈依赖侵蚀率。

图 5.3 为分子、分母的绝对值以及响应函数式(5-38)与固定频率下侵蚀率的相关性,其中后者被选择与推进剂在 $\varepsilon = 1$ 时的固有频率 $\tilde{\omega}$ 相同。

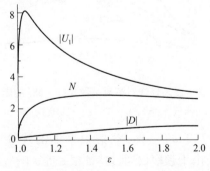

图 5.3　分子、分母的绝对值以及响应函数式(5-38)与固定频率下侵蚀率的相关性。$\tilde{\omega}$ =3.57

$$\tilde{\omega} = \sqrt{\frac{k}{r^2} - \lambda^2}, \quad \lambda = \frac{r(k+1) - (k-1)^2}{2r^2} \tag{5-40}$$

根据上述确定的参数 k 和 r，$\tilde{\omega} = 3.57$。

在 $\varepsilon - 1 \ll 1$ 范围内，分子增长得很快，它到达最高值后缓慢接近渐进值 γ^{-1}。另外，分母的模随着侵蚀率的增加单调递增，因此，响应函数的模具有明显的最大值，接近 $\varepsilon = 1$。在其他频率时，如图 5.4 所示，响应函数的绝对值同样在某些侵蚀比下达到最大值。图 5.5 比较了稳定和不稳定侵蚀过程的相对贡献，可以清楚地看出，不稳定燃烧贡献增加了燃烧速率对振荡压力的响应幅度。相比之下，稳定燃烧贡献能从根本上抑制压力和燃烧速率之间的共振。

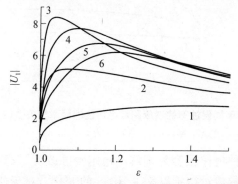

图 5.4 响应函数绝对值式 (5-38) 与侵蚀比的相关性。
1—$\omega = 0$；2—$\omega = 2$；3—$\omega = 4$；4—$\omega = 6$；5—$\omega = 8$；6—$\omega = 10$。

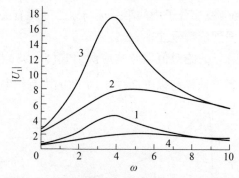

图 5.5 侵蚀燃烧对响应函数式 (5-38) 的影响
1—无侵蚀燃烧；2—有侵蚀燃烧；3—只存在不稳定侵蚀；4—只存在稳定侵蚀。

与线性响应函数 $U_1(\omega)$ 一样，双倍频率下的线性响应函数 $U_2(\omega) = U_1(2\omega)$ 用于以下分析，由于频率仅通过特征根 z 进入响应函数表达式，因此 $U_2(\omega)$ 的表达式可以将式 (5-38) 中的 z_1 替换为

$$z_2 = \frac{1}{2}\left(1 + \sqrt{1 + \frac{8\mathrm{i}\omega}{\varepsilon^2}}\right) \quad (5-41)$$

应记住,所获得的结果对于侵蚀比对切向流速的特定依赖性是有效的,并且仅适用于最简单的声波。可以采用类似的方式用不同的侵蚀规律和声波类型进行分析。

5.3 非稳定侵蚀燃烧中的非线性效应

上述线性分析可用于确定稳定发动机运行状态的稳定性条件。然而,对于有限压力幅度(如持续振荡和触发)过程的研究,需要超出线性近似框架的方法。

燃烧室中的周期性声场通常包含许多谐波。它们的相互作用可以通过引入燃烧速率对谐波振荡压力的非线性响应函数来描述。

本节概括了在第4章中获得的用于侵蚀燃烧情况的二次响应函数。为了说明二次响应函数的概念,在此举例,其中燃烧推进剂表面附近的压力仅由两个小振幅谐波组成(假设确定 $n > m$)。

$$\eta = 1 + [\eta_m \exp(\mathrm{i}m\omega\tau) + \eta_n \exp(\mathrm{i}n\omega\tau) + \mathrm{c.c.}] \quad (5-42)$$

关于压力幅度近似值的二次推进剂燃烧速率将包含相同的谐波以及具有组合频率的谐波(包括对稳定燃烧速度的与时间无关的修正)。

$$\begin{aligned}\nu = 1 &+ \nu_{m,-m} + \nu_{n,-n} + \{\nu_m \exp(\mathrm{i}m\omega\tau) + \nu_n \exp(\mathrm{i}m\omega\tau) + \nu_{m,m} \exp[2\mathrm{i}m\omega\tau] \\ &+ \nu_{n,n} \exp[2\mathrm{i}n\omega\tau] + \nu_{n,-m} \exp[\mathrm{i}(n-m)\omega\tau] + \nu_{n,m} \exp[\mathrm{i}(n+m)\omega\tau] + \mathrm{c.c.}\}\end{aligned}$$
$$(5-43)$$

显然,由线性关系式

$$U_m(\omega) = \frac{\nu_m}{\eta_m},\ U_n(\omega) = \frac{\nu_n}{\eta_n} \quad (5-44)$$

可以写出以下关系式

$$\begin{gathered}\nu_{m,-m} = U_{m,-m}(\omega)\eta_m\bar{\eta}_m,\ \nu_{n,-n} = U_{n,-n}(\omega)\eta_n\bar{\eta}_n \\ \nu_{m,m} = U_{m,m}(\omega)\eta_m^2,\ \nu_{n,n} = U_{n,n}(\omega)\eta_n^2 \\ \nu_{n,-m} = U_{n,-m}(\omega)\eta_n\bar{\eta}_m,\ \nu_{n,m} = U_{n,m}(\omega)\eta_n\eta_m\end{gathered} \quad (5-45)$$

以下复变函数称为燃烧速率对振荡压力的二次响应函数:

$$U_{m,-m}(\omega) = \frac{\nu_{m,-m}}{|\eta_m|^2},\ U_{m,m}(\omega) = \frac{\nu_{m,m}}{\eta_m^2}$$

$$U_{n,-m}(\omega) = \frac{\nu_{n,-m}}{\eta_n \bar{\eta}_m}, \quad U_{n,m}(\omega) = \frac{\nu_{n,m}}{\eta_n \eta_m} \tag{5-46}$$

应该记住,两个下角标显示哪些谐波正在相互作用,而它们的和给出了生成的燃速谐波数。例如,考虑对应于二次谐波的产生的响应函数 $U_{1,1}$ 的计算,让表面附近的压力只包含一个一次谐波。

$$\eta(\tau) = 1 + (\eta_1 e^{i\omega\tau} + \text{c.c.}) \tag{5-47}$$

很明显,一次谐波的自相互作用导致二次近似产生双倍频率的谐波,因此,二次近似中的燃速应写为

$$\nu(\tau) = 1 + \nu_{1,-1} + (\nu_1 e^{i\omega\tau} + \nu_{1,1} e^{2i\omega\tau} + \text{c.c.}) \tag{5-48}$$

式中:$\nu_{1,-1}$ 为对与时间无关的燃速贡献的二次校正;$\nu_{1,1}$ 为二次谐波的复振幅。

定义
$$U_{1,1} = \frac{\nu_{1,1}}{\eta_1^2} \tag{5-49}$$

假设凝聚相的温度分布为

$$\theta(\xi,\tau) = e^{\xi} + [\theta_1(\xi) e^{-i\omega\tau} + \theta_{1,1}(\xi) e^{2i\omega\tau} + \text{c.c.}] \tag{5-50}$$

在二阶精度内的双频谐波传热方程式(5-20)可写为

$$\theta''_{1,1} - \theta'_{1,1} - 2i\omega\theta_{1,1} = \left(\nu_{1,1} - \frac{\nu_1^2}{i\omega}\right) e^{\xi} + a_1 z_1 \nu_1^2 e^{z_1\xi} \tag{5-51}$$

其解为

$$\theta_{1,1} = C_{1,1} e^{z_2\xi} + A_{1,1} e^{\xi} + B_{1,1} e^{z_1\xi}$$

$$A_{1,1} = -\frac{1}{2i\omega}\left(\nu_{1,1} - \frac{\nu_1^2}{i\omega}\right), \quad B_{1,1} = -\frac{a_1 z_1 \nu_1^2}{i\omega} \tag{5-52}$$

从这个解中可以获得对表面温度和温度梯度的二次修正,通过消除积分常数 $C_{1,1}$ 可以得到

$$z_2 \vartheta_{1,1} - \varphi_{1,1} + \frac{\nu_{1,1}}{z_2} = \frac{\nu_1^2}{i\omega}\left[\frac{1}{z_2} - a_1 z_1 (z_2 - z_1)\right] \tag{5-53}$$

为了说明非线性的作用,考虑在不存在稳定侵蚀燃烧($\varepsilon = 1$)的情况,可将不稳定燃烧方程(5-25)重写为以下形式:

$$\varphi = \nu\left[1 + \frac{1}{2k}\ln\frac{\nu^{2r}\eta^{2\iota}}{\nu^2 - S(1-\eta_p)^2}\right], \quad \vartheta = 1 + \frac{r}{k}\ln\nu \tag{5-54}$$

并代入式(5-47)和式(5-48)及类似的温度梯度和表面温度表达式中得到

$$\begin{cases} \varphi(\tau) = 1 + \varphi_{1,-1} + (\varphi_1 e^{i\omega\tau} + \varphi_{1,1} e^{2i\omega\tau} + \text{c.c.}) \\ \vartheta(\tau) = 1 + \vartheta_{1,-1} + (\vartheta_1 e^{i\omega\tau} + \vartheta_{1,1} e^{2i\omega\tau} + \text{c.c.}) \end{cases} \tag{5-55}$$

简单的计算传递了温度梯度和表面温度二次谐波的复振幅:

第 5 章 不稳定侵蚀燃烧

$$\varphi_{1,,1} = \frac{1}{k}\left[s\nu_{1,1} + \frac{(r-1)\nu_1^2}{2} + \iota\nu_1\eta_1 + \frac{(S-\iota)\eta_1^2}{2} \right]$$

$$\vartheta_{1,1} = \frac{r}{k}\left(\nu_{1,1} - \frac{\nu_1^2}{2} \right) \quad (5-56)$$

通过式(5-53)和式(5-56)能够找到双频谐波的响应函数:

$$U_{1,1} = \frac{U_1^2 U_2}{2\iota}(-1 + rR_{1,1} + kK_{1,1}) + U_2\left(U_1 - \frac{H-1}{2} \right)$$

$$R_{1,1} = 3 + z_2 - \frac{4z_1}{z_2},\ K_{1,1} = \frac{z_2-1}{\omega^2}(2z_1 - z_2 - 1),\ H = \frac{b}{\iota(\gamma M)^2} \quad (5-57)$$

该响应函数的频率相关性如图5.6所示。很明显,除了固有频率的共振外,似乎在该频率的一半处也有共振。与振荡压力的贡献相比,这种现象与侵蚀作用对响应函数贡献的主导作用有关。为了便于比较,图5.6中也绘出了存在侵蚀燃烧的响应函数,在共振区,两个函数的绝对值相差大约2倍,而在该频率的一半处,它们相差大约一个数量级。这种情况大大限制了线性近似的适用范围,只有当二次谐波的幅度远小于第一次谐波的幅度时线性近似才有效,这些振幅分别与 $|U_{1,1}|h^2$ 和 $|U_1|h$ 成比例。图5.7显示了在有和没有侵蚀燃烧情况下(对于相对较小的压力扰动幅度 $h=0.05$)这些二次谐波与一次谐波幅度的比例。该图表明,在线性近似中处理没有侵蚀燃烧的情况是可以接受的,因为二次谐波幅度至少比一次谐波幅度小一个数量级。在存在侵蚀燃烧的情况下,即使对于指定的小压力扰动幅度,一次谐波幅度和二次谐波幅度的比值仍处于一个数量级。

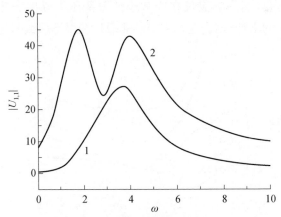

图 5.6 侵蚀对相应函数的影响 $|U_{1,1}|$

1—无侵蚀; 2—有侵蚀, $\varepsilon = 0$。

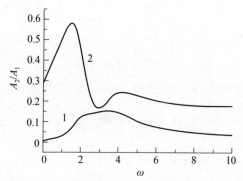

图 5.7 二次谐波与一次谐波振幅的比值
1—不存在侵蚀燃烧；2—存在侵蚀燃烧；
$h=0.05;\varepsilon=1$。

燃烧速率对谐波振荡压力响应的非线性行为可以通过失真系数来定量描述：

$$K = \sqrt{\frac{\sum_{n=2}^{\infty} A_n^2}{A_1^2}} \quad (5-58)$$

式中：A_n 为 n 次谐波的振幅，在电信行业，如果 $K \ll 1$，那么系统被认为是线性的。

失真因子是通过对原始方程组式(5-20)~式(5-23)进行数值积分来计算的。图 5.8 为不同侵蚀率下 $K=0.1$ 的振荡压力幅度对频率的依赖性。对于较小的侵蚀率，燃烧速率响应仅在非常小的振荡压力幅度下才被认为是线性的。随着侵蚀率的增加，燃烧速率响应的非线性变得不那么明显。

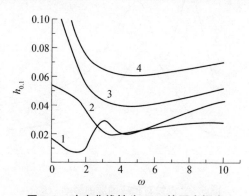

图 5.8 响应非线性为 10% 的压力幅度
1—$\varepsilon=1$；2—$\varepsilon=1.05$；3—$\varepsilon=1.2$；4—$\varepsilon=1.3$。

第6章
外部辐射下的不稳定燃烧

6.1 稳定燃烧状态

本章讨论在燃面受到辐射能量流(来自外部或由燃烧产物产生)影响的情况下推进剂不稳定燃烧的一些问题。在这种情况下,在以辐射吸收平均自由程为数量级的空间尺度上,一个额外热源出现在凝聚相中。这个额外的热源显著影响不稳定燃烧过程。与这一现象有关的理论研究成果已由 Assovskii 和 Istratov(1971), Ibiruci 和 Williams(1975), De Luca(1976), Kiskin(1983), Son 和 Brewster(1992,1993), De Luca 等(1995),以及 Kohno 等(1995)研究人员报道。

我们首先考虑存在恒定辐射热通量 I^0 时的稳定状态。让推进剂位置处在坐标系 $x \leqslant 0$ 的左半区,并且原点落在端面处。简便起见,设定推进剂受到来自坐标系 $x \geqslant 0$ 右半区的能量流垂直于推进剂端面。凝聚相中的其他热源会扭曲其温度曲线,从而改变稳定燃烧状态的各种参数。例如,稳定燃烧速率和燃面温度会大于无辐射时的情况,即 $u_I^0 > u^0, T_{Is}^0 > T_s^0$。

在稳定燃烧状态下,传热方程符合比尔(Beer)定律(Incropera 和 DeWitt, 2002),并且其边界条件为

$$u_I^0 \frac{\mathrm{d}T_I^0}{\mathrm{d}x} = \frac{\mathrm{d}}{\mathrm{d}x}\left(\kappa \frac{\mathrm{d}T_I^0}{\mathrm{d}x} + \frac{I^0}{\rho c}\exp(ax) \right)$$

$$x = -\infty, \ T_I^0 = T_a; \ x = 0, \ T_I^0 = T_{Is}^0 \tag{6-1}$$

式中:a 为线性吸收系数(假设吸收的平均自由程 a^{-1} 远大于凝聚相反应区的厚度)并且坐标系的原点始终处于相转变的平面处($x = 0$)。对凝聚相总体积的积

分产生表面温度梯度的以下表达式。对凝聚相总体积的积分可得到推进剂表面温度梯度的表达式：

$$f_I^0 = \frac{u_I^0}{\kappa}\left(T_{Is}^0 - T_a - \frac{I^0}{\rho c u_I^0}\right) \tag{6-2}$$

在不存在外界辐射热流时，式(6-2)简化为著名的关系式(见本书2.2节)：

$$f_I^0 = \frac{u_I^0}{\kappa}(T_s^0 - T_a) \tag{6-3}$$

结合式(6-1)得到凝聚相中的稳定温度分布曲线：

$$T_I^0(x) = T_a + \left(T_{Is}^0 - T_a - \frac{lI^0}{\rho c u_1^0(l-1)}\right)\exp\left(\frac{u_I^0 x}{\kappa}\right) + \frac{lI^0}{\rho c u_1^0(l-1)}\exp(ax)$$

$$l = \frac{u_I^0}{\alpha\kappa} \tag{6-4}$$

式中：l 为凝聚相中辐射吸收的无量纲平均自由程。

考虑外部辐射流对燃烧速率和推进剂表面温度的影响(Assovskii 和 Istratov,1971)。假设在没有辐射的情况下稳定燃烧定律是已知的：

$$u^0 = F_u(p^0, T_s), \quad T_s = F_s(p^0, T_a) \tag{6-5}$$

相应的不稳定燃烧率为

$$u^0 = F_u\left(p, T_s - \kappa\frac{f}{u}\right), \quad T_s = F_s\left(p, T_s - \kappa\frac{f}{u}\right) \tag{6-6}$$

Z-N 理论的主要假设为在任何燃烧状态下，燃速和表面温度完全由压强和温度梯度来决定，因此在辐射存在时的不稳定燃烧律可写为以下形式：

$$u_I = F_u\left(p, T_s - \kappa\frac{f_I}{u_I}\right), \quad T_{Is} = F_s\left(p, T_{Is} - \kappa\frac{f_I}{u_I}\right) \tag{6-7}$$

在稳定燃烧情况下可得

$$u_I^0 = F_u\left(p^0, T_{Is}^0 - \kappa\frac{f_I^0}{u_I^0}\right), \quad T_{Is}^0 = F_s\left(p^0, T_{Is}^0 - \kappa\frac{f_I^0}{u_I^0}\right) \tag{6-8}$$

这里，根据式(6-2)可以得到存在辐射时的推进剂的稳定燃烧方程：

$$u_I^0 = F_u\left(p^0, T_a + \frac{I^0}{\rho c u_I^0}\right), \quad T_{Is}^0 = F_s\left(p^0, T_a + \frac{I^0}{\rho c u_I^0}\right) \tag{6-9}$$

这些燃烧方程与式(6-5)的不同之处在于，在存在辐射的情况下，必须假设初始温度为

$$T_{Ia} = T_a + \frac{I^0}{\rho c u_I^0} \tag{6-10}$$

通过稳定燃烧方程式(6-9)能够得到受外部辐射热流影响的推进剂的燃烧速率和表面温度。

6.2 线性近似中的传热方程

由于吸收时间依赖性,外部辐射形成的热源的凝聚相传热方程为

$$\frac{\partial T_l}{\partial t} = \kappa \frac{\partial^2 T_l}{\partial x^2} - u_l \frac{\partial T_l}{\partial x} + \frac{\alpha I(t)}{\rho c} \exp(\alpha x) \quad (-\infty < x \leq 0) \qquad (6-11)$$

其边界条件为

$$x \to -\infty, \ T_l = T_a; \ x = 0, \ T_l = T_{ls}(t) \qquad (6-12)$$

本节将只考虑在压力和辐射流的谐波时间变化下产生的线性非定常现象:

$$p = p^0 + (p_1 \exp i\Omega t + \text{c.c.}), \ I = I^0 + (I_1 \exp i\Omega t + \text{c.c.}) \qquad (6-13)$$

引入无量纲变量:

$$\tau = \frac{(u_l^0)^2 t}{\kappa}, \ \omega_l = \frac{\Omega \kappa}{(u_l^0)^2}, \ \xi = \frac{u_l^0 x}{\kappa}, \ \nu = \frac{u_l}{u_l^0}, \ \eta = \frac{p}{p^0}, \ \varphi = \frac{f_1}{f_1^0},$$

$$\theta = \frac{T_l - T_a}{T_{ls}^0 - T_a}, \ \vartheta = \frac{T_{ls} - T_a}{T_{ls}^0 - T_a}, \ s = \frac{I}{\rho c u_l^0 (T_{ls}^0 - T_{la})} \qquad (6-14)$$

在这些变量中,传热方程式(6-11)和边界条件式(6-12)形式为

$$\frac{\partial \theta}{\partial \tau} = \frac{\partial^2 \theta}{\partial \xi^2} - \nu \frac{\partial \theta}{\partial \xi} + \frac{s(\tau)}{l} \exp\left(\frac{\xi}{l}\right), \ \xi \to -\infty, \ x = 0, \ \xi = 0, \ \theta = \vartheta(\tau) \qquad (6-15)$$

在稳定燃烧形式下,式(6-15)可简化为

$$\frac{d^2 \theta^0}{d\xi^2} - \frac{d\theta^0}{d\xi} + \frac{s^0}{l} \exp\left(\frac{\xi}{l}\right) = 0, \ \xi \to -\infty, \ \theta^0 = 0, \ \xi = 0, \ \theta^0 = 1 + S^0 \qquad (6-16)$$

其解为

$$\theta^0 = \left(1 - \frac{s^0}{l-1}\right) \exp \xi + \frac{l s^0}{l-1} \exp\left(\frac{\xi}{l}\right), \ s^0 = \frac{I^0}{\rho c u^0 (T_s^0 - T_a)}, \ \nu^0 = 1, \ \varphi^0 = 1, \ \vartheta^0 = 1 + s^0$$

$$(6-17)$$

由于在线性近似中考虑到 $p_1 \ll p^0$ 且 $I_1 \ll I^0$,因此这些问题变量可表示为以下形式:

$$\theta(\xi, \tau) = \theta^0 + [\theta_1(\xi) \exp(i\omega_l \tau) + \text{c.c.}], \ \vartheta = \vartheta^0 + [\vartheta_1 \exp(i\omega_l \tau) + \text{c.c.}],$$

$$\nu = 1 + [\nu_1 \exp(i\omega_l \tau) + \text{c.c.}], \ \varphi = 1 + [\varphi_1 \exp(i\omega_l \tau) + \text{c.c.}],$$

$$\eta = 1 + [\eta_1 \exp(i\omega_l \tau) + \text{c.c.}], \ s = s^0 + [s_1 \exp(i\omega_l \tau) + \text{c.c.}] \qquad (6-18)$$

式(6-15)可以在稳定状态式(6-17)附近线性化以获得式(6-19):

$$\theta_1'' - \theta_1' - i\omega_l \theta_1 = \nu_1 \left(1 - \frac{s^0}{l-1}\right) \exp \xi + \left(\frac{\nu_1 s^0}{l-1} - \frac{s_1}{l}\right) \exp\left(\frac{\xi}{l}\right) \qquad (6-19)$$

其边界条件为

$$\xi \to -\infty, \ \theta_1 = 0; \ \xi = 0, \ \theta_1 = \vartheta_1 \qquad (6-20)$$

式(6-20)的解为

$$\begin{cases} \theta_1 = Ce^{z_I \xi} - \dfrac{\nu_1}{z_I(z_I-1)}\left(1 - \dfrac{s^0}{1-l}\right)e^{\xi} + \dfrac{l^2}{(1-lz_I)[1+l(z_I-1)]}\left(\dfrac{\nu_1 s^0}{l-1} - \dfrac{s_1}{l}\right)e^{\frac{\xi}{l}} \\ z_I = \dfrac{1}{2}(1 + \sqrt{1+4i\omega_I}) \\ \vartheta_1 = C - \dfrac{\nu_1}{z_I(z_I-1)}\left(1 - \dfrac{s^0}{1-l}\right) + \dfrac{l^2}{(1-lz_I)[1+l(z_I-1)]}\left(\dfrac{\nu_1 s^0}{l-1} - \dfrac{s_1}{l}\right) \end{cases} \qquad (6-21)$$

$$\varphi_1 = C z_I - \dfrac{\nu_1}{z_I(z_I-1)}\left(1 - \dfrac{s^0}{1-l}\right) + \dfrac{l^2}{(1-lz_I)[1+l(z_I-1)]}\left(\dfrac{\nu_1 s^0}{l-1} - \dfrac{s_1}{l}\right)$$

$$(6-22)$$

消除积分常数后可得到燃烧速率、表面温度和表面温度梯度的修正之间的线性关系,即

$$z_I \vartheta_1 - \varphi_1 + \dfrac{\nu_1}{z_I}\left[1 + \dfrac{s^0}{1+l(z_I-1)}\right] = \dfrac{s_1}{1+l(z_I-1)} \qquad (6-23)$$

在没有辐射流的情况下,式(6-23)可简化为先前获得的式(4-16)。

6.3 不稳定燃烧方程的线性化

存在辐射时的不稳定燃烧方程(式6.7)的线性化方式与不存在外部热流时采用的方式不同(Assovskii 和 Istratov,1971)。在后一种情况下,稳定状态下的泰勒展开涉及一阶导数和相应的雅可比行列式。

$$u_I = F_u\left(p, T_{I_s} - \kappa\dfrac{f_I}{u_I}\right), \ T_{I_s} = F_s\left(p, T_{I_s} - \kappa\dfrac{f_I}{u_I}\right) \qquad (6-24)$$

$$k = (T_s^0 - T_a)\left(\dfrac{\partial \ln F_s}{\partial T_a}\right)_{p^0}, \ r = \left(\dfrac{\partial F_s}{\partial T_a}\right)_{p^0}$$

$$\iota = \left(\dfrac{\partial \ln F_s}{\partial \ln p^0}\right)_{T_a}, \ \mu = \dfrac{1}{(T_s^0 - T_a)}\left(\dfrac{\partial F_s}{\partial \ln p^0}\right)_{T_a}$$

$$\delta = \iota r - \mu k \qquad (6-25)$$

这里符号 T_a 有两重作用:首先,它表明了稳定燃烧方程的偏微分类型;其次,这是取导数时的初始温度值。

在存在外部辐射热流的不稳定过程中,稳定燃烧方程的偏微分类型与求导时的温度值各不相同。因此,我们将稳定燃烧方程中的初始温度表示为 X,从而表明将采取哪种微分形式。初始温度的具体值根据其含义来表示,例如

T_a 和 T_{la}。

这种形式的统一化使稳定燃烧方程的符号与之前相比发生了一些变化,既将式(6-26):

$$u^0 = F_u(p^0, T_a), \quad T_s^0 = F_s(p^0, T_a) \tag{6-26}$$

改写为

$$u^0 = F_u(p^0, X)|_{X=T_a}, \quad T_s^0 = F_s(p^0, X)|_{X=T_a} \tag{6-27}$$

这些是初始温度等于 T_a 时的燃烧速率和表面温度。对于不同的初始温度,例如 T_{la},燃烧方程写为

$$u^0 = F_u(p^0, X)|_{X=T_{la}}, \quad T_s^0 = F_s(p^0, X)|_{X=T_{la}} \tag{6-28}$$

此时将式(6-25)改写为

$$k = (T_s^0 - X)\left(\frac{\partial \ln F_u}{\partial X}\right)_{p^0}\bigg|_{X=T_a}, \quad r = \left(\frac{\partial F_s}{\partial X}\right)_{p^0}\bigg|_{X=T_a}$$

$$\iota = \left(\frac{\partial \ln F_u}{\partial \ln p^0}\right)_X\bigg|_{X=T_a}, \quad \mu = \frac{1}{(T_s^0 - X)}\left(\frac{\partial F_s}{\partial \ln p^0}\right)_X\bigg|_{X=T_a}$$

$$\delta = \iota r - \mu k \tag{6-29}$$

存在辐射时的相应值须写为

$$k_I = (T_{Is}^0 - X)\left(\frac{\partial \ln F_u}{\partial X}\right)_{p^0}\bigg|_{X=T_{la}}, \quad r_I = \left(\frac{\partial F_s}{\partial X}\right)_{p^0}\bigg|_{X=T_{la}}$$

$$\iota_I = \left(\frac{\partial \ln F_u}{\partial \ln p^0}\right)_{p^0}\bigg|_{X=T_{la}}, \quad \mu_I = \frac{1}{(T_{Is}^0 - X)}\left(\frac{\partial F_s}{\partial \ln p^0}\right)_X\bigg|_{X=T_{la}}$$

$$\delta_I = \iota_I r_I - \mu_I k_I \tag{6-30}$$

利用这个引导性的标记,可以进行不稳定燃烧方程的线性化。这一线性化决定了 ν_1、ϑ_1、φ_1 和 η_1 的关系。将式(6-24)扩展为泰勒级数易于得到以下关系:

$$\nu_1 = \iota_I \eta_1 + k_I(\vartheta_1 - \varphi_1 + \nu_1), \quad \vartheta_1 = \mu_I \eta_1 + r_I(\vartheta_1 - \varphi_1 + \nu_1) \tag{6-31}$$

这些关系显然可以得到类似于式(4-26)的表达式。

6.4 稳定燃烧状态的稳定性

如果压强和辐射热流为定值($\eta_1 = 0$ 且 $S_1 = 0$),那么式(6-23)和式(6-31)给出了燃烧速率、表面温度和温度梯度扰动的齐次代数方程组:

$$\begin{cases} z_I \vartheta_1 - \varphi_1 + \dfrac{\nu_1}{z_I}\left[1 + \dfrac{s^0}{1 + l(z_I - 1)}\right] = 0 \\ \nu_1 = k_I(\vartheta_1 - \varphi_1 + \nu_1) \\ \vartheta_1 = r_I(\vartheta_1 - \varphi_1 + \nu_1) \end{cases} \tag{6-32}$$

其中

$$z_I = \frac{1}{2}(1 + \sqrt{1+4i\omega_I}) \qquad (6-33)$$

式(6-32)中的可解性条件得到以下振荡频率 ω_I 方程(De Luca,1976)

$$1 + r_I(z_I - 1) - k_I Z = 0 \qquad (6-34)$$

其中

$$Z = \frac{1}{z_I}\left[z_I - 1 - \frac{s^0}{1 + l(z_I - 1)}\right] \qquad (6-35)$$

复变特征方程式(6-34)等价于两个实方程。由于式(6-18)的表示形式,稳定性边界处的振荡频率必须是实数。因此,可以找到稳定边界处参数 k_I 和 r_I 之间的关系以及振荡频率对某个参数的依赖性,如 $\omega_I(k_I)$。

为了描述式(6-34)的稳定边界参数,后一种关系可以乘以 $(\bar{z}_I - 1)$(上横标表示复共轭),然后从乘积中取出虚部。也可以以 $\bar{Z}$ 为乘数进行类似的运算,得到如下关系:

$$k_I = \frac{\text{Im}\bar{z}}{\text{Im}\{(\bar{z}-1)Z\}}, \quad r_I = \frac{\text{Im}\bar{Z}}{\text{Im}\{(\bar{z}-1)Z\}} \qquad (6-36)$$

通过该关系可得到 $k_I(\omega_I)$ 和 $r_I(\omega_I)$。这些依赖关系的并集(以参数形式)定义了稳定性边界 $r_I(k_I)$。为了找出恒定的辐射流如何影响稳定边界的位置,需要考虑一个特定的燃烧模型,例如,考虑4.3节中讨论的模型。

在没有辐射通量的情况下,该模型中的稳定燃烧定律具有以下形式:

$$u^0 = A(p^0)^n \exp(\beta T_a), \quad u^0 = B\exp(\beta_s T_s^0) \qquad (6-37)$$

式中:A、B、n、β 和 β_s 为定值。
可以计算得到本模型的线性敏感系数:

$$\iota = n, \quad k = \beta(T_s^0 - T_a), \quad r = \frac{\beta}{\beta_s}, \quad \mu = \frac{\iota r}{k}, \quad \delta = 0 \qquad (6-38)$$

从式(6-37)可以得出,存在辐射流时的稳定燃烧方程为

$$u_I^0 = A(p^0)^n \exp(\beta T_{Ia}), \quad u_I^0 = B\exp(\beta_s T_{Is}^0) \qquad (6-39)$$

相应的线性灵敏度系数是

$$\iota_I = \iota, \quad k_I = \beta(T_{Is}^0 - T_{Ia}), \quad r_I = r, \quad \mu_I = \frac{\iota r}{k_I}, \quad \delta_I = 0 \qquad (6-40)$$

便于通过线性燃烧速率放大系数而不是其强度 I^0 来量化外部热通量的影响:

$$K = \frac{u_I^0}{u^0} \qquad (6-41)$$

第 6 章 外部辐射下的不稳定燃烧

比较式(6-37)和式(6-39)得

$$T_{la} - T_a = \frac{1}{\beta}\ln K, \ T_{ls}^0 - T_s^0 = \frac{1}{\beta_s}\ln K \qquad (6-42)$$

这些恒等式允许在没有辐射的情况下通过燃烧状态的参数和系数 K 来表示特征方程式(6-34)中涉及的所有变量。

$$z_l = \frac{1}{2}\left(1 + \sqrt{1 + 4\mathrm{i}\frac{\omega}{K^2}}\right), \ \omega = \frac{\Omega\kappa}{(u^0)^2}, \ r_l = r$$

$$k_l = k + (r-1)\ln K, \ s^0 = \frac{\ln K}{k + (r-1)\ln K} \qquad (6-43)$$

其结果是,特征方程式(6-34)被转化为以下形式:

$$k + rg(\omega) = h(\omega) \qquad (6-44)$$

其中

$$\begin{cases} g(\omega) = \ln K - z_l \\ h(\omega) = \dfrac{z_l}{z_l - 1} + \left[1 + \dfrac{1}{(z_l - 1)[1 + l(z_l - 1)]}\right]\ln K \end{cases} \qquad (6-45)$$

复数超越方程式(6-44)等价于两个实方程,很容易证明

$$h(\omega) = \frac{\mathrm{Im}\, h(\omega)}{\mathrm{Im}\, g(\omega)}, \ k(\omega) = \frac{\mathrm{Im}\{h(\omega)\,\bar{g}(\omega)\}}{\mathrm{Im}\,\bar{g}(\omega)} \qquad (6-46)$$

通过式(6-46)可得到稳定边界 $r(k)$ 和该边界处的自然频率 $\omega(k)$。

图6.1 和图6.2 列出了不同系数 K 值时的稳定边界。可以清楚地看出,辐射拓宽了稳定燃烧的区域。这种效应微弱地取决于凝聚相中辐射吸收的平均自由程。

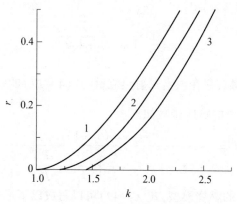

图6.1 稳定边界

$l = 0.1$;1—$K = 1.0$;2—$K = 1.2$;3—$K = 1.4$。

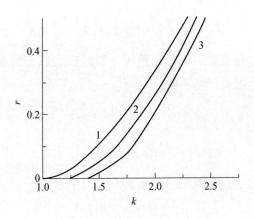

图 6.2　稳定边界

$l = \infty$；1—$K=1.0$；2—$K=1.2$；3—$K=1.4$。

6.5　燃烧速率对谐波振荡压力的响应

如果辐射热流不随时间变化而压力随时间变化，则式(6-23)和式(6-31)变为以下代数方程：

$$z_I \vartheta_1 - \varphi_1 + \frac{\nu_1}{z_I}\left[1 + \frac{s^0}{1 + l(z_I - 1)}\right] = 0$$

$$\nu_1 = \iota_I \eta_1 + k_I(\vartheta_1 - \varphi_1 + \nu_1)$$

$$\vartheta_1 = \mu_I \eta_1 + k_I(\vartheta_1 - \varphi_1 + \nu_1) \tag{6-47}$$

其中

$$z_I = \frac{1}{2}(1 + \sqrt{1 + 4i\omega_I}) \tag{6-48}$$

由式(6-47)得在存在恒定辐射热流量[式(4-27)的一般化]$U_p = \dfrac{\nu_1}{\eta_1}$的情况下燃速对振荡压力的响应函数如下：

$$U_p = \frac{\iota_I + \delta_I(z_I - 1)}{1 + (z_I - 1)\left(r_I - \dfrac{k_I}{z_I}\right) + \dfrac{k_I s^0}{z_I[1 + l(z_I - 1)]}} \tag{6-49}$$

对于 6.4 节中的燃烧模型，式(6-49)可以写成以下形式：

$$U_p = \frac{\iota}{1 + (z_I - 1)\left(r_I - \dfrac{k}{z_I}\right) + \varphi(\omega)\ln K}$$

第 6 章 外部辐射下的不稳定燃烧

$$z_1 = \frac{1}{2}\left(1 + \sqrt{1 + 4i\frac{\omega}{K^2}}\right), \quad \varphi = \frac{1}{z_1}\left[(z_1 - 1)(1 - r) + \frac{1}{1 + l(z_1 - 1)}\right]$$
(6-50)

在无辐射时($K=1$), Novozhilov(1965b)发现了燃烧速率对谐波振荡压力的响应函数,对于所考虑的燃烧模型,其形式为

$$U = \frac{\iota}{1 + (z-1)\left(r - \dfrac{k}{z}\right)}, \quad z = \frac{1}{2}(1 + \sqrt{1 + 4i\omega})$$
(6-51)

图 6.3 和图 6.4 显示了不同放大系数值下响应函数实部的频率相关性。其他参数的值固定在 $\iota = 1$、$k = 1.5$ 和 $r = 0.3$。

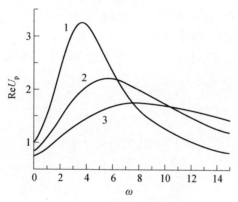

图 6.3 响应函数的实部
$l = 0.1$;1—$K = 1.0$;2—$K = 1.2$;3—$K = 1.4$。

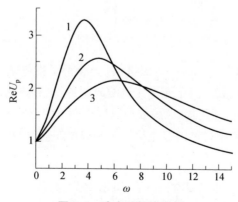

图 6.4 响应函数的实部
$l = \infty$;1—$K = 1.0$;2—$K = 1.2$;3—$K = 1.4$。

曲线 1 对应于 $K=1$。该图表明放大系数的微小变化会导致响应函数发生 10% 左右的变化。考虑辐射会导致响应函数的实部减少，这种现象符合 6.4 节末尾提到的辐射存在时稳定状态的稳定性提升。类似于对稳定性边界的影响（图 6.1 和图 6.2），凝聚相中辐射吸收的平均自由程对响应函数的值影响很小。

6.6 燃烧速率对谐波振荡辐射流量的响应

让辐射流以谐波方式随时间变化，在线性近似中，燃烧速率将随时间发生类似的变化：

$$s = s^0 + [s_1 \exp(i\omega_I \tau) + \text{c.c.}], \quad \nu = 1 + [\nu_1 \exp(i\omega_I \tau) + \text{c.c.}] \quad (6-52)$$

类比于燃烧速率对谐波振荡压力的线性响应，$U_r = \nu_1/(s_1/s^0)$ 称为燃烧速率对振荡辐射流量的响应函数。

在恒压下，式（6-23）和式（6-31）转变为以下一组关于扰动幅度的代数方程：

$$z_I \vartheta_1 - \varphi_1 + \frac{\nu_1}{z_I}\left[1 + \frac{s^0}{1+l(z_I-1)}\right] = \frac{s_1}{1+l(z_I-1)}$$
$$\nu_1 = k_I(\vartheta_1 - \varphi_1 + \nu_1)$$
$$\vartheta_1 = r_I(\vartheta_1 - \varphi_1 + \nu_1) \quad (6-53)$$

其中

$$z_I = \frac{1}{2}(1 + \sqrt{1+4i\omega_I}) \quad (6-54)$$

以下关于响应方程的表达式从式（6-53）获得：

$$U_r = \frac{k_I s^0}{[1+l(z_I-1)]\left[1+(z_I-1)\left(r_I - \frac{k_I}{z_I}\right)\right] + \frac{k_I s^0}{z_I}} \quad (6-55)$$

在 Z-N 理论框架下，Kiskin（1983）首先获得了推进剂燃烧速率对谐波振荡辐射热流的响应函数。由于变量比例缩放问题，这种方法的最终结果非常复杂。De Luca 等（1995）证明响应函数可以用更简单的形式表示，如式（6-55）。

现在考虑 6.4 节中讨论的关于特定燃烧模型的响应函数式（6-55）。使用式（6-43）得到

$$z_I = \frac{1}{2}\left(1 + \sqrt{1+4i\frac{\omega}{K^2}}\right), \quad r_I = r$$
$$k_I = k + (r-1)\ln K, \quad k_I s^0 = \ln K \quad (6-56)$$

因此，式（6-55）采用以下形式：

第 6 章 外部辐射下的不稳定燃烧

$$U_r = \frac{\ln K}{[1+l(z_1-1)]\left[1+(z_1-1)\left(r_1-\dfrac{k_1}{z_1}\right)\right]+\dfrac{\ln K}{z_1}} \tag{6-57}$$

推进剂燃烧速率对谐波变化的辐射热流式(6-55)的响应函数及其具体形式式(6-57)取决于许多参数。让我们定性地考虑响应函数对这些参数的依赖性,首先需明确参数列表。

无因此频率 ω 由其对应的维数和从实验中已知的两个变量确定,分别是无辐射时的线性燃烧率 u^0 和凝聚相 κ 的热扩散率。

除了无量纲频率之外,特征方程的根 z_1 还包含放大系数 K。该系数的量化需要与 u^0 一起测量在存在辐射流 u_l^0 的情况下的线性燃烧速率,为了使响应函数明确,放大系数同样输入其中。

燃料性质由灵敏度参数 k 和 r 以线性近似方式描述。最后,响应函数的表达式涉及凝聚相 l 中辐射吸收的无量纲平均自由程,它由线性吸收系数 a 及参数 u^0 和 κ 确定。

首先考虑灵敏度参数如何影响频率相关性 $U_r(\omega)$,其中式(6-55)分母无效时对应于恒定辐射通量式(6-34)下稳定燃烧状态的稳定性边界,类似的关系存在于式(6-57)和式(6-44)中。

例如,图 6.5 代表了不同灵敏度参数 r 时响应函数的实部。图 6.6 表明在不同放大系数值时响应函数实部的频率依赖性。

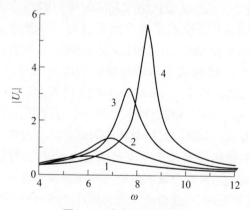

图 6.5 响应函数的实部

$l=1, k=2, K=1.2$;1—$r=0.35$;2—$r=0.3$;3—$r=0.275$;4—$r=0.25$。

显然,放大系数的微小变化导致响应函数以 10% 的幅度改变。平均自由程不会显著影响结果。例如,Kiskin(1993)使用类似的方法研究了辐射在高金属含量推进剂燃烧中的作用。

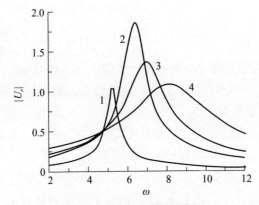

图 6.6 响应函数的实部

$l=1, k=2, r=0.3$；1—$K=1.05$；2—$K=1.15$；3—$K=1.2$；4—$K=1.3$。

6.7 谐波振荡压力下燃烧速率响应与辐射通量的关系

在开发可以获得燃烧速率对谐波振荡压力的响应函数的实验方法方面,研究人员已经做出了巨大努力。由于现有技术的测量结果会存在显著的相对误差,因此人们一直在寻找通过采用实验方法来量化响应函数的替代方案。这些隐式方案之一是使用燃烧速率对振荡辐射热流量的响应函数,以获得对振荡压力的响应的预期估计。该想法最初由 Mihlfeith 等(1972)在 40 多年前提出,自那时起,人们对采用分析方法联系两个函数进行了多种尝试(De Luca,1976;Finlinson 等,1991;Son 和 Brewster,1992;Kiskin,1993),但并未获得成功。在一般情况下,即非常小的辐射强度和辐射吸收的零平均自由程限制(De Luca,1976;Finlinson 等,1991;Son 和 Brewster 1992)以及某一类特定燃料(Kiskin 1993)条件下,已经通过一个方程获得了对另一个方程的表达式。

该方案不成功的原因很明显,辐射热流的恒定部分改变了凝聚相中稳定温度曲线,导致燃速和燃面温度大于无辐射热流的情况。因此,与可变压力引起的振荡相比,由辐射流的可变分量引起的燃速振荡发生在不同的稳定背景水平附近。在正式的数学处理中,这会使在相同的背景压力和初始温度下计算得到的关于燃烧速率的两个响应函数(分别为对于振荡压力和对于振荡辐射流的函数)仍然取决于不同的参数。如第 4 章所述,在 Z-N 理论的线性近似范围内,任何不稳定过程的特征在于稳定燃烧速率和推进剂表面温度相对于压力和初始温度的四个一阶偏导数。在不存在辐射流时,相对于初始温度的倒数取自该温度的实际值。存在辐射流时,这些导数必须在更高的初始温度下得到

第 6 章 外部辐射下的不稳定燃烧

(Assovskii 和 Istratov,1971),这是由辐射热通量的恒定分量以及稳定燃烧速率的新值决定的。因此,在存在辐射加热情况下发生的任何不稳定现象的线性理论将涉及与在没有辐射的情况下控制燃烧所不同的推进剂参数。

Novozhilov 等(2002b,2003)和 Novozhilov(2005)证明了在给定初始温度 T_a 和压强时,采用振荡辐射流的响应函数与同样的压强及较低的初始温度 T_e 进行计算,能够找到一个振荡压力的响应函数。温度 T_e 的值应以下述方式进行选择,即存在恒定辐射热流的情况下,该温度下的稳定燃烧速率等于初始温度 T_a 时无辐射的稳定燃烧速率。在这种情况下,在温度 T_e 下计算得到的可变辐射热流响应函数应取决于在更高初始温度 T_a 下计算得到的可变压强响应函数的相同参数,而且这两种函数应在分析方面彼此相关(Novozhilov 等,2002b,2003)。

4.1 节已得到燃速对振荡压强的线性响应函数:

$$U = \frac{\iota + \delta(z-1)}{1+(z-1)\left(r-\dfrac{k}{z}\right)} \qquad (6-58)$$

其中

$$k = (T_s^0 - T_a)\left(\frac{\partial \ln F_u}{\partial T_a}\right)_{p^0},\ r = \left(\frac{\partial F_s}{\partial T_a}\right)_{p^0},$$

$$\iota = \left(\frac{\partial \ln F_u}{\partial \ln p^0}\right)_{T_a},\ \mu = \frac{1}{(T_s^0 - T_a)}\left(\frac{\partial F_s}{\partial \ln p^0}\right)_{T_a},$$

$$\delta = \iota r - \mu k,\ z = \frac{1}{2}(1+\sqrt{1+4\mathrm{i}\omega}),\ \omega = \frac{\kappa \Omega}{(u^{(0)})^2} \qquad (6-59)$$

就本节的写作目的而言,改变初始温度符号很方便。前期符号 T_a 有两重意义,可用作稳定燃烧定律中关于所采用导数类型的自变量,也可用作所考虑过程发生时的初始温度的特定值。本部分比较了在不同初始温度下发生的燃烧类型。为此,我们将对应于初始温度的稳定燃烧定律自变量表示为 X,将针对该自变量取相关导数。另外,初始温度的特定值将采用传统的符号及下标表示,例如 T_a 和 T_I。

$$u^0 = F_u(p^0, T_a),\ T_s^0 = F_s(p^0, T_a) \qquad (6-60)$$

新的可变稳定燃烧方程写为

$$u^0 = F_u(p^0, X)\big|_{X=T_a},\ T_s^0 = F_s(p^0, X)\big|_{X=T_a} \qquad (6-61)$$

式(6-61)分别为燃速和在初始温度 T_a 下的表面温度,在不同初始温度下,如 T_I 时,可写为

$$u^0 = F_u(p^0, X)\big|_{X=T_I},\ T_s^0 = F_s(p^0, X)\big|_{X=T_I} \qquad (6-62)$$

响应函数式(6-58)和式(6-59)可用新符号重写,引入 p 作为下标代表对可变压强的响应,作为上标表示初始温度值,其结果为

$$U_p^{(a)} = \frac{\iota^{(a)} + \delta^{(a)}(z^{(a)}-1)}{1+(z^{(a)}-1)\left(r^{(a)} - \dfrac{k^{(a)}}{z^{(a)}}\right)} \tag{6-63}$$

其中

$$k^{(a)} = ((T_s^0)^{(a)} - X)\left(\frac{\partial \ln F_u}{\partial X}\right)_{p^0}\bigg|_{X=T_a}, \quad r^{(a)} = \left(\frac{\partial F_s}{\partial X}\right)_{p^0}\bigg|_{X=T_a}$$

$$\iota^{(a)} = \left(\frac{\partial \ln F_u}{\partial \ln p^0}\right)_X\bigg|_{X=T_a}, \quad \mu^{(a)} = \frac{1}{(T_s^0)^{(a)} - X}\left(\frac{\partial F_s}{\partial \ln p^0}\right)_X\bigg|_{X=T_a}$$

$$\delta^{(a)} = \iota^{(a)} r^{(a)} - \mu^{(a)} k^{(a)}, \quad z^{(a)} = \frac{1}{2}(1+\sqrt{1+4\mathrm{i}\omega^{(a)}})$$

$$\omega^{(a)} = \frac{\kappa \Omega}{[(u^0)^{(a)}]^2} \tag{6-64}$$

本章6.6节给出了燃速对谐波振荡辐射热流的线性响应函数,在新表示方法下,响应函数式(6-55)采用以下形式:

$$U_r^{(a)} = \frac{k^{(I)} s^{(I)}}{[1 + l^{(I)}(z^{(I)}-1)]D^{(I)} + \dfrac{k^{(I)} s^{(I)}}{z^{(I)}}} \tag{6-65}$$

其中

$$D^{(I)} = 1 + (z^{(I)}-1)\left(r^{(I)} - \frac{k^{(I)}}{z^{(I)}}\right), \quad z^{(I)} = \frac{1}{2}(1+\sqrt{1+4\mathrm{i}\omega^{(I)}}),$$

$$k^{(I)} = ((T_s^0)^{(I)} - X)\left(\frac{\partial \ln F_u}{\partial X}\right)_{p^0}\bigg|_{X=T_I}, \quad r^{(I)} = \left(\frac{\partial F_s}{\partial X}\right)_{p^0}\bigg|_{X=T_I},$$

$$s^{(I)} = \frac{I^0}{\rho c (u^{(I)})^0 ((T_s^{(0)})^{(I)} - T_I)}, \quad l^{(I)} = \frac{(u^{(I)})^0}{\alpha \kappa}, \quad \omega^{(I)} = \frac{\kappa \Omega}{[(u^{(I)})^0]^2}$$

$$\tag{6-66}$$

式中:α 为推进剂基体对辐射的线性吸收系数;上标 I 为在辐射条件下的计算结果;$(u^{(I)})^0$ 和 $(T_s^{(0)})^{(I)}$ 分别为推进剂稳定燃速和推进剂表面温度,这两个值可由式(6-2)和式(6-8)得到。

很明显,比较式(6-63)和式(6-65)可发现,这两个响应函数取决于表征推进剂的不同参数。具体来说,函数 $U^{(a)}$ 由参数 $k^{(a)}$ 和 $r^{(a)}$ 控制,并以无量纲频率 $\omega^{(a)}$ 作为自变量,函数 $U_r^{(a)}$ 由参数 $k^{(I)}$ 和 $r^{(I)}$ 控制,并以无量纲频率 $\omega^{(I)}$ 作为自变量。

显然,在一般情况下,不可能获得由不同参数控制并依赖于不同自变量的

两个函数之间的解析关系。

然而,在初始温度 T_a 下测量的振荡压力 $U^{(a)}$ 的响应函数和在某个较低温度 $T_I = T_e$ 下测量的振荡辐射通量 $U_r^{(e)}$ 的响应函数之间可以建立这种关系。

这样选择初始温度 T_e,使在恒定热流量 I^0 下,以此为初始温度的稳定燃烧速率等于在没有外部热流量的情况下温度 T_a 时的稳定燃烧速率,即

$$u_I^0(p, T_e, I^0) = u^0(p, T_a) \qquad (6-67)$$

这一要求在以下条件下达到:

$$T_e = T_a - \frac{I^0}{\rho c u^0} \qquad (6-68)$$

同时,在所考虑的条件下,表面温度之间的相等性也将成立,即

$$(T_s^0)^{(I)}(p, T_e, I^0) = T_s^0(p, T_a) \qquad (6-69)$$

它同样也符合通过比较式(6-64)和式(6-66)得到的结果,即

$$k^{(e)} = k^{(a)}, \ r^{(e)} = r^{(a)}, \ \omega^{(e)} = \omega^{(a)} \qquad (6-70)$$

因此,在式(6-68)温度下测得的推进剂燃速对辐射流的响应可用于在温度 T_a 下测量的燃烧速率对振荡压力的响应完全相同的参数表示,即

$$U_r^{(e)} = \frac{\beta \Delta}{[1 + l^{(a)}(z^{(a)} - 1)]D^{(a)} + \dfrac{\beta \Delta}{z^{(a)}}} \qquad (6-71)$$

这里,计算结果 $k^{(a)} s^{(a)}$ 通过温度 T_a 和初始温差 $\Delta = T_a - T_e$ 下燃速的温度系数来表示。

通过比较式(6-63)和式(6-71),对变化压力的响应可通过对变化辐射热流的响应来表示:

$$U_p^{(a)} = \frac{[\iota + \delta^{(a)}(z^{(a)} - 1)][1 + l^{(a)}(z^{(a)} - 1)]}{\beta \Delta \left(\dfrac{1}{U_r^{(e)}} - \dfrac{1}{z^{(a)}} \right)} \qquad (6-72)$$

在更对称的形式中,两个函数间的关系可以写成

$$\frac{\iota + \delta(z - 1)}{U_p^{(a)}} = \frac{\beta \Delta}{1 + l(z - 1)} \left(\frac{1}{U_r^{(e)}} - \frac{1}{z} \right) \qquad (6-73)$$

应用这种关系需要事先测量凝聚相中辐射吸收的平均自由程、稳定状态参数 ι 和 δ 以及燃速 β 的温度系数。

初始温差的设置应考虑到实验装置的能力。最简单的方法需遵循以下步骤。

(1)在没有辐射的情况下,求给定压力 p^0 和初始温度 T_a 下的稳定燃烧速率 u^0。

(2) 在相同压力下将样品温度降低到某个选定的新的初始温度 T_e。

(3) 在恒定外界辐射流存在及初始温度 T_e 下测定燃速 u_r^0,然后根据式(6-67)选择辐射源强度,以满足 $u_r^0 = u^0$ 这一条件。

目前,使用的辐射源具有每平方米兆瓦级的功率。根据压力不同,在推进剂密度和热容为正常值时,所需的初始温差范围为 10~200 K。

第 7 章
非声学燃烧状态

7.1 声学和非声学燃烧状态

在第 6 章中,重点内容集中在与谐波振荡压力下不稳定推进剂燃烧相关的问题(4.5 节和 4.7 节)上。这些内容的重要性源于声波在火箭发动机运行状态方面产生的可能作用。燃烧表面反射并放大压力波的能力决定了需考虑与表面声学特性相关的多种问题,如声学导纳。因此,在谐波振荡压力下的燃烧状态称为声学状态。

除了这种声学状态,不稳定燃烧行为的其他模式在工程设计理论及实践方面也起到了重要作用。这些是在不同于谐波的压力变化规律下发生的不稳定燃烧状态,这类状态称为非声燃烧状态。该方面的一类重要问题为与初始状态相比在更高或更低的压力下,火箭发动机从一种稳定运行状态过渡到另一种运行状态的过程中发生的燃烧过程。

此外,某些特定的非声学燃烧状态转变与在燃烧室中压力突降时发生的推进剂熄灭有关。

另一类相关问题与推进剂点火有关,这一过程包括在热流、炽热燃烧产物流及其他条件冲击下发生的推进剂一次点火及二次点火现象。本书不涉及推进剂点火,通常情况下预测推进剂点火并不需要应用如 Z – N 等理论的不稳定燃烧理论分析方法。本质上,点火与加热和邻近表面的推进剂薄层中化学反应的开始有关,这与通常从稳定状态开始然后根据不稳定燃烧定律进行直到结束的熄火过程形成对比,因此需要应用不稳定燃烧理论。对于推进剂点火方面的理论,推荐读者参考 Vilyunov 和 Zarko(1989)的著作,以及 Hermance(1984)在推进剂点火理论及实验方面研究的综述。

由于凝聚相热惯性传热方程是非线性的,因此在任意不稳定燃烧定律和压力随时间变化的情况下对非声学燃烧状态进行数学研究存在很大困难。为此,应首先考虑压力小范围变化的情况,即线性近似。

7.2 线性近似

线性近似主要考虑由小范围压强变化条件(压强从初始值为 p^0 变化至终值 $p_\infty = p^0(1+h)$,其中 $h \ll 1$)引起的燃速变化的时间历程,并假设这一过程以压强为 p^0 的稳定燃烧状态开始。

温度、表面温度、温度梯度、燃速以及压强都可以表示为以下的无量纲形式:

$$\theta = e^\xi + \theta_1, \quad \vartheta = 1 + \vartheta_1, \quad \nu = 1 + \nu_1, \quad \varphi = 1 + \varphi_1, \quad \eta = 1 + \eta_1 \quad (7-1)$$

传热方程为

$$\frac{\partial \theta}{\partial \tau} = \frac{\partial}{\partial \xi}\left(\frac{\partial \theta}{\partial \xi} - \nu\theta\right)(-\infty < \xi \leq 0) \quad (7-2)$$

并可线性化表示为

$$\frac{\partial \theta_1}{\partial \tau} = \frac{\partial^2 \theta_1}{\partial \xi^2} - \frac{\partial \theta_1}{\partial \xi} - \nu_1 e^\xi \quad (7-3)$$

这些变量的边界和初始条件形式为

$$\xi = 0, \theta_1 = \vartheta_1(\tau); \xi \to -\infty, \theta_1 = 0, \tau = 0, \theta_1(\xi, 0) = 0 \quad (7-4)$$

线性近似的不稳定燃烧定律可写为

$$\nu_1 = \frac{k}{k+r-1}\varphi_1 + \frac{(\delta-\iota)}{k+r-1}\eta_1, \quad \vartheta_1 = \frac{r}{k+r-1}\varphi_1 - \frac{(\delta+\mu)}{k+r-1}\eta_1 \quad (7-5)$$

压强修正 $\eta_1(\tau)$ 范围从 $\tau=0$ 时的 0 变至 $\tau \to \infty$ 时的 h。

在恒定表面温度假设框架内,泽尔多维奇(1964)解决了该问题,并发现了小周期压强变化下的燃烧速率演变(任意依赖 $\eta_1(\tau)$ 可以分解为各种谐波的叠加)。

以类似的方式,在表面温度变化条件下,该问题可在 Z-N 理论框架内进行分析(Novozhilov,1967a)。

使用拉普拉斯-卡森变换得到

$$\bar{f}(p) = p\int_0^\infty e^{-p\tau}f(\tau)d\tau \quad (7-6)$$

传热方程式(7-3)在空间变换下可写为

$$\bar{\theta}''_1 - \bar{\theta}'_1 - p\bar{\theta}_1 = \bar{v}_1 e^{\xi} \tag{7-7}$$

该方程的解为(有限范围为 $\xi \to -\infty$)

$$\bar{\theta}_1(p,\xi) = Ce^{z\xi} - \frac{\bar{v}_1}{p}e^{\xi} \tag{7-8}$$

式中:C 为积分常数,且

$$z = \frac{1}{2} + \sqrt{p + \frac{1}{4}} \tag{7-9}$$

边界条件为 $\xi = 0$,并得到

$$\bar{\vartheta}_1 = C - \frac{\bar{v}_1}{p}, \quad \bar{\varphi}_1 = Cz - \frac{\bar{v}_1}{p} \tag{7-10}$$

式(7-5)转化为

$$\bar{v}_1 = \frac{k}{k+r-1}\bar{\varphi}_1 + \frac{\delta - \iota}{k+r-1}\bar{\eta}_1, \quad \bar{\vartheta}_1 = \frac{r}{k+r-1}\bar{\varphi}_1 - \frac{\delta + \mu}{k+r-1}\bar{\eta}_1 \tag{7-11}$$

式(7-12)中四个关系可以找到线性校正到稳定值的积分常数和拉普拉斯-卡森变换

$$\bar{v}_1 = \frac{\iota + \delta(z-1)}{D}\bar{\eta}_1, \quad \bar{\vartheta}_1 = \frac{\mu z + \delta(z-1)}{Dz}\bar{\eta}_1$$

$$\bar{\varphi}_1 = \frac{\iota + \mu z^2 + \delta(z^2-1)}{Dz}\bar{\eta}_1, \quad D = 1 + \left(r - \frac{k}{z}\right)(z-1) \tag{7-12}$$

该结果也可从(Novozhilov, 1970)理论的积分公式中得到。事实上,将式(7-1)代入积分方程式(2-49),后者可写为

$$1 + \vartheta_1(\tau) = \frac{1}{\sqrt{\pi}} \int_0^{\tau} \left[\frac{1}{2} + \varphi_1 - v_1 - \frac{\vartheta_1}{2} + \left(\frac{1}{\tau - \tau'} - \frac{1}{2}\right)\frac{I_1}{2} \right] \exp\left(\frac{-(\tau - \tau')}{4}\right)$$

$$\frac{d\tau'}{\sqrt{\tau - \tau'}} + \frac{1}{\sqrt{\pi\tau}} \int_{-\infty}^{0} \left\{ \left[1 - \frac{(\tau + \xi)}{2\tau}J_1\right]\exp\frac{-(\tau - \xi)^2}{4\tau} \right\}d\xi$$

$$I_1 = \int_{\tau'}^{\tau} v_1(\tau'')d\tau'' \quad J_1 = \int_0^{\tau} v_1(\tau'')d\tau'' \tag{7-13}$$

对于积分(在含有 I_1 时,积分顺序会改变)有

$$\vartheta_1(\tau) = \frac{1}{\sqrt{\pi}} \int_0^{\tau} \left(\varphi_1 - \frac{\vartheta_1}{2}\right)\exp\left(\frac{-(\tau - \tau')}{4}\right)\frac{d\tau'}{\sqrt{\tau - \tau'}} - \int_0^{\tau} \mathrm{erfc}\left(\frac{\sqrt{\tau - \tau'}}{2}\right)v_1 d\tau' \tag{7-14}$$

代入约束条件:

$$v_1 = \frac{k}{k+r-1}\varphi_1 + \frac{(\delta - \iota)}{k+r-1}\eta_1, \quad \vartheta_1 = \frac{r}{k+r-1}\varphi_1 - \frac{(\delta + \mu)}{k+r-1}\eta_1 \tag{7-15}$$

得到以下第二类 Volterra 方程：

$$\nu_1(\tau) = \frac{1}{\sqrt{\pi}} \int_0^\tau \frac{e^{-u/4}}{\sqrt{u}} \left[\frac{(2(k-1)+r)}{2r} \nu_1(\tau-u) - \frac{(\delta-2\iota)}{2r} \eta_1(\tau-u) \right] du +$$

$$\int_0^\tau \mathrm{erfc}\left(\frac{\sqrt{u}}{2}\right) \nu_1(\tau-u) d\tau u + \frac{\delta}{r} \eta_1(\tau) \tag{7-16}$$

可以使用 Laplace – Carson 变换以传统方式求解该方程,以提供关系式(7 – 12)中的第一项。

首先,考虑在非常缓慢的压力变化(准稳定状态)下的燃烧速率、表面温度和温度梯度行为。缓慢压力变化情况通过关系式 (7 – 12) $p \ll 1$ 进行了描述,仅保留关于 p 的线性扩展项：

$$z = 1 + p, \quad D = 1 + (r+k)p$$

$$\bar{\nu}_1 = [\iota + k(\iota-\mu)p]\bar{\eta}_1, \quad \bar{\vartheta}_1 = [\mu + r(\iota-\mu)p]\bar{\eta}_1$$

$$\bar{\varphi}_1 = [\iota + \mu + (k+r-1)(\iota-\mu)p]\bar{\eta}_1 \tag{7-17}$$

条件式(7 – 4)意味着初始时刻直接扰动并不存在,因此反转变化为

$$\begin{cases} \nu_1(\tau) = \iota\eta_1(\tau) + k(\iota-\eta)\dfrac{d\eta_1(\tau)}{d\tau} \\ \vartheta_1(\tau) = \iota\eta_1(\tau) + r(\iota-\eta)\dfrac{d\eta_1(\tau)}{d\tau} \\ \varphi_1(\tau) = (1+\mu)\eta_1(\tau) + (k+r-1)(\iota-\mu)\dfrac{d\eta_1(\tau)}{d\tau} \end{cases} \tag{7-18}$$

因此,在缓慢的压力变化燃烧速率下,推进剂表面温度和温度梯度与瞬时压力值 $\eta_1(\tau)$ 的稳定值不同,其数量与压力变化率成正比,在 $r=\mu=0$ 条件下式(7 – 18)变为泽尔多维奇(1964)给出的形式。

现在考虑存在快速压强变化的情况,如压强在 $\tau=0$ 时刻从 $\eta_1=0$ 变为 $\eta_1=h$,然后保持恒定的理想化过程,但在现实情况下并不能实现压强的突变。此外,在目前讨论情况下,气相和凝聚相反应区中的弛豫过程被假设为瞬时发生,但实际上,相关的弛豫时间并不为零。不过,这种压力对时间的依赖性的理想简化揭示了燃烧速率、表面温度和表面温度梯度行为的重要特征,这将有助于分析压强有限速率变化的真实情况。

在燃面恒温模型中,凝聚相温度结构在压力急剧变化下由于预热层的弱导热性不会发生变化,燃面的温度梯度保持恒定,同时燃烧速率从初始值跃升到根据温度梯度的旧值和压强的新值确定的值。

由于温度梯度修正的初始值 $\varphi_1=0$ 并不会改变,因此,根据式(7 – 5)的燃

第 7 章 非声学燃烧状态

速修正从 $\nu_1 = 0$ 突增至 $\nu_1 = \iota h/(1-k)$,然后系统及时演化至新的稳定状态,其中 $\nu_1 = \varphi_1 = \iota h$。

现在分析推进剂存在可变燃面温度的情况,如果压强升得足够快,那么凝聚相温度结构将与表面温度恒定的情况类似,在压强变化的时间间隔内不会显著变化。然而,这并不意味着在压强急剧变化的情况下温度梯度和表面温度都保持不变。在可变表面温度模型中,存在 $\vartheta(\varphi, \eta)$ 这一函数关系,表明在压强变化下 ϑ 和 φ 至少有一个参数会发生突变,而且容易理解温度梯度也会发生突变。事实上,表面温度的小提升(其中推进剂内部温度保持一致)可能造成温度梯度的突变。在压力极限下,表面温度突变必须保持不变(整个温度结构没有足够的时间来改变),而温度梯度会在表面上的单个点发生变化。式(7-5)提供了明确的燃速和温度梯度突变,有

$$\Delta \nu = \frac{\delta}{r} h, \quad \Delta \varphi_1(\tau) = \frac{\delta + \mu}{r} h \tag{7-19}$$

扰动过程到最终不同稳定状态的演变可以用式(7-20)准确描述。使用拉普拉斯-卡森变换规则很容易证明拉普拉斯-卡森变换燃速式(7-12)的逆变换可以写成以下形式:

$$\nu_1(\tau) = h \frac{\delta}{r} \frac{e^{-u/4}}{\sqrt{\pi \tau}} \int_0^{-\infty} e^{-u^2/4\tau} \phi(u) du \tag{7-20}$$

其中,$\phi(u)$ 为式(7-21)的逆变换:

$$\bar{\phi}(p) = \frac{p^2 \left(p + \dfrac{\nu}{\delta} - \dfrac{1}{2}\right)}{p^3 + \dfrac{(2-2k-r)p^2}{2r} + \dfrac{(4k-r)p}{4r} - \dfrac{2+2k-r}{8r}} \tag{7-21}$$

函数 $\phi(u)$ 的准确形式由函数 $\bar{\phi}(u)$ 分母的根决定,分别为

$$p_1 = \frac{1}{2}, \quad p_{2,3} = \frac{k-1}{2r} \pm \frac{\mathrm{i}r}{k-1} \omega \tag{7-22}$$

式中:$\omega = \sqrt{\omega_1^2 - \lambda^2}$,$\omega_1$ 和 λ 分别为燃速振荡的固有频率和阻尼减量。复根导致 $\phi(u)$ 表达式中存在调和函数,同样也存在于函数 $\nu_1(\tau)$ 中。

$$\frac{\nu_1}{h} = \frac{\iota}{2}\mathrm{erfc}\left(-\frac{\sqrt{\tau}}{2}\right) + \left(\frac{\delta}{r} - \frac{\iota}{2}\right) \times \left[2e^{-\lambda\tau}\cos\omega\tau - e^{\frac{-\tau}{4}} U\left(\frac{\omega r \sqrt{\tau}}{k-1}, \frac{(k-1)\sqrt{\tau}}{2r}\right)\right]$$
$$+ \frac{(k-1)}{2\omega r^2} \left[\frac{k(\delta+\mu)}{r} + \frac{\iota(1-r+k)}{2}\right] \times \left[2e^{-\lambda\tau}\sin\omega\tau + e^{-\tau/4} V\left(\frac{\omega r \sqrt{\tau}}{k-1}, \frac{(k-1)\sqrt{\tau}}{2r}\right)\right]$$
$$\tag{7-23}$$

其中,函数 $U(x,y)$ 和 $V(x,y)$ 与虚数的误差函数相关,为

$$U(x,y) + iV(x,y) = W(z), z = x + iy \quad (7-24)$$

且

$$W(z) = e^{-z^2}\left(1 + \frac{2i}{\sqrt{\pi}}\int_0^z e^{-t^2} dt\right) \quad (7-25)$$

函数 $\nu_1(\tau)$ 的形状由阻尼减量 λ 的大小决定。对于 λ 的较大值,燃烧振荡项迅速减少。相反地,当 λ 较小时,燃速振荡会在很长一段时间范围内发生。在后一种情况下,表面温度和温度梯度的变化也具有振荡性质。

图 7.1 为典型的燃速与时间的依赖性,其中曲线 1 为参数分别为 $k=1.5$、$r=0.5$、$\iota=2/3$ 和 $\mu=1/6$ 的情况,其中 $\omega_1=\sqrt{6}$,$\lambda=2$ 且 $\omega=\sqrt{2}$。曲线 2 情况的参数选择使得与振荡频率相比,阻尼减量小,此时的参数分别为 $k=2, r=0.4$,$\iota=2/3, \mu=0, \omega_1=2.5\sqrt{2}, \lambda=0.625$ 和 $\omega=3.5$。

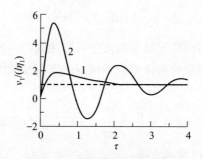

图 7.1　瞬态过程的燃速演化

这两种情况都显示出在燃速达到最终值 $\nu_1(\infty)=\iota h$ 之前出现显著的超幅现象(尽管燃速在最初时低于最终值)。曲线 1 表明只存在一个燃速最大值,与之相反,振荡情况下(曲线 2)燃速多次超过最终值 $\nu_1(\infty)$,该过程燃速的最小值实际上可能低于初始值。

7.3　不稳定燃烧理论中的近似方法

线性近似无法处理具有显著压力变化的过渡状态。在这种情况下,需要结合非线性燃烧定律求解非线性传热方程。相对容易理解燃速随时间变化行为的定性特征,事实上,这类似于 7.2 节中小压强突变情况,例如瞬时压力上升。在泽尔多维奇模型中(恒定表面温度),燃面的初始温度梯度应为恒定值,而燃速会突然上升。在 Z-N 理论中(可变燃面温度),燃面温度在 $\tau=0$ 时不变的结论依然成立。

很明显,燃速在 $\tau \gg 1$ 的渐近线在恒定表面温度情况下将会有衰减指数形式,在可变燃面温度情况下同样存在随频率 ω 振荡的衰减分量。然而,在燃烧速率振荡幅度较大的情况下,可能会产生不衰减甚至随时间增长的非线性振荡。这是因为如果考虑系统的非线性特性,则阻尼减量(如第 4 章所述)取决于振荡幅度。

描述在压力变化下根据规定规律的燃速演化的非线性问题的精确解可通过数值方式获得,但在本节中可以采用一种基于热平衡积分法的近似方法来进行求解。

该方法采用的下述分析过程针对燃面温度恒定情况(Istratov 等,1964)。该方法的本质是将偏微分方程(PDE)替换为常微分方程(ODE),该方程可通过在推进剂占据的整个半空间上对前者进行积分而获得。换句话说,局部能量平衡基本被全局能量平衡所取代。

由式(2-38)积分得到

$$\frac{d}{d\tau}\int_{-\infty}^{0}\theta(\xi,\tau)d\xi = \varphi - \nu \tag{7-26}$$

上述方程的满足条件为假定的温度曲线 $\theta(\xi,\tau)$,该曲线中包含需要测定的关于时间的未知函数。这一近似解还须满足边界条件并能准确定性描述温度曲线随时间变化。

稳定燃烧状态的表述形式为

$$\tau = 0,\ \eta = \nu = 1,\ \theta(\xi,\infty) = \exp(\xi) \tag{7-27}$$

转变为最终压强下的稳定状态的表述形式为

$$\tau = 0,\ \eta = \eta_1,\ \nu = \nu_1,\ \theta(\xi,\infty) = \exp(\nu_1\xi) \tag{7-28}$$

可以合理假定以下形式的温度曲线:

$$\theta(\xi,\tau) = [1-\psi(\tau)]\exp(\xi) + \psi(\tau)\exp(\nu_1\xi) \tag{7-29}$$

其中,需要确定函数 $\psi(\tau)$ 从 $\tau = 0$ 时的 0 值变为 $\tau = \infty$ 的最终值。

将式(7-29)代入式(7-26)得到以下的常微分方程,可用来确定函数 $\psi(\tau)$,

$$\frac{(\nu_1-1)}{\nu_1}\frac{d\psi}{d\tau} = \nu - 1 - (\nu_1-1)\psi \tag{7-30}$$

根据式(7-29)得到的燃面温度梯度为

$$\varphi = 1 + (\nu_1-1)\psi \tag{7-31}$$

为了进一步分析,必须采用特定的稳定燃烧方程 $u^0(T_a,p)$ 及特定的压强随时间变化的方程。下面分别对两种情况进行考虑,即燃速对初始温度的线性和燃速对指数的依赖性。

如果稳定燃速以线性方式取决于初始温度,即

$$u^0(T_a, p) = Bp^I(1 + \alpha T_a) \qquad (7-32)$$

那么相应的不稳定燃烧方程 $\nu = \nu(\varphi, \eta)$ 形式为

$$\nu = P\frac{(1+\beta)}{2}\left[1 + \sqrt{1 - \frac{4\beta\varphi}{P(1+\beta)^2}}\right] \qquad (7-33)$$

其中

$$P = \eta^I, \quad \beta = \frac{\alpha(T_s - T_a)}{(1 + \alpha T_a)} \qquad (7-34)$$

由式(7-30)和式(7-33)可以得到以下关于不稳定燃速的微分方程:

$$\frac{1}{\nu}\left(1 + \beta - 2\frac{\nu}{P}\right)\frac{d\nu}{d\tau} + \frac{\nu}{P^2}\frac{dP}{d\tau} = \nu_1\left(\frac{\nu}{P} - 1\right) \qquad (7-35)$$

为方便引入新函数 $V = \nu_1/P$,在稳定燃烧状态下 $V = 1$,V 值与 1 的偏差代表了该状态的不稳定程度。该函数方程符合以下形式:

$$\frac{1}{\nu}(1 + \beta - 2V)\frac{dV}{d\tau} + (1 + \beta - V)\frac{1}{P}\frac{dP}{d\tau} = \nu_1(V - 1) \qquad (7-36)$$

在以下压强对时间的依赖关系下,考虑由 $\nu = 1$ 的稳定状态转变为 $\nu_1 = P_1$ 的稳定状态转变过程:

$$P = \begin{cases} \exp(-s\tau), & 0 < \tau < \tau_0 \\ P_1 = \nu_1 = \exp(-s\tau_0), & \tau_0 < \tau < \infty \end{cases} \qquad (7-37)$$

式(7-37)主要由于式(7-36)在本情况下可以被明确积分,并且在燃烧室中的转变过程常常遵循压强对时间的指数依赖性。通过改变参数 s 可以研究快速压强变化状态($|s| \gg 1$)和准稳定燃烧状态($|s| \ll 1$),其中 $s > 0$ 的情况代表压强下降,而 $s < 0$ 代表压强上升。

在初始条件 $V(0) = 1$ 下式(7-36)的解为以下形式:

$$\tau = \begin{cases} \dfrac{1}{(s(1+\beta) - \nu_1)}\left[(1+\beta)\ln V - \dfrac{(s(1+\beta) - \nu_1 - (1-\beta))}{(\nu_1 - s)} \cdot \ln\left(1 + \dfrac{(s-\nu_1)(1-V)}{s\beta}\right)\right] \\ (\tau < \tau_0) \qquad (7-38) \\ \tau_0 + \dfrac{1}{\nu_1}\left[(1-\beta)\ln\left(\dfrac{V_0 - 1}{V - 1}\right) + (1+\beta)\ln\left(\dfrac{V_0}{V}\right)\right] \quad (\tau > \tau_0) \qquad (7-39) \end{cases}$$

式中:V_0 为 $(\tau = \tau_0)$ 时的 V 值,由式(7-38)确定。

对于瞬时压强变化情况($s = \pm\infty$),$\tau_0 = 0$ 时的解由式(7-39)给出,在该情况下为了确定 V_0,式(7-38)需要在 $s\tau_0 = -\ln\nu_1$ 时以 $s = \pm\infty$ 进行分析并求解,或在 $\varphi = 1$ 条件下将 $P = P_1 = \nu_1$ 代入式(7-33),最终获得的 V_0 表达式为

$$V_0 = \frac{(1+\beta)}{2}\left[1 + \sqrt{1 + \frac{4\beta}{P_1(1+\beta)^2}}\right] \qquad (7-40)$$

所需的函数 $\psi(\tau)$ 可使用式(7-31)和式(7-33)通过参数 V 和 P 进行表达：

$$\psi = \frac{PV(1+\beta-V)-\beta}{\beta(P_1-1)} \qquad (7-41)$$

该解在压强下降($s>0, P_1<1$)及上升($s<0, P_1>1$)情况下均有效。

图 7.2 显示了在瞬时(曲线 1)和指数级(曲线 2)压降下的燃速,虚线代表稳定燃烧速率(与压强上升的 ι 级指数成正比)。这些曲线所对应参数为：$\beta=0.6, \nu_1=0.95, s=\infty$(曲线 1)以及 $s=0.25$(曲线 2)。燃速值相对于稳定值的偏差随压强速率增大,稳定燃速大于不稳定情况是由于后者由燃面处的弱加热燃料层控制。

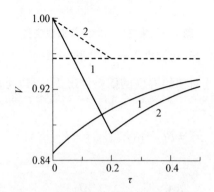

图 7.2　在瞬时和指数级压降下的燃速

图 7.3 虚线为燃速 $V=\nu_1/\nu_2$ 在快速升压 $\eta_1=10$(曲线 1)和 $\eta_1=200$(曲线 2)($\iota=2/3, \beta=0.74$)条件下的时间依赖性,实线为通过完全非线性问题(Istratov 等,1964)的数值解获得的相同依赖性。很明显,近似方法需与精确数值结果具有很好的一致性。

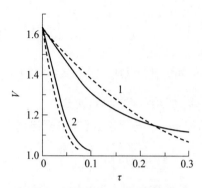

图 7.3　快速压升下的燃速

图 7.4 的虚线为在两个不同时刻下使用式(7-29),式(7-39)和式(7-41)计算的推进剂温度结构曲线,相应的数值结果为实线。

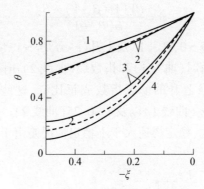

图 7.4　快速压增时温度曲线变化

$\beta = 0.74, \eta_1 = 10; 1—\tau = 0.0; 2—\tau = 0.016; 3—\tau = 0.237; 4—\tau = \infty$。

在指数级稳定燃速对初始温度的依赖情况下,可以类似的方式对推进剂不稳定燃烧问题进行研究。

$$u^0(T_a, p) = Bp^I \exp(\beta T_a), \quad \nu = P\exp\left(k\left(1 - \frac{\varphi}{\nu}\right)\right) \quad (7-42)$$

燃速由式(7-43)决定:

$$(k - 1 - \Lambda)\frac{d\Lambda}{d\tau} + (k - \Lambda)\frac{1}{P}\frac{dP}{d\tau} = \nu_1 \Lambda, \quad \Lambda = \ln\left(\frac{\nu}{P}\right) \quad (7-43)$$

容易证明,$k \ll 1$ 情况下指数方程式(7-42)变为 $\beta \ll 1$ 的线性方程。事实上,在这些不等式下,指数方程必须退化为线性方程,也就是式(7-43)转变为式(7-36)。如果压强时间相关性遵循式(7-37),那么式(7-43)容易综合给出燃速和时间的相关性:

$$\tau = \begin{cases} \dfrac{s - \nu_1(1-k)}{(\nu_1 - s)^2}\ln\left[1 + \dfrac{(\nu_1 - s)\Lambda}{sk}\right] - \dfrac{\Lambda}{(\nu_1 - s)}(\tau < \tau_0) & (7-44) \\ \tau_0 + \dfrac{1}{\nu_1}\left[(1-k)\ln\left(\dfrac{\Lambda_0}{\Lambda}\right) + (\Lambda_0 - \Lambda)\right](\tau > \tau_0) & (7-45) \end{cases}$$

这里 Λ_0 必须在 $\tau = \tau_0$ 时由式(7-44)决定。

在瞬时压强改变情况下,Λ_0 必须由式(7-46)决定:

$$\Lambda_0 = -\ln\left[\nu_1\left(1 - \frac{\Lambda_0}{k}\right)\right] \quad (7-46)$$

最后需要注意的是,虽然通过图 7.3 和图 7.4 中的数值结果进行比较证明了该方法的良好准确性,但它仍有待改进。

为此,将传热方程与权重 ξ^n 积分将问题简化为较高温度分布矩的常微分方程组为

$$J_n(\tau) = \int_{-\infty}^{0} \xi^n \theta(\xi,\tau) \,\mathrm{d}\xi \qquad (7-47)$$

利用较高分布矩的热平衡积分方法可提供更准确的结果(Gostintsev,1967)。

7.4 自相似解

泽尔多维奇(1964)在稳定燃烧速率与压强和初始推进剂温度相关的特殊情况下得到的不稳定推进剂燃烧速率非线性问题的解为

$$u^0 = Bp^\iota \exp(\beta T_a) \ (B,\iota,\beta = \text{constant}, \iota < 1, B > 0) \qquad (7-48)$$

相反地,压强随时间下降:

$$p \sim t^{\frac{-1}{2\iota}} (A = 常量 > 0) \qquad (7-49)$$

现在考虑任意依赖 $u^0(p,T_a)$ 情况,并按照泽尔多维奇(1964)的方式,假设燃面温度恒定(Librovich 和 Novozhilov,1971)。

众所周知传热方程(Tikhonov 和 Samarskii,1963)为

$$\frac{\partial \theta}{\partial \tau} = \frac{\partial^2 \theta}{\partial \xi^2} - \nu \frac{\partial \theta}{\partial \xi} \qquad (7-50)$$

其边界条件为

$$\xi \to -\infty, \ \theta = 0; \ \xi = 0, \ \theta = 1 \qquad (7-51)$$

允许有自相似解,如果速度 v 以式(7-52)方式随时间变化:

$$\nu = C\tau^{\frac{-1}{2}} (C = 常量 > 0) \qquad (7-52)$$

事实上,通过引入变量

$$y = \frac{\xi}{2\sqrt{\tau}} \qquad (7-53)$$

传热方程简化为以下常微分方程:

$$\frac{\mathrm{d}^2\theta}{\mathrm{d}y^2} - 2(y-C)\frac{\mathrm{d}\theta}{\mathrm{d}y} = 0 \qquad (7-54)$$

式(7-54)有以下满足边界条件式(7-51)的解:

$$\theta = \frac{\mathrm{erfc}(C-y)}{\mathrm{erfc}(C)}, \ \mathrm{erfc}(z) = 1 - \frac{2}{\sqrt{\pi}}\int_0^z e^{-x^2}\mathrm{d}x \qquad (7-55)$$

这种自相似解应该是描述推进剂燃烧从一种稳定状态到另一种稳定状态的过渡的精确解的中间渐近解(Barenblatt,2005),前提是压力迫使燃烧速率依

赖于某个时间间隔[式(7-52)]。这种渐近性质反映了这样一个事实,即系统不再受初始条件影响,同时远离最终稳定状态,其中压强变化偏离自相似解对应的压强变化,即式(7-52)。

可以通过以下方式找到提供燃速方程的压力对时间的依赖性[式(7-52)]。函数 $u^0(T_a, p)$ 是已知的,将初始温度代入该表达式中作为表面温度和表面温度梯度的函数,得到

$$u = u\left[p(t), T_s - \frac{\kappa}{u}f\right] \tag{7-56}$$

对于自相似解式(7-55),有

$$\nu = \frac{C}{\sqrt{\tau}} = \nu[\eta(\tau), T^*], \quad T^* = T_s - \frac{(T_s - T_a)\mathrm{e}^{-C^2}}{\sqrt{\pi}C\mathrm{erfc}(C)} = 常量 \tag{7-57}$$

通常情况下稳定燃烧速率随压强增加,在压强下降时可以获得自相似解。如果燃烧速率采用式(7-48)的形式,则依赖关系式(7-57)变为

$$\frac{C}{\sqrt{\tau}} = \frac{B}{u^0}p^\iota \exp(\beta T^*) \tag{7-58}$$

以 $U = Bp_0^\iota \exp(\beta T_a)$($p_0$ 是式(7-48)中的压力测量单位)为特征,由式(7-58)[借助式(7-57)]确定的燃烧速率可以写为

$$\frac{C}{\sqrt{\tau}} = \eta^\iota \exp k\left(1 - \frac{\exp(-C^2)}{\sqrt{\pi}C\mathrm{erfc}(C)}\right) \tag{7-59}$$

这决定了以下无量纲形式的压力变化定律:

$$\eta = \frac{D^{\frac{1}{\iota}}}{\tau^{\frac{1}{2\iota}}} \tag{7-60}$$

以及依赖关系式(7-52)和式(7-60)中常数 C 和 D 之间的关系:

$$\frac{C}{D} = \exp\left\{k\left(1 - \frac{\exp(-C^2)}{\sqrt{\pi}C\mathrm{erfc}(C)}\right)\right\} \tag{7-61}$$

如果压力变化定律式(7-60)中的常数 D 是固定的,则式(7-61)将燃烧速率常数 C 确定为函数 $C = C(D)$。图 7.5 通过在参数 k 的固定值和常数 D 的不同值处绘制左侧 A(直线)和右侧 B 作为 C 的函数来说明该方程的解。在 D 值较大情况下,式(7-61)对于未知参数 C 有两个解,一个对应燃速的弱不稳定性(C 的较高值),另一个对应燃速的强不稳定性(C 小值)。对 $D < D_*$ 的解并不存在,其中临界值 D_*(和相应的唯一解 C_*)可从图 7.5 中曲线相切的要求中找到,D_* 值可从式(7-61)中获得。

$$C_* = \frac{k\exp(-C_*^2)}{\sqrt{\pi}\mathrm{erfc}(C_*)}\left(1 + 2C_*^2 - \frac{2C_*\exp(-C_*^2)}{\sqrt{\pi}\mathrm{erfc}(C_*)}\right) \tag{7-62}$$

第 7 章　非声学燃烧状态

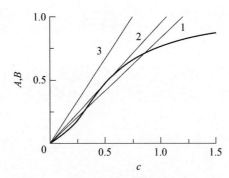

图 7.5　存在不同数量自相似解的可能性
$K=0.8$；1—$D=1.33$；2—$D=0.91$；3—$D=0.75$。

因此,对于表面温度恒定的推进剂燃烧模型,一般存在两个自相似解。一个重要的问题是对这些解的稳定性分析。相关性分析(Librovich 和 Novozhilov,1971)表明,图 7.5 中曲线上方的交点对应于稳定解,而下方的交点对应于不稳定解。该分析将在 7.5 节中详细讨论。

现在考虑表面温度变化情况下的自相似解(Librovich 和 Novozhilov,1971)。需要找到对时间的特定压强依赖性以及与表面温度、压强和初始温度相关的特定依赖性,以便存在自相似解。

为达到此目的,可以方便使用相关理论积分公式(2.4 节),初始条件的影响由式(2-49)右侧的最后一项处理,这些初始条件与自相似解无关,它在很大程度上近似于真实解。考虑到式(2-49)中包含初始温度分布的积分在 $\tau\to\infty$ 处趋于零,并相应地省略该项,可得到满足自相似解的积分关系,这种关系涉及燃烧速率、燃面温度和燃面温度梯度。

$$\vartheta(\tau)=\frac{1}{\sqrt{\pi}}\int_0^\tau\left(\varphi-\nu\vartheta+\frac{\vartheta I}{2(\tau-\tau')}\right)\exp\left(\frac{-I^2}{4(\tau-\tau')}\right)\frac{\mathrm{d}\tau'}{\sqrt{\tau-\tau'}} \tag{7-63}$$

自相似解可以用这样的形式来寻求,即燃烧速率由依赖关系式(7-52)描述,而表面温度及其与表面温度梯度的关系为

$$\vartheta=F\tau^n \tag{7-64}$$

$$\frac{\varphi}{\vartheta}=\frac{G}{\sqrt{\tau}} \tag{7-65}$$

式中:C、F、G 和 n 为任意实数。

将这些代入式(7-63)并引入新的变量 $\sigma=\tau'/\tau$ 得到

$$\sqrt{\pi} = \int_0^1 \sigma^n \left(\frac{(G-C)}{\sqrt{\sigma}} + \frac{C}{(1+\sqrt{\sigma})} \right) \exp\left[-C^2 \frac{(1-\sqrt{\sigma})}{(1+\sqrt{\sigma})} \right] \frac{d\sigma}{\sqrt{1-\sigma}}$$

(7-66)

因此,时间完全从积分方程中消失,该方程证实了时间相关性式(7-52)、式(7-64)和式(7-65)的正确选择。获得的约束式(7-66)用于确定常数 C 和 G 之间的关系。

在特定情况下 $n=0$ 对应于具有恒定表面温度的燃烧模型,并可以明确计算式(7-66)右项。这导致常数 C 和 G 之间的关系与上面针对该情况获得的结果一致。一般情况下,通过数值积分可以得到类似的关系。此外,可以找到在变表面温度的情况下保证自相似解存在的压力变化规律。式(7-57)被替换为

$$\frac{C}{\sqrt{\tau}} = \nu \left[\eta(\tau), T_a + F\left(1 - \frac{G}{C}\right)(T_s^0 - T_a)\tau^n \right] \quad (7-67)$$

其中, $T_s^0 - T_a$ 为式该问题无量纲的特征温差,特别地,在限制式(7-48)条件下,压强必须变为

$$\eta = \frac{C^{\frac{1}{\nu}}}{\tau^{\frac{1}{2\nu}}} \exp\left[-\frac{kF}{\iota}\left(1 - \frac{G}{C}\right)\tau^n \right] \quad (7-68)$$

现在考虑表面温度对初始温度和压强的稳定依赖性必须满足的条件,以使不稳定表面温度变化具有式(7-64)中的形式,表面温度、压强和温度梯度之间从稳定到不稳定的转变类似于燃烧速率的相应转变式(7-56),有

$$T_s = T_s\left[p(t), T_s - \frac{\kappa}{u}f \right] \quad (7-69)$$

使用式(7-64)、式(7-52)和式(7-65)表明必须保持恒等式:

$$F\tau^n = \vartheta\left[\eta(\tau), T_a + F\left(1 - \frac{G}{C}\right)(T_s^0 - T_a) \right] \quad (7-70)$$

其中 $\eta(\tau)$ 由式(7-68)得到,因此为了存在自相似解,函数 $T_s^0(p, T_a)$ 必须具有特定形式。

考虑燃速和燃面温度间更具体的关系:

$$u = H\exp\left(-\frac{E}{RT_s} \right) \quad (7-71)$$

该近似经常用于试验数据处理中,使用稳定数值作为燃速尺度,有

$$u^0 = H\exp\left(-\frac{E}{RT_s^0} \right) \quad (7-72)$$

无量纲问题变量可写为

第 7 章 非声学燃烧状态

$$\nu = \exp\left(\varepsilon\Delta \frac{\vartheta - 1}{1 + \Delta\vartheta}\right), \quad \varepsilon = \frac{E}{RT_s^0}, \quad \Delta = \frac{T_s^0 - T_a}{T_s^0} \tag{7-73}$$

假设 $|\vartheta - 1| \ll 1$,该方程可能以近似的形式进行重写:

$$\nu \approx \vartheta^m, \quad m = \frac{\varepsilon\Delta}{1 + \Delta} \tag{7-74}$$

在自相似解中,燃烧速率和燃面温度必须分别遵循时间相关性式(7-52)和式(7-64)。将这些函数代入式(7-74)表明如果常数 F 和 n 被选择为

$$F = C^{\frac{1}{m}}, \quad n = -\frac{m}{2} < 0 \tag{7-75}$$

即燃面温度随时间降低,则这一关系给出一个自相似解。

由于活化能很大,通常 $|n| \ll 1$。因此,可以认为具有恒定表面温度 ($n = 0$) 的自相似解对应于无穷大的 E 值。

推进剂内部温度分布可以通过求解传热方程式(7-50)来获得。它通过采用变量 y 并引入新函数 Y 简化为常微分函数。

$$\theta = \tau^n Y(y), \quad y = \frac{\xi}{2\sqrt{\tau}} \tag{7-76}$$

这一过程导致

$$\frac{\mathrm{d}^2 Y}{\mathrm{d} y^2} + 2(y - C)\frac{\mathrm{d} Y}{\mathrm{d} y} - 4nY = 0 \tag{7-77}$$

且边界条件为

$$y = -\infty, \; Y = 0; \; y = 0, \; Y = F = 常量 \tag{7-78}$$

式(7-77)简化为 Whittaker 方程的特殊形式:

$$Y = \frac{\exp\left[\dfrac{-(y-C)^2}{2}\right]}{\sqrt{y-C}}$$

$$\times \left\{ C_1 W\left[\left(n + \frac{1}{4}\right), \frac{1}{4}, -(y-C)^2\right] + C_2 W\left[-\left(n + \frac{1}{4}\right), \frac{1}{4}, (y-C)^2\right] \right\} \tag{7-79}$$

式中 W 为 Whittaker 方程(Whittaker 和 Watson,2002),C_1 和 C_2 为积分常数,必须由边界条件(7-78)确定。$n < 0$ 时,W 右侧的第一个函数在 $y \to -\infty$ 时无限增长。因此,第一个边界条件要求为 $C_1 = 0$,第二个积分常数通过常数 F 来表示:

$$C_2 = \frac{\mathrm{i}\sqrt{C}}{\exp(-C^2/2)} W^{-1}\left[-\left(n + \frac{1}{4}\right), \frac{1}{4}, C^2\right], \quad F^m = C \tag{7-80}$$

使用以下函数构造,可以扩大所考虑的具有可变表面温度的自相似解的类别。目前,传热方程已经在半空间$(-\infty,0)$上进行了考虑。得到式(7-55)和式(7-79)的解可以在区间$-\infty<\xi<\infty$上扩展,并且推进剂表面可以位于$\xi=\xi_0$。$\xi_0=0$时,解式(7-55)对应于具有恒定燃面温度的燃烧模型,而燃面温度的解式(7-79)根据幂律式(7-64)随时间变化;$\xi_0\neq0$时,表面温度是时间的函数,它不同于常数和式(7-64)。特别地,如果$n=0$,则这个函数的形式为

$$T_s(\xi_0,\tau) = T_a + \frac{(T_s^0-T_a)}{\text{erfc}(C)}\left(1-\frac{2}{\sqrt{\pi}}\int_0^y e^{-z^2}dz\right), \quad y = C-\frac{\xi_0}{2\sqrt{\tau}} \quad (7-81)$$

如果$\xi_0<0$,那么燃面温度随时间升高并通常能接近T_s^0的极限,另外,如果$\xi_0>0$,那么燃面温度随时间降低但也能接近T_s^0。以式(7-81)计算温度梯度,并像之前一样代入式(7-57),可得到以下表示必要压力变化规律的表达式:

$$\frac{C}{\sqrt{\tau}} = \nu\left\{\eta(\tau),T_s^0 - \frac{(T_s^0-T_a)}{\sqrt{\pi}C\text{erfc}(C)}\exp\left[-\left(C-\frac{\xi_0}{2\sqrt{\tau}}\right)^2\right]\right\} \quad (7-82)$$

式(7-73)为燃面温度变化提供以下约束条件,必须满足该条件才能存在自相似解:

$$\vartheta = \vartheta\left\{\eta(\tau),T_s^0 - \frac{(T_s^0-T_a)}{\sqrt{\pi}C\text{erfc}(C)}\exp\left[-\left(C-\frac{\xi_0}{2\sqrt{\tau}}\right)^2\right]\right\} \quad (7-83)$$

式(7-83)包含自由参数ξ_0,它可以与T_s^0一起用于实验数据的近似。类似的过程也适用于$n\neq0$的情况。

7.5 自相似解的稳定性

7.4节表明,对于具有恒定推进剂燃面温度的模型,存在两个自相似解。存在的问题是这两种解中哪一个是稳定的并可能在现实中发生。

在稳定解中,那些随时间放大的小扰动系数被认为是不稳定的。研究自相似解的稳定性需要稍微不同的方法。在后一种情况下,需要遵循扰动的相对幅度,即扰动和未扰动(这也是时间的函数)解的幅度的比。例如,Istratov和Librovich(1966)在研究层流球形火焰的稳定性时使用了这种方法。轨迹保持在未扰动解附近的解被认为是稳定的。

传热方程式(7-50)可以从自变量(τ,ξ)转换为新的自变量$[\zeta=\ln(\tau),y]$,并根据式(7-76)从未知函数θ转换为新的未知函数Y。在随后的线性化过程中,可得到以下不明确包含变量ζ的扰动方程:

$$4\frac{\partial Y_1}{\partial \zeta} = \frac{\partial^2 Y_1}{\partial y^2} + 2(y-C)\frac{\partial Y_1}{\partial y} - 2C\nu^1\frac{\partial Y_0}{\partial y} - 4nY_1 \qquad (7-84)$$

式中: Y_1 为小扰动; $\nu^1 = \nu_1$ 为燃速扰动的相对值; Y_0 为未扰动解[式(7-79)]。

式(7-84)的解可以像往常一样以关于 ζ 的指数形式求得。然而, 遵循燃烧定律代数约束的燃烧速率、表面温度和温度梯度扰动的附加关系也必须不显示地包含时间。事实证明, 这仅适用于稳定燃烧速率、压强和初始温度之间的特定关系。事实上, 式(7-67)可写为

$$\nu = \frac{C}{\sqrt{\tau}} = \Psi(\eta, j), \quad j = \vartheta - \frac{\varphi}{\nu} \qquad (7-85)$$

线性化式(7-85)并使用式(7-64)和式(7-65)得到

$$\nu^1 = \frac{\Psi_j}{\Psi}\frac{G}{C}F\tau^n\left[1 - \frac{\Psi_j}{\Psi}F\tau^n\left(\frac{1}{m} + \frac{G}{C}\right)\right]^{-1}, \quad \Psi_j = \frac{\partial \Psi}{\partial j} \qquad (7-86)$$

$$\frac{\Psi_j}{\Psi}F\tau^n = \frac{\Psi_j}{\Psi}F\left(\frac{C}{\Psi}\right)^{2n} = 常数 \qquad (7-87)$$

对该表达式进行击飞得到

$$\Psi = \begin{cases} \left[Z(\eta) - 常数\left(\vartheta - \frac{\varphi}{\nu}\right)\right]^{-\frac{1}{2n}} & (n \neq 0) \\ Z(\eta)\exp\left[常数\left(\vartheta - \frac{\varphi}{\nu}\right)\right] & (n = 0) \end{cases} \qquad (7-88)$$

式中: $Z(\eta)$ 为无量纲压强 η 的任意函数, 需要特别注意的是燃烧方程式(7-48)造成了式(7-99)中第二个函数的依赖关系, 如果扰动的解表示为对数时间的指数, 即

$$Y_1 = f_1(y)\exp(\omega\zeta), \quad \nu^1 = 常数 \cdot \exp(\omega\zeta) \qquad (7-89)$$

那么当 $\text{Re}(\omega) > 0$ 时该解被认为是不稳定的。在初始时间变量 τ 中, 式(7-89)对应幂律

$$Y_1 \sim \tau^\omega, \quad \nu_1 = \nu \cdot \nu^1 = 常数 \cdot \tau^{\frac{\omega-1}{2}} \qquad (7-90)$$

并将扰动 θ_1 转换为

$$\theta_1(\tau, y) = f^{(2)}(y)\tau^{n+\omega} \qquad (7-91)$$

函数 $f^{(2)}(y)$ 需要从传热方程的解中找到。燃面温度扰动可从式(7-91)获得:

$$\varphi_1 = \frac{\partial \theta_1}{\partial \xi}\bigg|_{\xi=0} = \frac{1}{2}\tau^{n+\omega-1/2}\left(\frac{\mathrm{d}f^{(2)}}{\mathrm{d}y}\right)\bigg|_{y=0} \qquad (7-92)$$

可以使用积分方程式(7-63)找到具有恒定表面温度($n=0$)模型的稳定性边界。后者对于扰动的自相似解可以写为

$$\int_0^1 \left\{ \begin{array}{l} \varphi_1(x\tau) - \nu_1(x\tau) + \dfrac{1}{2(1-x)} \int_x^1 \nu_1(\tau s)\,\mathrm{d}s \left[1 + 2C(C-G)\left(\dfrac{1}{\sqrt{x}} - 1\right) - \right. \\ \left. 2C^2 \dfrac{(1-\sqrt{x})}{(1+\sqrt{x})} \right] \exp\left(-C^2 \dfrac{1-\sqrt{x}}{1+\sqrt{x}} \right) \end{array} \right\} \dfrac{\mathrm{d}x}{\sqrt{1-x}} = 0$$

(7-93)

式中引入变量 $x = \tau'/\tau$ 并使用了无扰解式(7-52)的精确形式。

式(7-93)表明根据式(7-90)和式(7-92),如果燃烧速率和温度梯度扰动以下列形式表示,则积分将不依赖于时间 τ:

$$\varphi_1(x) = (\varphi_1)_0 \tau^l, \quad \nu_1(\tau) = (\nu_1)_0 \tau^l \quad (7-94)$$

式中: l 为任意实数,与式(7-90)相比得到 $l = \omega - 1/2$。

将式(7-94)代入式(7-93),可以获得振幅 $(\varphi_1)_0$ 和 $(\nu_1)_0$ 之间的关系,在稳定性边界处 $\mathrm{Re}(\omega) = 0$,还可以进一步假设稳定性边界处 $\mathrm{In}(\omega) = 0$。计算结果表明,得到的关系在该假设下是可以满足的,并证明了它的正确性。计算式(7-93)中的积分得出温度梯度和燃烧速率扰动之间的以下关系:

$$\dfrac{(\varphi_1)_0}{(\nu_1)_0} \pi \exp(-C^2)(1 - \mathrm{erf}(C)) = \dfrac{2\exp(-C^2)}{\mathrm{erf}(C)} - 2\sqrt{\pi}C \quad (7-95)$$

$(\varphi_1)_0$ 和 $(\nu_1)_0$ 间的第二个关系可从稳定燃烧模型式(7-48)中获得(应假设在变化下 η = 常数)。

$$\dfrac{(\varphi_1)_0}{(\nu_1)_0} = \dfrac{G}{C} - \dfrac{1}{k} \quad (7-96)$$

条件式(7-95)和式(7-96)提供了在稳定性边界处 C 和 k 的关系,该关系与描述自相似解集合(图7.5)的曲线相切的条件式(7-62)一致。切点是区分稳定解和不稳定解的临界点,此时特征问题频率 ω 的实部和虚部都变为零。图7.5上的上交点描述了在大 C 值极限范围内的弱不稳定燃烧状态。通过连续性论证,可以得出这一交点对应于稳定解,而较低的交点对应于不稳定解。

可以使用燃烧速率与表面温度梯度的关系图来表示所获得结果(图7.6)。稳定燃烧速率对压力和初始温度的依赖性在这里被认为是由式(7-48)给出,它在转换至不稳定条件下得到:

$$\nu = \eta^t \exp\left(k\left(1 - \dfrac{\varphi}{\nu}\right) \right) \quad (7-97)$$

图7.6显示了三个压力值($\eta^t = 0.5, 1.0, 2.0$)的相关性[式(7-97)]。容易检查,曲线在位于 $\nu = k\varphi$ 线(线1)上的点中具有无限导数。曲线2描述了不同压力和固定初始温度(选择为特征温度)下的稳定推进剂燃烧。这条线的切

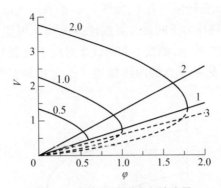

图7.6　自相似解的稳定性边界

线随着初始温度的变化而变化。特别地，曲线1的切线对应于温度T_0^*，使得$\beta(T_s - T_0^*) = 1$，即稳定解的稳定性边界。因此，图7.6中曲线$\nu(\varphi)$的底部（不稳定）分支用虚线表示。

自相似解也在图7.6中用直线表示。事实上，7.4节结果表明

$$\nu = \sqrt{\pi} C \exp(C^2) \operatorname{erf}(C) \varphi \tag{7-98}$$

对于较大C值，式(7-98)接近曲线2（图7.6）对应于稳定燃烧（弱不稳定性）。对于$C \to 0$（强不稳定性），式(7-98)曲线接近轴φ并最终进入不稳定的稳定解区域。

将式(7-62)定义的临界值C^*代入式(7-98)，得到自相似状态的稳定边界。这在图7.6中以直虚线表示。显然，自相似解的稳定域比稳定解的稳定域宽。这是对不稳定扰动的不同定义造成的。

应该指出，泽尔多维奇（1964）通过在推进剂燃面达到临界温度梯度的条件定义了自相似解的稳定性边界。相对于未扰动值的时间变化，这种方法没有考虑扰动是如何随时间变化的。

7.6　推进剂燃烧和降压熄灭：恒定燃面温度

在考虑减压下瞬态燃烧和熄灭有关的完整Z–N理论结果之前，有必要首先分析燃面温度恒定的情况。这种情况比一般情况更简单，同时能清楚说明熄火过程的本质特征。

泽尔多维奇（1964）是第一个研究压力快速下降时推进剂熄火问题的人，在其研究中，假设推进剂表面温度是恒定的。一般来说，熄火与稳定状态下燃面温度梯度随压力增加而增加有关。另外，如果燃烧速率与初始温度呈指数关系，

即 $u^0 \sim \exp(\beta T_a)$，那么在任何压力下，曲线 $f(u)$ 都有最大值。如果在压力下降时温度梯度超过其在最终压力下的最大值，则燃烧变得不可能并且推进剂熄火。

这一过程如图 7.7 所示，曲线 1 和曲线 2 对应于压强为 p_1 和 $p_2 < p_1$ 的不稳定依赖关系。离开坐标系原点的曲线描述了给定初始温度和各种压力下的稳定燃烧状态。

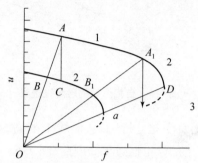

图 7.7 具有恒定燃面温度的模型中的熄火过程

稳定燃烧的极限由曲线 a 描述，其中 $k=1$，初始温度为 $T_a^* = T_s - 1/\beta$。

如果压力从 p_1 缓慢变化到 p_2，即过程为准稳定，则沿线 AB 发生从初始状态（A 点）到最终状态（B 点）的转变。在另一个极限中，在突然的压力变化下，燃烧速度首先下降到值 $u(C)$，这样梯度就不会改变，然后又回升至 $u(B)$。

在大压差和低初始温度下，初始点和最终点可能处于这样一个位置（点 A_1 和 B_1），使初始温度梯度大于最终压力下的最大梯度。在这种情况下，突然的压力下降会使系统处于无法继续燃烧的控制参数区域。

泽尔多维奇（1964）发现了在压力突降情况下推进剂熄火的标准，即足以导致熄火的最小压降幅度。对于推进剂的初始温度 T_a，初始稳定状态下的温度梯度为

$$f_1 = u^0(T_a, p_1)(T_s - T_a)/\kappa \qquad (7-99)$$

另外，压强 p_2 下的温度梯度最大值为

$$f_2^* = u^0(T_a^*, p_2)(T_s - T_a^*)/\kappa \qquad (7-100)$$

对于燃烧方程 $u^0 = Bp^t \exp(\beta T_a)$，熄火准则 $f_1 \geqslant f_2^*$ 写作以下形式：

$$\left(\frac{p_1}{p_2}\right)^t \geqslant \frac{\exp[\beta(T_s - T_a) - 1]}{\beta(T_s - T_a)} \qquad (7-101)$$

该准则适用于压力突然下降的情况。如果压力逐渐变化，则需要求解凝聚相中的非线性传热方程。

可以通过热平衡积分法对熄火进行近似研究。下面再次考虑这两种情况，即燃烧速率对初始温度的线性和指数相关性。压力对时间的依赖性如式（7-37）所示。在线性相关式（7-32）的情况下，根据不稳定燃烧方程式（7-33），在压强

突变($s = \infty$)时,如果满足式(7-102)则会发生熄火。

$$P_1 < \frac{4\beta}{(1+\beta)^2} \tag{7-102}$$

事实上,在急剧压降期间温度梯度(初值归一)并没有时间发生改变,并且限制方程(7-102)迫使式(7-33)的根下的表达式为负。在逐渐的压力变化下,$V = V^* = (1+\beta)/2$处会发生熄火,这由式(7-33)直接推导而来。在熄火的那一刻,燃面的温度梯度达到最大值。由式(7-36)还可得出此时的导数$dV/d\tau$是无穷大的。

如果压降的幅度即压力P_1的最终值是固定的,则有两种可能性。对于较小的s值(压力缓慢下降),总会有$V > V^*$且不会发生熄火;在相反的情况下(s很大,压力迅速下降),临界值V^*意味着将在某个时刻熄火。

临界值s^*可定义为s的最小值,使得推进剂熄火发生在给定的压降P_1。当$P_1 = \exp(-s\tau_0)$且$V = (1+\beta)/2$时,临界值可能取在$V = V^*$最危险的熄火时刻$\tau = \tau_0$。将这些表达式代入τ和V之间的关系式(7-38)可提供以下等式来确定压降的临界速率s^*对压降P_1大小的依赖性:

$$P_1 = \exp\left\{\frac{s^*}{(P_1-(1+\beta)s^*)}\left[(1+\beta)\ln\left(\frac{1+\beta}{2}\right) - \frac{((1+\beta)s^* - P_1(1-\beta))}{(P_1-s^*)}\ln\right.\right.$$
$$\left.\left.\left(1+\frac{(s^*-P_1)(1-\beta)}{2\beta}\right)\right]\right\} \tag{7-103}$$

从这里早期建立的标准式(7-102)遵循$s^* = \infty$,渐进于$s^* \gg 1$:

$$P_1 = \frac{4\beta}{(1+\beta)^2}\left[1 - \frac{4\beta}{(1+\beta)^2 s^*}\left(\ln\left(\frac{1+\beta}{2}\right) + (1+2\beta)\ln\left(\frac{1+\beta}{2\beta}\right) - 1 + \beta\right)\right] \tag{7-104}$$

依赖式(7-103)的本质特征在于存在最小值s^*_{min}。对于$s < s^*_{min}$,无论压强变化有多大,推进剂总能燃烧。在这种情况下,V的导数在达到值V^*之前变为零。s^*_{min}和对应的P_1^*可以通过赋值$\tau = \tau_0$、$V = V^* = (1+\beta)/2$和$dV/d\tau = 0$找到。从式(7-36)及式(7-103)得到以下形式:

$$\frac{P_1^*}{s^*_{min}} = (1+\beta)/(1-\beta) \tag{7-105}$$

$$P_1^* = \exp\left(\frac{s^*_{min}}{(P_1^* - (1+\beta)s^*_{min})}(1+\beta)\ln\left(\frac{(1+\beta)}{2}\right)\right) \tag{7-106}$$

后两个关系能够确定熄火曲线结束点的坐标为

$$P_1^* = \left(\frac{1+\beta}{2}\right)^{\frac{(1-\beta)}{\beta}}, \quad s_{\min}^* = \left(\frac{1-\beta}{1+\beta}\right)\left(\frac{1+\beta}{2}\right)^{\frac{(1-\beta)}{\beta}} \qquad (7-107)$$

图 7.8 显示了参数 β 不同时的依赖关系 $P_1^*(s^*)$。虚线是熄火曲线端点的轨迹。稳定燃烧速率对初始温度式(7-42)的指数依赖性可以类似的方式分析。

快速压降时推进剂熄火发生的条件为 $P_1 < k\exp(1-k)$。该结果从式(7-42)中获得,通过设置 $\varphi = 1$ 并寻找 P_1 最小值使 v 的解仍然存在。从 $P = 1$ 到 $P = P_1 = k\exp(1-k)$ 的压降导致燃烧速率下降到 $v_1 = k$。在该点处,可达到最大值 $\Lambda^* = \ln\left(\dfrac{v_1}{P_1}\right) = k - 1$,更大幅度的压强下降会导致熄火。

在压强逐渐降低的情况下,同样的值 $\Lambda = \Lambda^* = k - 1$ 也会发生熄火,因为较小的 Λ [式(7-42)] 不能满足任何燃烧速率值。在 $\tau = \tau_0$ 时将 Λ^* 代入式(7-44)得到以下方程,该方程将临界压降 P_1 确定为 s^* 的函数,即

$$P_1 = \exp\left\{\frac{s^*}{(s^* - P_1)}\left[1 - k - \frac{s^* - P_1(1-k)}{(s^* - P_1)}\ln\left(1 + \frac{(1-k)(s^* - P_1)}{ks^*}\right)\right]\right\}$$
$$(7-108)$$

$$P_1 = \left\{1 - \frac{k\exp(1-k)}{s^*}\left[(1+k)\ln\left(\frac{1}{k}\right) - 2(1-k)\right]\right\}k\exp(1-k)$$
$$(7-109)$$

熄火曲线结束点位置由以下条件确定:

$$\Lambda = \Lambda^* = k - 1, \quad d\Lambda/d\tau = 0 \qquad (7-110)$$

式(7-43)给出了 $P_1^*(k-1) + s_{\min}^* = 0$,因此熄火曲线终点的坐标为

$$P_1^* = \exp\left[-\frac{(1-k)^2}{k}\right], \quad s_{\min}^* = (1-k)\exp\left[-\frac{(1-k)^2}{k}\right] \qquad (7-111)$$

图 7.9 说明了式(7-108)提供的依赖关系,虚线的意义与图 7.8 相同。

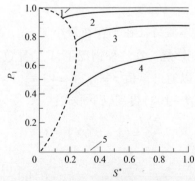

图 7.8 燃烧速率与初始温度线性相关的情况下的熄火曲线
1—$\beta=1.0$;2—$\beta=0.7$;3—$\beta=0.5$;4—$\beta=0.3$;5—$\beta=0$。

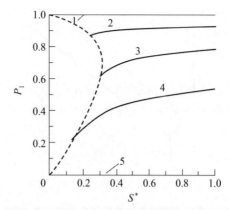

图7.9 燃烧速率对初始温度呈指数依赖性的情况下的熄火曲线
1—$k=1.0$；2—$k=0.7$；3—$k=0.5$；4—$k=0.3$；5—$k=0.0$。

7.7 降压下推进剂燃烧和熄灭:可变燃面温度

在可变燃面温度条件下,解释快速和深度压降时推进剂熄火的定性分析考虑如下。首先,对与例如火药 N(图 3.19)有关的依赖关系 $u(f)$,7.6 节中描述的熄火机制不存在。实际上,在这种情况下,作为燃烧速率函数的温度梯度没有最大值,依赖关系 $T_s(f)$ 具有类似的形式。

对可变表面温度情况下熄火机制的正确理解必须基于函数 $u(f)$ 和 $T_s(f)$ 在 u 足够小且 T_s 足够低时的行为信息。图 3.19 显示了描述初始温度 $-200\ ℃ < T_0 < 140\ ℃$ 范围内的稳定燃烧状态数据。

人们有可能会发现在某个足够低的初始温度下,稳定燃烧无法进行,在该情况下,燃面温度将太低而无法维持连续的化学反应,$u(f)$ 和 $T_s(f)$ 函数曲线将在某些点 (f_i, u_i) 和 (f_i, T_{si}) 结束。另一种可能性是稳定燃烧存在并且可以观察到低至 0K 度的初始温度。然后,不稳定燃烧定律 $u(f, p)$ 和 $T_s(f, p)$ 可以从它们的稳定对应项 $u^0(T_a, p)$ 和 $T_s^0(T_a, p)$ 中获得,直到只有燃烧速率和燃面温度的某些值对应于 $T_0 = 0K$ 的温度。不稳定燃烧定律在燃烧速率和表面温度低于这些值时仍然相关,但它们在该区域的量化必须基于不稳定(如点火)燃烧状态的试验。预期在这种情况下,燃烧也可能仅在燃面温度的某个值以上观察到,即曲线 $T_s(f)$ 在某个点 (f_i, T_{si}) 结束,这个点有一个对应的点 (f_i, u_i) 为燃烧速率曲线的终点。

图 7.10 和图 7.11 显示了燃烧速率和燃面温度对压强 $p_1 < p_2$ 的两个不同值(分别为曲线 1 和曲线 2)的温度梯度的依赖性。这些曲线对应于给定推进剂初始温度和不同压强。

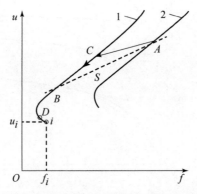

图7.10 具有可变燃面温度模型中的熄火光、燃烧速率对两种不同压强的温度梯度的依赖性

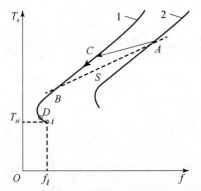

图7.11 随着变化的表面温度的熄火模型，两个不同压力下表面温度随温度梯度的变化

如果压力从 p_2 变为 p_1，则定性考虑推进剂燃烧行为。初始状态用 A 表示，最终状态用 B 表示。曲线 s 对应缓慢压强变化下的过渡过程。在压强快速变化的情况下，燃面温度最初没有显著变化（并且在突然压降的极限内根本没有变化），而表面温度梯度和燃烧速率经历突变，由 AC 段表示。推进剂内部的温度曲线在压强变化下只出现轻微改变。图7.12 中的实线 A 代表初始温度分布，虚线 C（仅在推进剂燃面附近才能与 A 区分开）表示在压强刚降低后的温度分布。燃面温度变化很小，但燃面温度梯度变化很大。初始温度增加的稳定温度曲线 C_1 对应于新的温度梯度。如果压强不再变化并保持等于 p_1，则推进剂的状态将沿曲线1（图7.10 和图7.11）从 C 变为 B，表面温度和燃烧速率均下降。事实上，对于燃烧表面附近的温度分布 C 和 C_1 及传热方程 $(\partial T/\partial t)_c < 0$ 有

$$\left(\frac{\partial T}{\partial t}\right)_{C_1}=0,\ u\left(\frac{\partial T}{\partial x}\right)_C=u\left(\frac{\partial T}{\partial x}\right)_{C_1},\ \kappa\left(\frac{\partial^2 T}{\partial x^2}\right)_C<\kappa\left(\frac{\partial^2 T}{\partial x^2}\right)_{C_1} \quad (7-112)$$

第 7 章 非声学燃烧状态

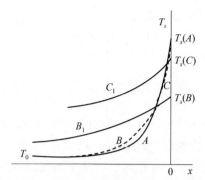

图 7.12 压降条件下的温度曲线演变过程

在快速和深度压降情况下,当系统接近 B 点时,温度曲线将与稳定曲线有很大区别(图 7.12 中的曲线 B 和曲线 B_1)。相同的原因将导致燃烧速率和燃面温度进一步降低,表示系统状态的点将继续向不稳定燃烧曲线 $u(f)$ 和 $T_s(f)$ 的末端移动。

此外,不稳定燃烧过程行为取决于压降的速度和幅度。对于较小的压强比 p_2/p_1 或是慢速压强变化,曲线 B_1 部分的温度曲线(图 7.10 和图 7.11)应表现为,燃面附近的二阶导数与稳定燃烧温度曲线的导数相同。后者的稳定温度曲线对应于现有温度梯度的瞬时值。进一步燃面温度和燃烧速率下降将在 D 点处停止,系统将开始以振荡方式返回到稳定状态 B。较大的压降速率和压降幅度可能导致在 i 点停止燃烧。

这种定性分析表明,在可变燃面温度情况下,熄火的主要原因与泽尔多维奇模型(恒定表面温度)中的相同,即初始状态和最终状态的温度分布之间的差异。然而,这两种情况下燃烧速率和温度分布行为的细节以及熄火标准明显不同。在恒定燃面温度情况下,推进剂熄火由曲线 $u(f)$ 上具有无限导数的点决定。在可变燃面温度情况下,它由对应于不稳定曲线 $u(f)$ 和 $T_s(f)$ 末端的点 i 确定。在恒定燃面温度情况下,没有熄火弛豫时,燃烧速率和温度分布趋于稳定状态,以单调方式发生,如果燃面温度可变,则以振荡方式发生。

两种模型都给出了最小压降幅度与推进剂熄火所需的压力变化率之间的性质相同的关系。两种模型中足以使熄火推进剂熄火的最小的压降速率均随着 p_2/p_1 的增加而降低。在恒定燃面温度情况下,熄火曲线,即足以导致熄火的压强比 p_2/p_1 对压降速率 $\mathrm{d}p/\mathrm{d}t$ 的依存关系可以从 7.6 节的结果中获得。在可变燃面温度情况下,熄火取决于点 C 和点 B 间的距离。后者随着压降幅度和压降速率变大而增加,因此足以导致熄火的压强比 p_2/p_1 会随着压降速率 $\mathrm{d}p/\mathrm{d}t$ 增加而降低。

可以使用 Z – N 理论形式的详细模拟以及与实验数据的比较来验证提出的熄火情形(Lidskii 等,1983,1985;Marshakov 和 Novozhilov,2011a)。考虑由以下压降方程强制的推进剂瞬态燃烧过程：

$$\eta(\tau) = \eta_k + (1-\eta_k)\exp(-\tau/\tau_c) \quad (\tau \geq 0) \quad (7-113)$$

式中：η_k 为指定的无量纲最终压强。变量的尺度与 2.3 节相同，特别是 $\tau_c = (u^0)^2 t_c/\kappa$ 为无量纲时间对应于压降时间 t_c 的尺度，初始温度分布为

$$\theta_i(\xi) = \exp(\xi) \quad (\xi \leq 0) \quad (7-114)$$

瞬态燃烧速率可由积分 Z – N 理论式(2 – 49)和式(2 – 50)确定。

Lidskii 等（1983）使用了 Zenin（1973）、Pokhil 等（1967）及 Kowalskii 等（1967）的试验结果，这些研究提供的燃烧速率和燃面温度对压强和初始温度的相关性可以近似为以下关系：

$$u = \frac{Ap}{\left(1-\dfrac{(1-\hat{\gamma})}{1+p/\alpha}\right)}\exp\left(\frac{CT_0^3}{1-\dfrac{(1-\hat{\gamma})}{1+p/\alpha}}\right) \quad (7-115)$$

$$u = B\frac{T_s}{(T_s-T_a)^{\frac{1}{2}}}\exp\left(-\frac{E}{2RT_s}\right) \quad (7-116)$$

其中，给定参数分别为：$A = 6.08 \times 10^{-10}$ m³/(N·s)，$C = 1.22 \times 10^{-8}$ K⁻³，$\alpha = 3 \times 10^6$ N/m²，$\hat{\gamma} = 0.33$，$E = 8.8 \times 10^4$ J/mol，$R = 8.31$ J/(mol·K)，$B = 0.51$ m/s（燃烧速率和温度单位分别为 m/s 和 K）。

使用稳定温度而不是初始温度 $\kappa f = u(T_s - T_a)$，可推导出以下无量纲隐式关系：

$$\varphi = \nu\left\{\vartheta + \frac{1}{\hat{\mu}\vartheta_0} - \left(1-\frac{(1-\hat{\gamma})}{1+\eta_0\eta}\right)^{1/3}\cdot\left[\frac{1}{\hat{\delta}}\ln\left(\frac{1-\dfrac{(1-\hat{\gamma})}{1+\eta_0\eta}}{1-\dfrac{(1-\hat{\gamma})}{1+\eta_0}}\right)\frac{\nu}{\eta} + \frac{\left(\dfrac{1}{\hat{\mu}\vartheta_0}\right)^3}{1-\dfrac{(1-\hat{\gamma})}{1+\eta_0\eta}}\right]^{\frac{1}{3}}\right\}$$

$$(7-117)$$

$$\sqrt{\nu\varphi} = \frac{(1+\hat{\mu}\vartheta_0\vartheta)}{(1+\hat{\mu}\vartheta_0)}\exp\left(\frac{\vartheta_0}{(1+\hat{\mu}\vartheta_0)}\frac{(\vartheta-1)}{(1+\hat{\mu}\vartheta_0\vartheta)}\right) \quad (7-118)$$

这里引入了以下无量纲参数

$$\hat{\mu} = \frac{2RT_0}{E},\ \vartheta_0 = \frac{E}{2RT_0^2},\ \hat{\delta} = C(T_s^0-T_0)^3,\ \eta_0 = \frac{p^0}{\alpha} \quad (7-119)$$

初始压强为 $p^0 = 6 \times 10^6$ Pa 且初始温度为 $T_a = 293$ K，这些值意味着 $u^0 = 0.7 \times 10^{-2}$ m/s 且 $T_s^0 = 670$ K。

式(2 – 49)通过数值方式进行积分，该方式的细节可参考 Lidskii 等（1983）。该结果如图 7.13 和图 7.14 所示，图 7.13 表明，对于参数 $\eta_k = 0.4$ 和 $\tau_c = 1$ 燃烧速率的压降，在达到最小值后，渐近对应于最终压力（曲线 1）稳定状态的值。参数为 $\eta_k = 0.33$ 和 $\tau_c = 1$ 的压降会导致熄火（曲线 2）。

第 7 章 非声学燃烧状态

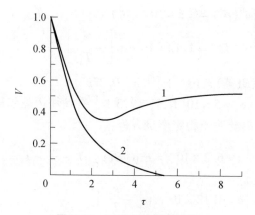

图 7.13 压降下的燃速变化

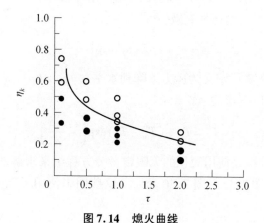

图 7.14 熄火曲线

○为不会导致熄火的控制参数(Lidskii 等,1983);●为强制熄火的控制参数(Lidskii 等,1983)。
实线为 Marshakov 和 Leipunskii(1967)的实验数据的近似值。

图 7.14 为熄火曲线,它在坐标 (τ_c, η_k) 中限定了强制熄火的控制参数区域。实验数据来自 Marshakov 和 Leipunskii(1967),他们使用了添加 2% MgO 的火药 N。仿真结果与实验数据一致性很好,需要注意相关性式(7-115)和式(7-116)是通过实验针对有限范围的压力和温度梯度变化确定的。然而,模拟结果表明外推法的选择对瞬态燃烧速率行为和熄火曲线的位置几乎没有影响。需要注意的是,式(7-115)和式(7-116)是在纯推进剂 N 的基础上推导出的,加入 2% 的 MgO 可能会导致最高达 10% 的燃速变化。

Marshakov 和 Novozhilov(2011a)对添加 2% MgO 的硝酸甘油基推进剂的熄火进行了另一组实验和模拟。Marshakov 等获得了此特定推进剂的以下实验相关性(2010):

$$\begin{cases} u^0(p^0) = 6.2 \times 10^{-2}(p^0)^n \exp[\beta(p^0)T_a - T_k] \\ u^0(T_s^0) = 1.12 \times 10^3 \exp\left[-\dfrac{\varepsilon_s}{T_s^0}\right] \\ \beta(p^0) = 10^{-3} \times [8.3 - 0.27p^n] \end{cases} \quad (7-120)$$

这里 $n = 0.57, \varepsilon_s = 5 \times 10^3$ K, $T_k = 273$ K。在使用迈克尔逊曲线消除初始温度时,式(7-120)转化为不稳定燃烧方程:

$$\begin{cases} u = 6.2 \times 10^{-2} p^n \exp\left[\beta(p)\left(T_s - \dfrac{\kappa f}{u} - T_k\right)\right] \\ u = 1.12 \times 10^3 \exp\left[-\dfrac{\varepsilon_s}{T_s}\right] \\ \beta(p) = 10^{-3} \times [8.3 - 0.27p^n] \end{cases} \quad (7-121)$$

考虑了以下形式的压强衰减:

$$p = p_f + (p_i - p_f)\exp\left(-\dfrac{t}{t_p}\right) \quad (7-122)$$

这里,时间尺度 t_p 定义为压力下降到水平 $p = p_f + (p_i - p_f)/e$ 所需的时间,初始温度分布为以下形式:

$$T_i^0 = T_a + (T_{si}^0 - T_a)\exp\left(-\dfrac{u_i^0 x}{\kappa}\right) \quad (7-123)$$

Z-N 理论方程是使用简化的无限常微分方程组来求解的(2.5节)。与实验数据的比较如图7.15~图7.20所示。这些图中使用了以下无量纲时间、相对速度和压降:

$$\tau = \dfrac{u_i^2}{\kappa}t, \quad U = \dfrac{u}{u_i}, \quad H = \dfrac{p_f}{p_i} \quad (7-124)$$

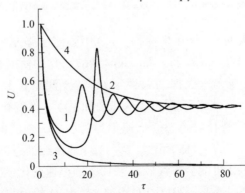

图 7.15 $t_p = 0.5$ ms 时的燃速对时间的函数
1—$H = 0.7$; 2—$H = 0.65$; 3—$H = 0.6$; 4—准稳定状态 $H = 0.65$。

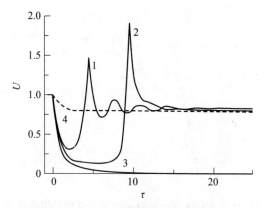

图 7.16 $H = 0.2$ 时燃速对时间的函数

1—$t_p = 0.78$ ms;2—$t_p = 0.76$ ms;3—$t_p = 0.74$ ms;4—准稳定状态 $t_p = 0.76$ ms。

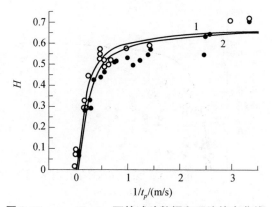

图 7.17 $p_i = 60$ atm 下的试验数据和理论熄火曲线

○为燃烧完全;●为熄火。1—$\kappa = 10^{-3}$ cm^2/s;2—$\kappa = 0.8 \times 10^{-3}$ cm^2/s。

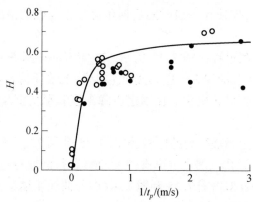

图 7.18 $\kappa = 10^{-3}$ cm^2/s 在 $p_i = 50$ atm 下的试验数据和理论熄火曲线

○为燃烧完全;●为熄火。

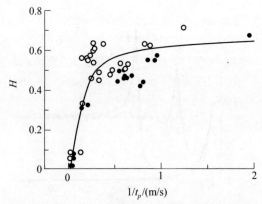

图 7.19 $\kappa = 10^{-3}$ cm²/s 在 $p_i = 40$ atm 下的试验数据和理论熄火曲线

○为燃烧完全；●为熄火。

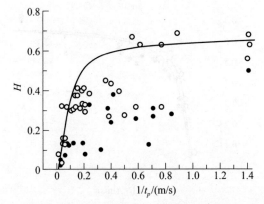

图 7.20 $\kappa = 10^{-3}$ cm²/s 在 $p_i = 30$ atm 下的试验数据和理论熄火曲线

○为燃烧完全；●为熄火。

需要注意的是，即使在一段时间后偶尔会发生重燃的情况，该样品也被认为已熄灭。

不同类型的过渡过程如图 7.15 所示。在固定的压降速率下，从过渡到新的稳定模式(曲线 1 和曲线 2)到完全熄灭(曲线 3)，在下降深度的微小变化下，衰减燃烧状态会发生显著变化。在固定压降深度和可变下降速率下观察到类似的模式(图 7.16)。

为了强调不稳定燃烧行为的性质，将图 7.15 和图 7.16 中的状态与通过将瞬时压力式(7-122)代入燃烧定律式(7-120)获得的准稳定近似值进行比较是有用的。后者的近似由图 7.15 和图 7.16 中的曲线 4 描绘，并且与真正的不稳定瞬时过程完全不同。

第 7 章　非声学燃烧状态

图 7.17～图 7.20 显示了熄火曲线分离的控制参数,导致从一些强迫熄火的状态过渡到新的稳定状态。这两种参数的域定义相当明确,这与图 7.15 和图 7.16 中的观察结果一致,表明瞬态过程性质对控制参数 t_p 和 H 很敏感。以图 7.15 中的数据为例,在固定值 t_p 时,转变过程类型在 $H = (0.65 \pm 0.05)$ ms 的范围内变化。在图 7.16 中, H 为定值,过程类型在 $t_p = (0.76 \pm 0.02)$ ms 处变化,这种情况允许准确定义理论熄火曲线。

熄火曲线将完全不同的过渡过程分开。对于曲线上方的参数,瞬态燃烧过程最终在压强 p_f 下接近稳定状态。对于曲线下方的参数,燃烧速率降低到极低的值,意味着停止燃烧。

该计算使用热扩散率的常规值 $\kappa = 10^{-3}$ cm²/s,尽管一些数据(图 7.17)用值 $\kappa = 0.8 \times 10^3$ cm²/s 描述得更好。

从 Lidskii(1983,1985)等及 Marshakov 和 Novozhilov(2011a)的研究可以看出, Z－N 理论成功地描述了由降压引起的推进剂熄火,熄火曲线预测与实验数据吻合。在低初始压力下观察到最大偏差,此时实验数据出现显著离散情况且重燃相当频繁。

可以使用燃烧方程的简单分析形式进一步说明各种参数对燃烧速率过渡行为和熄火的影响及压强对时间的指数级相关性。

$$\nu = \eta^t \exp\left[k\left(\vartheta - \frac{\varphi}{\nu}\right)\right], \nu = \exp\left[\frac{k}{r}(\vartheta - 1)\right] \quad (7-125)$$

$$\eta = 1, 0 \leqslant \tau \leqslant 1$$

$$\eta = \eta_f + (1 + \eta_f)\exp\left(\frac{-(\tau - 1)}{\tau_p}\right), \tau \geqslant 1 \quad (7-126)$$

因此,燃速转变过程在 $\tau = 1$ 时开始, $\eta_f < 1$ [式(7-126)]时对应无量纲压强从 $\eta = 1$ 至 $\eta = \eta_f$ 的指数级下降过程。另外, $\eta_f > 1$ 意味着压强增加。数值分析要求模拟时间间隔 $0 \leqslant \tau \leqslant \tau_{max}$ 为定值。

以下结果可能通过使用不同的 Z－N 理论公式获得,即 PDE 方法(Frost 和 Yumashev,1973;Novozhilov 等,2010)、积分方法(Lidskii 等,1983,1985)或热平衡积分方法(Marshakov 和 Novozhilov,2011a)。图 7.21～图 7.25 的虚线表明压强随时间变化的变化历程,而实线为燃速历程。随着时间无限延长,压力和燃烧速率分别接近 η_f 和 $v_f = \eta_f^t$。

下面考虑的一些过渡状态表现出燃速振荡。在恒压下,线性近似中无量纲频率由式(3-28)给出。在过渡过程中,当压力可以视为基本恒定时,该表达式仅应用于渐近情况。

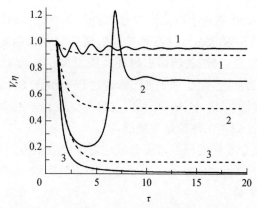

图 7.21 压降大小对不稳定燃烧速率的影响

$\iota=0.5, k=2, r=0.35, \tau_p=1.0; 1—\tau_p=0.9; 2—\eta_f=0.5; 3—\eta_f=0.1$。

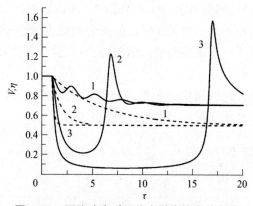

图 7.22 压降速率对不稳定燃烧速率的影响

$\iota=0.5, k=2, r=0.35, \eta_f=0.5; 1—\tau_p=5; 2—\tau_p=1.0; 3—\tau_p=0.2$。

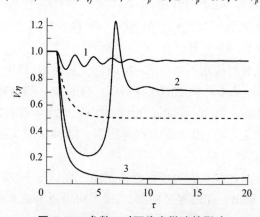

图 7.23 参数 ι 对不稳定燃速的影响

$\eta_f=0.5, k=2, r=0.35, \tau_p=1.0; 1—\iota=0.1; 2—\iota=0.5; 3—\iota=0.9$。

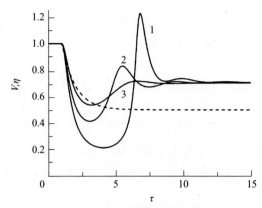

图 7.24 参数 r 对不稳定燃速的影响

$\iota = 0.5$, $k = 2$, $\eta_f = 0.5$, $\tau_p = 1.0$; 1—$r = 0.35$; 2—$r = 0.4$; 3—$r = 0.5$。

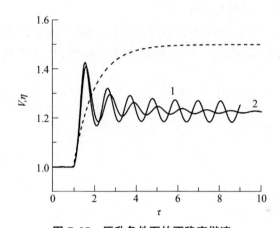

图 7.25 压升条件下的不稳定燃速

$\iota = 0.5$, $k = 2$, $\eta_f = 1.5$, $\tau_p = 1.0$; 1—$r = 0.375$; 2—$r = 0.4$。

$$\omega = \sqrt{\frac{k}{r^2} - \left(\frac{r(k+1) - (k-1)^2}{2r^2}\right)^2} \qquad (7-127)$$

图 7.21 显示了相同压降速率下,三种最终压强时的燃速过渡过程,相应地,最终稳定燃速在三种情况下均不同。参数的选择值在稳定性边界附近(边界处 $r = 1/3$)。

在较小压降速率时(曲线 1),该系统行为接近线性,燃速振荡周期为 $T = 1.73$,其中 $T = 2\pi/\omega$。该值可以从图 7.21 中找到,也可以从式(7 - 127)中找到。在更深的压降幅度下,燃速降低到大大低于相应准稳定的值。这种燃烧速度下降会持续一段时间,之后燃烧速度通过振荡接近最终稳定值。例如,压强下降到其初始值的一半(曲线 2),导致大约四个时间单位抑制期。当最终压力比初始压力低一个数量级时(曲线3),抑制期要长得多,可能会持续数百个时间单位,因此,该情况下燃速恢复及收敛至稳定过程并未在图中展现。在下面讨论的其他图中也可以看到过渡过程的类似特征。

图7.22描述了具有相同压降幅度、不同压降速率的情况。压降速率的增加(情况1~情况3)导致燃烧不稳定性逐渐变得明显,表现为燃烧速率与准稳定值的较大偏差及抑制期时长和后期燃速恢复幅度的增加。

显然,燃烧速率对压强变化的敏感性越高,过渡过程的不稳定性就越明显。图7.23中显示了固定压降幅度和速率条件下,灵敏度参数ι对燃烧速率变化行为的影响。

对于参数k的固定值,随着燃面温度对初始温度(参数r)变化的敏感性增加,系统变得更加稳定。图7.24表明,随着系统稳定性的增加(曲线1~曲线3),不稳定效应变得不那么显著。

最后,图7.25描绘了随时间压升的情况。曲线1显示出微弱的衰减振荡。它们的周期可以根据式(7-127)估计为$T=1.12$,也可以从该图获得相似的值。

第8章
固体火箭发动机中的不稳定燃烧模拟

8.1 引言

本章考虑了配方中固体推进剂的燃烧,该配方将 Z – N 理论与对燃烧室中发生的过程的描述结合在一起。

考虑燃烧室的影响显示了声学和非声学燃烧模式之间的差异,在 7.1 节中定性和更精确地讨论了这一点。

火箭发动机燃烧室中的推进剂燃烧有三个不同的时间尺度。这些参数是凝聚相中预热区的弛豫时间 t_c、声学时间 t_a 和燃烧产物从燃烧室喷出的时间 t_{ch}。

如第 4 章,在声学燃烧状态,声学时间与凝聚相弛豫时间具有相同的数量级,即 $t_a \sim t_c$。这种情况导致发动机内部可能出现声学(通常是非线性)振荡。这样的发展出现在具有高燃烧室压强的大型发动机中。声学状态在 8.7 节中讨论。

凝聚相弛豫时间和燃烧室腔体弛豫时间相近的问题($t_c \sim t_{ch}$),以及问题时间尺度远大于声学时间的问题,形成了一类特殊的非定常非声现象。这些条件适用于低压下的小型发动机。继泽尔多维奇(1942)的开创性工作之后,这一研究领域也称半封闭体积内的推进剂燃烧。关于这类问题的理论研究比声学研究要少得多。事实上,只有在线性近似下的稳定区稳定性问题以完全一致的方式考虑。

声学时间 t_a 可定义为燃烧室内气体声学振荡的时间。以圆柱形燃烧室的

长度 L 和半径 R 为基准,声速为 a,纵向燃烧模态的声学时间为 $t_a \sim L/a$,横向燃烧模态的声学时间为 $t_a \sim R/a$。

凝聚相弛豫时间为 $t_c \sim \kappa/(u^0)^2$。与 t_a 和 t_c 相比,燃烧产物可能发生纵向振荡的燃烧室长度 L_a 约为

$$L_a \sim \frac{a\kappa}{(u^0)^2} \tag{8-1}$$

对于 $\kappa \sim 10^{-3} \text{ cm}^2/\text{s}$、$a \sim 10^{-5} \text{cm/s}$、$u^0 \sim 1$ 的情况,L_a 约为 1 m。

对于非声燃烧状态,t_c 与燃烧室弛豫时间 t_{ch} 相当,后者是根据气体从喷管排出的时间估算的。特别值得一提的是,在没有燃烧的情况下,质量守恒表示为

$$\frac{\mathrm{d}M_g}{\mathrm{d}t} = -Aps \tag{8-2}$$

式中:M_g、p、s 和 A 分别为燃烧室中气体的质量、压力、喷管截面面积和喷管流量系数。后者可以按照 Landau 和 Lifshitz(1987)的理论写成

$$A = \frac{\Gamma(\gamma)}{a}, \quad \Gamma(\gamma) = \sqrt{\gamma}\left(\frac{2}{\gamma+1}\right)^{\frac{\gamma+1}{2(\gamma-1)}} \tag{8-3}$$

对于理想气体,式(8-2)有以下形式:

$$\frac{\mathrm{d}p}{\mathrm{d}t} = -\frac{p}{t_{ch}}, \quad t_{ch} = \frac{V}{Asa^2} \tag{8-4}$$

对于圆柱形燃烧室,容积 $V = SL$,其中燃烧室横截面面积 S 远大于喷管横截面面积 $S \gg s$。为使得 $t_c = t_{ch}$,燃烧室长度必须为

$$L_{na} \sim \frac{s}{S} \frac{a\kappa}{(u^0)^2} \tag{8-5}$$

将式(8-5)和式(8-1)的比较表明,$L_a \gg L_{na}$,即在大型发动机中形成声学状态,而在小规模发动机中形成非声学状态。

8.2 非声学状态:问题表述

本章中对非声学状态的分析使用了许多近似方法,具体如下。

(1)考虑一维问题,L 和 S 分别为圆柱形燃烧室的长度和横截面面积。相分离边界位于 $x=0$ 处。燃烧室占据区域 $0 \leqslant x \leqslant L$,而推进剂填充半空间 $x \leqslant 0$。

(2)非声学状态中不存在声波,因此压力在空间上是均匀的,且只与时间有关。

(3)推进剂的热性能和物理性能(如密度、比热容和导热系数)被认为

第 8 章　固体火箭发动机中的不稳定燃烧模拟

是恒定的。

（4）用 Z‐N 理论描述了不稳定燃烧过程。因此,燃速 u^0、表面温度 T_s^0、燃烧温度 T_b^0 与压力 p^0 和初始温度 T_a 之间的稳定相关性必须是已知的。

（5）燃烧产物遵循理想气体定律

$$\rho_g = \frac{\tilde{\mu} p}{R T_g} \tag{8-6}$$

式中：$\tilde{\mu}$ 为分子质量；R 为通用气体常数。

（6）燃烧室容积 $V = LS$ 的变化可以忽略不计。考虑这一影响将燃速乘以因子 $1 - \rho_g/\rho$,该式几乎等于 1。这里,ρ_g 和 ρ 分别是气体和凝聚相的密度。

考虑到现有的推进剂成分和火箭发动机设计的多样性,采用的近似方法是合理的。从理论上看,这不会导致一般性的缺失,因为所描述的方法在经过相关修改后对更复杂的燃烧模型和燃烧产物性质的描述仍然有效。

非声学燃烧状态的研究需要考虑两种不同的不稳定过程：第一种是推进剂（$x \leq 0$）的不稳定燃烧,前面几章详细讨论了这一点；第二种是气相的不稳定行为（$0 \leq x \leq L$）。

很明显,在不稳定燃烧状态下,燃烧室允许气体温度的改变。因此,燃烧室腔体内的压力依赖时间,而燃烧室温度随腔体长度和时间变化。为了描述燃烧室内气体的行为,进行了一些简化。

描述燃烧产物行为的最简单方法是所谓的等温近似（Ⅰ近似）。这个近似是在 Zeldovich(1942) 和 Novozhilov(1967b) 对半封闭空间中稳定燃烧区域稳定性的早期研究中引入的。Zeldovich(1942) 研究了一个理想的恒定表面温度模型,而 Novozhilov(1967b) 在 Z‐N 理论框架内研究了一个变表面温度模型。

Ⅰ近似是基于燃烧室内的气体质量守恒和气体温度在体积上均匀的假设。假定气体温度等于稳定燃烧温度,则有

$$\frac{d(\rho_g V)}{dt} = \rho u S - A(T_g) p s, \quad T_g = T_b^0 \tag{8-7}$$

式中：V 为燃烧室腔体体积；u 为推进剂线性燃速；A 为横截面为 s 的喷管的流量系数。

由理想气体假设可以得到：

$$\frac{\tilde{\mu} V}{R T_b^0} \frac{dp}{dt} = \rho u S - A(T_b^0) p s \tag{8-8}$$

M 近似对应于进入燃烧室腔体的新气体与已经存在于腔体中的全部气体的瞬时混合。在这种情况下,气体的压力和温度取决于时间,但在空间上是均

匀的。这些量的时间演变需要从质量守恒定律和能量守恒定律中找到：

$$\frac{d(\rho_g V)}{dt} = \rho u S - A(T_g)ps, \quad \frac{d(\rho_g V c T_g)}{dt} = c_p[\rho u T_b S - A(T_g)T_g ps] \quad (8-9)$$

对于理想气体，式(8-9)有以下形式：

$$\begin{cases} \dfrac{\tilde{\mu} V}{R} \dfrac{d}{dt}\left(\dfrac{p}{T_g}\right) = \rho u S - A(T_g)ps, \\ \dfrac{\tilde{\mu} V}{\gamma R} \dfrac{dp}{dt} = \rho u T_b S - A(T_g)T_g ps \end{cases} \quad (8-10)$$

其中 $\gamma = c_p/c_v$ 为比热容比。

最后，W 近似描述了当新的气体部分既不与占据燃烧室腔体的气体混合，也不与其交换能量的情况。压力只与时间有关，而温度也与空间坐标有关。假设气体为理想气体，守恒定律的形式是

$$\begin{cases} \rho_g = \dfrac{\tilde{\mu} p}{R T_g}, \quad \dfrac{\partial \rho_g}{\partial t} + \dfrac{\partial \rho_g u_g}{\partial x} = 0 \\ \rho_g c_p \left(\dfrac{\partial T_g}{\partial t} + u_g \dfrac{\partial T_g}{\partial x}\right) = \dfrac{dp}{dt} \end{cases} \quad (8-11)$$

本章将使用以下无量纲变量：

$$\tau = \frac{(u^0)^2 t}{\kappa}, \xi = \frac{x}{L}, \nu = \frac{u}{u^0}, \nu_g = \frac{u_g}{u_g^0}, \eta = \frac{p}{p^0}, \theta_g = \frac{T_g}{T_b^0}, \rho = \frac{\rho_g}{\rho_g^0}, \chi = \frac{\mu(u^0)^2 V}{A(T_b^0)RT_b^0 s \kappa}$$

$$(8-12)$$

式(8-12)中 x 称为系统常数，表示气体从燃烧室排出的时间与凝聚相弛豫时间的比，有

$$\chi = \frac{t_{ch}}{t_c}, \quad t_{ch} = \frac{\tilde{\mu} V}{A(T_b^0)RT_b^0 s}, \quad t_c = \frac{\kappa}{(u^0)^2} \quad (8-13)$$

更简单的燃烧室腔体特征时间表达式为 $t_{ch} = L/u_g^0$。

在无量纲变量中，I 近似式(8-8)呈以下形式：

$$\chi \frac{d\eta}{d\tau} = \nu - \eta \quad (8-14)$$

M 近似式(8-10)需要两个方程：

$$\begin{cases} \chi \dfrac{d}{d\tau}\left(\dfrac{\eta}{\theta_g}\right) = \nu - \dfrac{\eta}{\sqrt{\theta_g}} \\ \dfrac{\chi}{\gamma} \dfrac{d\eta}{d\tau} = \nu \theta_b - \eta \sqrt{\theta_g} \end{cases} \quad (8-15)$$

W 近似式(8-11)可以表示为

第 8 章 固体火箭发动机中的不稳定燃烧模拟

$$\begin{cases} \rho = \dfrac{\eta}{\theta_g} \\ \chi\dfrac{\partial \rho}{\partial \tau} + \dfrac{\partial \rho v_g}{\partial \xi} = 0 \\ \chi\dfrac{\partial \theta_g}{\partial \tau} + v_g\dfrac{\partial \theta_g}{\partial \xi} = \dfrac{(1-\gamma)\chi}{\gamma\rho}\dfrac{\mathrm{d}\eta}{\mathrm{d}t} \end{cases} \quad (8-16)$$

式(8-14)~式(8-16)必须与描述凝聚相不稳定燃烧的方程一起求解。用于定义无量纲坐标 ξ 的空间尺度在这两个阶段是不同的。这是凝聚相预热区的 Michelson 厚度和气相的燃烧室腔体长度,适用于温度的求解,定标过程中凝聚相使用 $T_s^0 - T_a$,气相使用 T_b^0。此外,具体问题需包含适当的初始条件和边界条件。

8.3 半封闭容积中稳定状态的稳定性

半封闭空间稳定条件下的质量流率与喷管流量一致:

$$\rho u^0 S = A p^0 s \quad (8-17)$$

可以很容易地证明(Zeldovic,1942),在准稳定近似下,即在燃烧速率和压力之间的稳定关系 $u^0 \sim (p^0)^\iota$ 的假设下,燃烧只有在 $\iota < 1$ 时才是稳定的。否则,任何压力扰动都会改变式(8-17)平衡状态,从而使扰动随时间增长。

这样的稳定性研究方法是不一致的。对稳定性条件的正确描述必须考虑相关过程的不稳定特性以及燃料和燃烧室的惯性。

在低压工作的固体火箭发动机的设计中,预测非声学不稳定性的能力是至关重要的。必须知道维持稳定状态的最小压力值。试图在与稳定燃烧不兼容的工作条件下启动发动机会导致点火延迟或间歇性燃烧。稳定燃烧阶段在间歇性开始之前,转变为非声学频率和振幅增大的振荡状态。为了稳定发动机的运行,必须增加发动机的长度或工作压力。这可以通过减小喷嘴横截面面积来实现。在装药燃烧过程中,随着燃面的逐渐减小,也可能观察到非声学不稳定性。在这种情况下,燃烧开始于稳定,但随着压力的降低,达到了不稳定发展的条件。燃烧变得不稳定,并产生低频振荡。

定性地讲,非声不稳定性的发展描述如下。燃烧室内的压力波动会导致燃速的变化,即单位时间内进入燃烧室的燃烧产物的变化。同样,燃烧速率的变化也会影响燃烧室压力。因此,由燃烧室和燃料组成的系统具有反馈回路。应该注意的是,这两种方式的交互都不是瞬时的。固体燃料和燃烧室都有一定热惯性。

首先考虑 I 近似下的燃烧稳定性。这个问题最早是由 Zeldovich(1942)在推进剂表面温度恒定的假设下提出并研究的。可以使用 Novozhilov(1967b)发展的方法在 Z-N 理论的框架内进行考虑表面温度变化的一致性分析。

稳定区的微小扰动可以用线性近似来解析描述。

为此,采用了无量纲复振幅法。任何与时间相关的函数都写成其稳定值和一个小振荡分量的和,即

$$\phi = \phi^0 + [\phi_1 \exp(i\omega_c \tau) + \text{c.c}] \quad (8-18)$$

其中:$\omega_c = \omega + i\lambda$ 为复频率。

包含频率的因子具有以下形式:

$$\exp(i\omega_c \tau) = \exp(i\omega\tau)\exp(-\lambda\tau) \quad (8-19)$$

因此,在频率为 ω 的时间振荡中,扰动要么衰减($\lambda > 0$),要么增长($\lambda < 0$)。$\lambda = 0$ 将这两个区域分开,并描述了稳定性边界。边界处的频率为纯实数。

此外,压力和燃速表示为以下形式:

$$\begin{cases} \eta = 1 + [\eta_1 \exp(i\omega_c \tau) + \text{c.c}] \\ \nu = 1 + [\nu_1 \exp(i\omega_c \tau) + \text{c.c}] \end{cases} \quad (8-20)$$

将式(8-14)线性化可给出气体的复振幅与压力和燃速之间的关系:

$$(1 + i\chi\omega_c)\eta_1 - \nu_1 = 0 \quad (8-21)$$

另外,考虑燃速对振荡压力的响应[式(4-27)],得到了这些值之间的关系:

$$\begin{cases} \nu_1 = \dfrac{\iota + \delta(z-1)}{1 + (z-1)(r - k/z)} \eta_1 \\ z = \dfrac{1}{2}(1 + \sqrt{1 + 4i\omega_c}) \\ \delta = \iota r - \mu k \end{cases} \quad (8-22)$$

式(8-21)和式(8-22)给出了频率的特征方程:

$$\begin{aligned} 1 + i\chi\omega &= U \\ U &= \frac{\iota + \delta(z-1)}{1 + (z-1)(r - k/z)} \end{aligned} \quad (8-23)$$

对于任何固定的推进剂参数(ι、μ、k 和 r),它的解给出了稳定边界上的仪器常数 χ 和频率 ω 的值。

图8.1显示了 (k, χ) 平面上其他问题参数固定值的稳定边界。曲线上方的区域对应于稳定区域。随着参数 r 的增大,稳定燃烧区域变宽。对于 $\chi \to \infty$(恒压)的情况,稳定边界由式(3-29)得出。

第 8 章　固体火箭发动机中的不稳定燃烧模拟

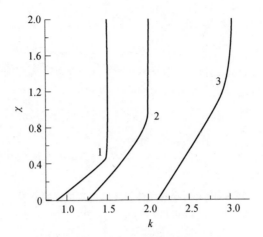

图 8.1　半封闭体中稳定燃烧区的稳定边界

1—$\iota=0.5$，$\delta=0.1$，1—$r=0.1$；2—$r=0.3$；3—$r=1$。

稳定边界处参数 k 的频率依赖性如图 8.2 所示。仪器常数的相应值可从图 8.1 中找到。

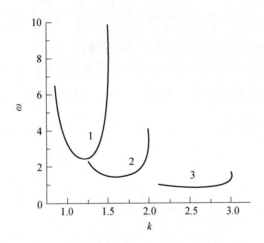

图 8.2　半封闭体中稳定区稳定边界频率

1—$\iota=0.5$，$\delta=0.1$，$r=0.1$；2—$r=0.3$；3—$r=1$。

随着参数 ι (燃速对压力变化的敏感性)的增加,稳定区收缩如图 8.3 所示。

考虑进入燃烧室的燃烧产物与燃烧室腔体气体瞬间混合的 M 近似,气体温度 θ_g 和燃烧温度以类似于式(8-20)的形式表示。

将式(8-15)线性化,得到两个关系式:

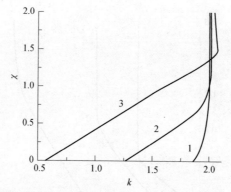

图 8.3 ι 对半封闭体稳定区稳定边界的影响
1—$\iota=0.5$, $\delta=0.1$, $r=0.1$; 2—$\iota=0.5$; 3—$\iota=0.9$。

$$\begin{cases} (1+\mathrm{i}\chi\omega)=\nu_1+(1+2\mathrm{i}\chi\omega)\dfrac{\theta_{\mathrm{g}1}}{2} \\ \dfrac{\theta_{\mathrm{g}1}}{2}=\nu_1+\theta_{\mathrm{b}1}-\left(1+\dfrac{\mathrm{i}\chi\omega}{\gamma}\right)\eta_1 \end{cases} \quad (8-24)$$

可从式(8-24)中消除气体温度扰动,得到燃速复振幅与压力的关系:

$$(1+\mathrm{i}\chi\omega)\eta_1=\nu_1+(1+2\mathrm{i}\chi\omega)\left[\nu_1+\theta_{\mathrm{b}1}-\left(1+\dfrac{\mathrm{i}\chi\omega}{\gamma}\right)\eta_1\right] \quad (8-25)$$

然而,这种关系包括未知的燃烧温度扰动的振幅。

假设燃烧温度对初始温度和压力的稳定依赖性 $T_b^0(T_a,p^0)$ 已知,则可以得到燃烧温度。根据 Z-N 理论的一般形式,可以导出不稳定燃烧定律 $T_b\left(T_s-\dfrac{\kappa f}{u},p\right)$。

其线性化形式如下:

$$\dfrac{T_{\mathrm{b}1}}{T_s^0-T_a}=r_b(\vartheta_1-\varphi_1+\nu_1)+\mu_b\eta_1 \quad (8-26)$$

其中

$$\begin{cases} r_b=\left(\dfrac{\partial T_b^0}{\partial T_a}\right)_{p^0} \\ \mu_b=\dfrac{1}{T_s^0-T_a}\left(\dfrac{\partial T_b^0}{\partial \ln p^0}\right)_{T_a} \end{cases} \quad (8-27)$$

是燃烧温度对初始温度和压力变化的灵敏度的线性系数。使用式(4-26),燃烧温度扰动的振幅可由(8-26)表示为燃速和压力扰动振幅的函数:

$$\begin{cases} \theta_{\mathrm{b}1}=\Delta\left(\dfrac{r_b}{k}\nu_1+\left(\mu_b-\dfrac{\iota r_b}{k}\right)\eta_1\right) \\ \Delta=\dfrac{T_s^0-T_a}{T_b^0} \end{cases} \quad (8-28)$$

第 8 章 固体火箭发动机中的不稳定燃烧模拟

结合式(8-25)和式(8-28), M 近似中的稳定边界可按以下形式描述:

$$\begin{cases} 1 + i\chi\omega + (1+2i\chi\omega)\left[1 + \dfrac{i\chi\omega}{\gamma} - \Delta\left(\mu_b - \dfrac{\iota r_b}{k}\right)\right] = U\left[1 + \left(1 + \dfrac{\Delta r_b}{k}\right)(1+2i\chi\omega)\right] \\ U = \dfrac{\iota + \delta(z-1)}{1 + \left(r - \dfrac{k}{z}\right)(z-1)} \end{cases} \tag{8-29}$$

Novozhilov(1967c)、Gostintsev 和 Sukhanov(1974)考虑了不同细节层次的 M 近似。特别是,Novozhilov(1967c)证明,与 I 近似相比,考虑能量守恒(在 M 近似下进行)会导致 Δ 和 $(\gamma-1)/\gamma$ 阶的修正(远小于1)。实际上,令式(8-29)中 $\Delta=0, \gamma=1$,给出了特征方程式(8-23),该式是在 I 近似下导出的。

W 近似中包含气体绝热假设,即气相中没有热交换。这一事实反映在式(8-11)中。它们必须得到边界条件的补充:

$$x = 0, \; \rho_g u_g = \rho u, \; T_g = T_b, \; x = L, \; S\rho_g u_g = A(T_g)ps \tag{8-30}$$

式(8-16)和边界条件式(8-30)的线性化导致以下无量纲边值问题(BVP):

$$\begin{cases} \rho_1 = \eta_1 - \theta_1, \; i\chi\omega\rho_1 + \dfrac{\partial(\rho_1 + v_{g1})}{\partial\xi} = 0 \\ i\chi\omega\theta_{g1} + \dfrac{\partial\theta_{g1}}{\partial\xi} = i\chi\omega\dfrac{1-\gamma}{\gamma}\eta_1 \\ \xi = 0, \; \rho_1 + v_{g1} = v_1, \; \theta_{g1} = \theta_{b1} \\ \xi = 1, \; \rho_1 + v_{g1} = \eta_1 - \dfrac{\theta_{g1}}{2} \end{cases} \tag{8-31}$$

将气体温度复振幅 θ_{g1} 方程积分,考虑到 $\xi=1$ 的边界条件,得到:

$$\theta_{g1}(\xi) = \left(\theta_{b1} - \dfrac{\gamma-1}{\gamma}\eta_1\right)\exp(-i\chi\omega\xi) + \dfrac{\gamma-1}{\gamma}\eta_1 \tag{8-32}$$

将连续方程沿燃烧室长度进行积分,得到:

$$i\chi\omega\left(\eta_1 - \int_0^1\theta_{g1}(\xi)d\xi\right) + \eta_1 - \dfrac{\theta_{g1}(1)}{2} - v_1 = 0 \tag{8-33}$$

此外,将式(8-28)中的 θ_{b1} 代入表达式(8-32), W 近似下的频率特征方程为

$$\dfrac{1 + \gamma + 2i\chi\omega}{2\gamma} + \left[\dfrac{\gamma-1}{\gamma} - \Delta\left(\mu_b - \dfrac{\iota r_b}{k}\right)\right]\left(1 - \dfrac{1}{2}\exp(-i\chi\omega)\right)$$

$$= U\left[1 + \dfrac{\Delta r_b}{k}\left(1 - \dfrac{1}{2}\exp(-i\chi\omega)\right)\right] \tag{8-34}$$

$$U = \dfrac{\iota + \delta(z-1)}{1 + \left(r - \dfrac{k}{z}\right)(z-1)}$$

在等温近似,即 $\Delta \to 0$ 及 $\gamma \to 1$ 的情况下,式(8-34)变为式(8-23)。Assovskii 和 Rashkovsky(1998)也研究了 W 近似。

用于寻找稳定边界的最简单数值求解步骤如下:可以根据参数 $k = K(\chi, \omega)$ 求解特征方程。根据定义,该值是实数且为正,即 $\mathrm{Im}\, K(\chi, \omega) = 0$。后一个限制给出了频率和仪器常数之间的关系。将这种关系代入 $k = \mathrm{Re}[K(\chi, \omega)]$,在其他问题参数固定的情况下,可以找到稳定边界处的 ω、χ 和 k。

图 8.4 展示了三种所考虑的近似方法的稳定性边界。这 3 条曲线彼此接近,这是在 $\Delta \ll 1$ 和 $\gamma - 1 \ll \gamma$ 时的结果。

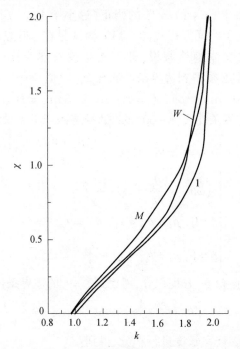

图 8.4　I、M 和 W 近似下半封闭体积内稳定燃烧区的稳定性边界

$r = 0.3$, $\iota = 0.5$, $\delta = 0$.

可通过实验测试获得的稳定性准则式(8-23)。特别地,Marshakov 和 Novozhilov(2011b)证明了该准则与从双基推进剂瞬态燃烧试验中提取的实验数据一致。

8.4　瞬变状态

可以使用特定的推进剂燃烧模型来研究火箭发动机的瞬变状态。例如,考

第 8 章 固体火箭发动机中的不稳定燃烧模拟

虑稳定燃烧定律式(7-120)(Marshakov 等,2010)。使用 Z-N 理论的标准形式,这些可以转化为以下无量纲不稳定燃烧定律:

$$\nu = \exp\left(\frac{\varepsilon_s}{T_s^i}\frac{(\vartheta-1)}{(\vartheta+a)}\right), \quad a = \frac{T_a}{(T_s^i - T_a)}$$

$$\frac{\varphi}{\nu} = \vartheta - \frac{1}{\beta(p^i\eta)\dfrac{T_a}{(T_s^i - T_a)}} \times \left\{\ln\frac{\nu}{\eta^n} - (T_a - T_K)[\beta(p^i\eta) - \beta(p^i)]\right\} \quad (8-35)$$

这里的上标是 i 而不是 0,用于表示稳定下的初始压力,以强调式(8-35)适用于不稳定燃烧过程。同样地,初始表面温度表示为 T_s^i。使用初始(稳定)压力和初始(稳定)燃速 u^i 定义仪器常数。

燃烧室中的过程可用 I 近似来描述。如果喷管横截面面积在燃烧过程中发生变化,则需要一个附加系数 $\sigma = s/s^i$,即瞬时横截面面积与其初始值的比,代入无量纲质量守恒方程式(8-14)中,有

$$\chi^i \frac{d\eta}{d\tau} = \nu - \sigma\eta \quad (8-36)$$

Z-N 理论的常规公式式(2-33)和式(2-34),加上不稳定燃烧定律式(8-35)和燃烧室质量守恒式(8-36),适用于瞬变状态。需要给出函数依赖性 $\sigma = \sigma(\tau)$。初始条件为

$$\theta = \exp(\xi), \quad \eta = 1, \quad \vartheta = 1, \quad \varphi = 1, \quad \nu = 1 \quad (8-37)$$

对应于恒定喷管横截面面积 $\sigma = 1$ 的稳定状态。

可通过第 2 章中讨论的任意方法获得上述方程的解,例如积分平衡法(Marshakov 和 Novozhilov,2011b)。

在实验上,通过突然打开图 8.5 所示燃烧室内的二次喷嘴获得瞬变状态。通过爆炸一个小的辅助装药打开二次喷嘴。在第二个喷嘴打开之前,达到稳定燃烧状态。在这种情况下,参数 σ 在瞬态过程中是恒定的。Marshakov 和 Novozhilov(2011b)已报告了仪器和实验的全部细节。

在这些实验之后,函数 $\sigma = \sigma(\tau)$ 设置为从 $\tau = 0$ 时刻的 $\sigma = 1$(瞬态过程的开始)瞬态变化到另一个常数值 $\sigma = \text{const } t > 1$ 的瞬时燃烧期间保持常数。

参数 σ 和 t_{ch} 只能在一定精度范围内通过实验确定(Marshakov 和 Novozhilov,2011b)。测量实验值 σ_{exp} 的相对误差约为 10%。燃烧室弛豫时间(以及仪器常数)的测量精度要差得多。该参数取决于过渡过程中存在的燃烧室空隙体积。由于达到稳定状态需要一定的燃烧时间,后者通常会从初始值变为全燃烧室容积。这导致弛豫时间的测定存在很大的不确定性,即 3 ms < t_{ch} < 10 ms (Marshakov 和 Novozhilov,2011b)。

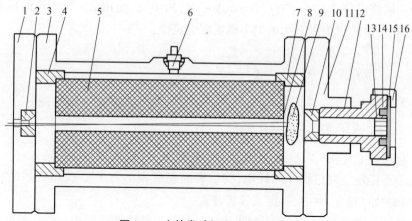

图 8.5　火箭发动机实验室示意图

1—前封头；2—主喷嘴；3—箱体；4—前固定环；5—发射药装药；6—压力表；7—背部固定环；
8—电点火器；9—黑火药装药；10—辅助喷嘴；11—后封头；
12—弹射装置本体；13—软木；14—环形通道；
15—膜；16—弹射装置的盖。

鉴于此类实验的不确定性，需要解决的问题是，对于属于不确定性区域的参数集，Z-N 理论是否可以与实验数据相一致。

图 8.6 中报告的四种不同工况的结果给出了肯定的答案。表 8.1 给出了每种工况的模拟参数。

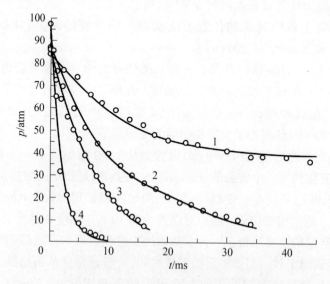

图 8.6　不同工况（表 8.1）下的压力瞬态行为

线和圆圈分别表示 Z-N 理论的预测值以及实验数据。

第 8 章 固体火箭发动机中的不稳定燃烧模拟

表 8.1 瞬态燃烧状态模拟和实验中使用的参数

工况	p^i/atm	u^i/(cm/s)	σ_{exp}	σ	$\dfrac{\sigma}{\sigma_{exp}}$	t_c/ms	t_{ch}/ms	χ^i
1	85	0.860	1.34	1.41	1.05	1.35	9.0	6.66
2	88	0.876	1.66	1.67	1.01	1.30	7.8	6.00
3	86	0.866	2.15	1.94	0.90	1.33	8.0	6.00
4	98	0.938	5.28	4.78	0.91	1.16	8.0	6.89

四种工况下的理论预测与参数集的实验结果一致,均在上述不确定度范围内。例如,参数的假定值 σ 与测量值 σ_{exp} 的误差不超过 10%(表 8.1)。所采用的燃烧室弛豫时间值在 3~10 ms 的指示不确定度范围内,但高于每个特定试验中测得的值。

无量纲压力 $\eta = p/p^i$ 以及无量纲燃速 $\nu = u/u^i$ 的演化分别如图 8.7 和图 8.8 所示。首先应该注意到,定性来说,压力和燃速行为是相互关联的。图 8.7 中的工况 1 明显过渡到新的稳定状态。这种新的状态发生在最终压力 p^f 和燃速 u^f 下,可利用式(8-38)得到

$$u^f = u^0(p^f), \quad \frac{u^f}{u^i} = \sigma \frac{p^f}{p^i} \qquad (8-38)$$

表 8.2 列出了式(8-38)所有工况的结果。

表 8.2 最终稳定状态下的压力、燃速和仪器常数值

工况	p^f/atm	u^f/(cm/s)	χ^f
1	40.4	0.576	2.110
2	28.8	0.479	1.070
3	20.1	0.393	0.640
4	2.99	0.135	0.031

另外,图 8.7 中的情况 2 说明了相对喷嘴膨胀 $\sigma = 1.67$ 时的熄火过程。

如果过程不稳定程度稍微降低($\sigma = 1.64$),则压力和燃速的行为将发生显著变化。如图 8.8 所示。燃烧过程接近稳定状态。所示曲线的形状反映了穿过分离稳定和不稳定稳定区域的边界时稳定性损失的振荡性质。

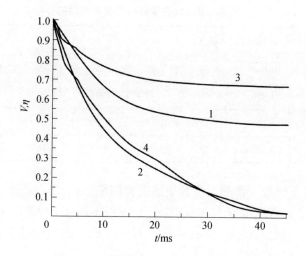

图 8.7 无量纲压力和燃速的瞬态特性

1—η,工况 1;2—η,工况 2,$\eta=1.67$;3—v,工况 1;4—v,工况 2,$\eta=1.67$。

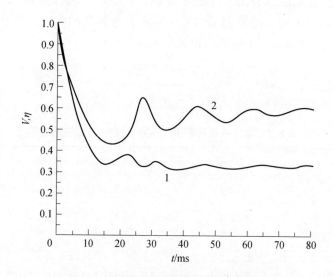

图 8.8 无量纲压力和燃速的瞬态特性。

工况 2,$\sigma=1.64$。1—η;2—v。

将这些解与准稳定近似下得到的解进行比较是有指导意义的。后者是通过假设瞬态燃速等于给定瞬时压力下的稳定值来获得的。换言之,燃速将遵循第一个相关性式(7-120),稳定压力 p^0 将被瞬态压力 p 取代。在这种依赖关系下,$u^0(p)=u^0(\eta)$。同时,利用稳定质量守恒方程:

$$\rho u^0(p^i)S = Ap^i s^i \tag{8-39}$$

式(8-36)变为

$$\chi^i \frac{d\eta}{d\tau} = \frac{u^0(\eta)}{u^0(1)} - \sigma\eta \tag{8-40}$$

以压力-时间关系为例,在准稳定近似下获得的解与不稳定解的偏差如图8.9所示。该相对偏差定义为 $\Delta(t) = (p^{qs}(t) - p(t))/p(t)$,其中 $p^{qs}(t)$ 是准稳定解,从式(8-40)中获得, $p(t)$ 是使用Z-N理论方程和式(8-36)获得的不稳定解。可以将其视为过程不稳定程度的定量度量。

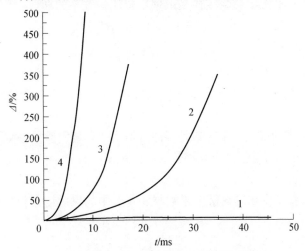

图8.9 准稳定近似解与不稳定解的相对偏差

曲线1~曲线4对应于表8.1中的工况1~工况4。

如图8.9所示,所有工况下的相对偏差均为正值,即准稳定近似值始终高估了燃烧室压力。此外,这和压力随时间单调递减关系是一致的。定量来说,喷嘴截面比 σ 的微小变化(工况1)导致不稳定和准稳定解之间存在微小差异。随着 σ 的增加,由于过渡过程的高度的不稳定性质,准稳定解与不稳定解以及与实验数据偏差逐渐增大。

8.5 不稳定状态与混沌状态

在实际情况中,存在比第0节中讨论的更复杂的不稳定状态,这些状态可以通过系统地改变超出稳定解稳定性区域的相关问题参数来识别。

特别地,存在不稳定燃速的混沌行为的可能性。3.4节证明了恒压下混沌区的存在。本节将研究半封闭体积内的相同问题。

本研究中的无量纲问题公式针对3.4节中的公式进行了修改,表述如下:

$$\begin{cases} \dfrac{\partial \theta}{\partial t} = \dfrac{\partial^2 \theta}{\partial \xi^2} - \nu \dfrac{\partial \theta}{\partial \xi}, \ -\infty < \xi \leqslant 0 \\ \xi = 0, \ \theta = \vartheta(\tau), \ \xi \to -\infty, \ \theta = 0 \\ \nu = \eta^\iota \exp\left[k\left(\vartheta - \dfrac{\varphi}{\nu}\right)\right], \ \nu = \exp\left[\dfrac{k}{r}(\vartheta - 1)\right] \\ \chi \dfrac{\mathrm{d}\eta}{\mathrm{d}\tau} = \nu - \eta \end{cases} \quad (8-41)$$

这里使用的不稳定燃烧定律是下列稳定依赖关系的导数:

$$\begin{cases} u^0 = A\ (p^0)^\iota \exp(\beta T_a) \\ u^0 = B\exp(\beta_s T_s^0) \end{cases} \quad (8-42)$$

式中:A、B、β、β_s 以及 ι 均为常数。

式(8-42)中第二个公式与式(3-130)相同,并在第一个公式中加入了可变压力。

式(8-41)中的最后一个等式是等温近似下的燃烧室质量平衡[式(8-14)]。式(8-14)中的方程组包含未知函数 $\nu(\tau)$、$\vartheta(\tau)$、$\varphi(\tau)$、$\eta(\tau)$、$\theta(\xi,\tau)$,以及参数 ι、k、r、χ。

关于初始温度变化的灵敏度系数与3.4节中的灵敏度系数相同,即

$$k = \beta(T_s^0 - T_a), \ r = \beta/\beta_s \quad (8-43)$$

在稳定区域有

$$\eta^0 = 1, \ \theta^0 = \mathrm{e}^\xi, \ \varphi^0 = 1, \ \nu^0 = 1, \ \vartheta^0 = 1 \quad (8-44)$$

可将式(8-41)中方程的初始推进剂温度分布作为弱扰动稳定分布施加,其形式为式(2-54),其中对于左半空间上的解作 $\xi \to -\xi$ 的改变,得到了分布的矩:

$$\begin{cases} y_0(0) = 1 + \varepsilon, \ \varepsilon \ll 1 \\ y_n(0) = 0, \ n = 1, 2, \cdots, N \end{cases} \quad (8-45)$$

值得注意的是,本节所研究的主要的解均为周期性的或混沌的。这种情况下,状态特征不依赖特定形式的初始条件。

式(8-41)的解可以通过传统的有限体积/有限差分方法(Novozhilov 和 Posvyanskii,1991;Belyaev 等,2004),)或积分平衡方法(2.5节)获得(Novozhilov 等,2009a)。

四个问题参数中的其中两个固定为 $\iota = 0.5$ 和 $r = 1/3$。定性地说,在剩下的两个参数(k, χ)平面上可以说明各种可能的燃烧状态。

图8.10中的曲线 b 是8.3节线性近似下获得的稳定区域的稳定边界。曲线 b 上方的区域 S 是一组参数,这些参数产生稳定的稳定状态,使小的燃速扰

动随时间衰减。图 8.10 中还显示了与一个稳定状态对应的点,而图 8.11 中显示了相应的衰减燃速时间历程。

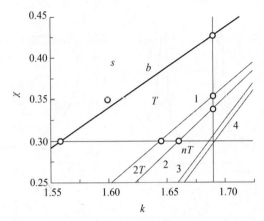

图 8.10 平面 (k,χ) 上不同非定常区域的存在性

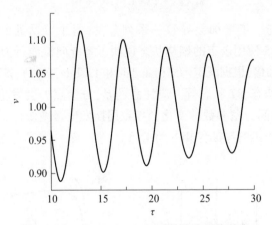

图 8.11 $k=1.6, \chi=0.35$ 时的稳定燃烧状态

在稳定区域的稳定性边界以下,存在一个周期性燃烧区域。这一区域可以通过移动来辨识,例如沿着图 8.10 中的线 $\chi=0.3$ 从稳定区域 S 移动至不稳定区域。参数 k 在这一过程中是一个分岔参数。线性近似下的分析研究给出了在 $\chi=0.3, k=1.5579$ 时的稳定性边界的位置,其固有频率为 $\omega=1.5236$,对应振荡周期为 $T=2\pi/\omega=4.1239$。

数值模拟表明,第一个分岔出现在 $k_1=1.5586$。在这一值下,稳定状态通过 Andronov – Hopf 分岔被替换为振幅恒定的振荡状态。这一状态称为 T 状态,如图 8.12 所示。图 8.12(b) 展示了系统相轨迹在平面 (ν, y_0) 的二维投影,其中,y_0 是温度分布的零阶矩(凝聚相的焓):

$$y_0(\tau) = \int_{-\infty}^{0} \theta(\xi,\tau) \mathrm{d}\xi \qquad (8-46)$$

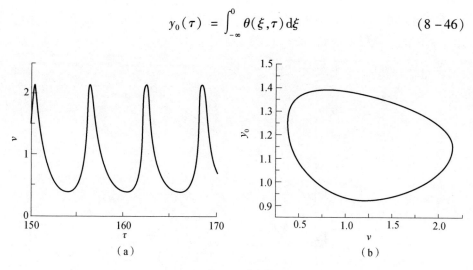

图 8.12　T 状态

$k_1 < k < k_2$, $k = 1.64$, $T = 6.04$。

参数 k 的进一步增加会导致一系列分岔,每个分岔处的周期都会加倍。图 8.12~图 8.15 使用选定的燃烧状态说明了系统向混沌行为的演变。每次分岔后,振荡周期加倍,根据既定术语(Landau 和 Lifshitz,1987),这些状态称为 T 状态、$2T$ 状态、$4T$ 状态、$8T$ 状态等。应注意的是,分岔点处会发生精确的倍周期。两次连续分岔之间分岔参数的变化会导致周期发生轻微变化。因此,图 8.12~图 8.14 标题中给出的周期仅相差约 4 倍。

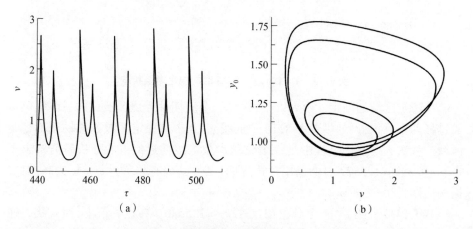

图 8.13　$4T$ 状态

$k_3 < k < k_4$, $k = 1.6640$, $T = 27.8$。

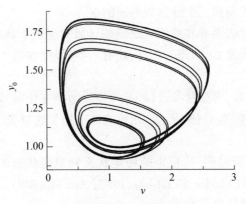

图 8.14　16T 状态

$k_5 < k, k = 1.6667, T = 113$。

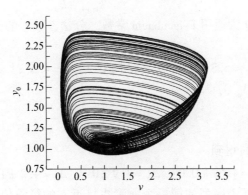

图 8.15　混沌燃烧状态

$k = 1.6685$。

数值误差会妨碍对一系列完整的无穷多个分岔点进行量化。前五个分岔的分岔参数值如下：

$$k_1 = 1.5586, k_2 = 1.6454, k_3 = 1.6618, k_4 = 1.6656, k_5 = 1.6666 \quad (8-47)$$

随着分岔数的增加，两个连续值之间的差值迅速减小，因此图 8.10 中仅显示了前三个分岔对应的点。

通过类比，还进行了模拟，以确定参数 $k = 1.69$，并使用仪器常数 χ 作为分岔参数。当后者减小时，系统在仪器常数的以下值处经历一系列连续倍周期分岔：

$$\chi_1 = 0.4255, \chi_2 = 0.3532, \chi_3 = 0.3377, \chi_4 = 0.3337, \chi_5 = 0.3327$$

$$(8-48)$$

图 8.10 显示了与前三个分岔相对应的点。

图 8.10 中稳定边界 b 和曲线 1 之间的区域对应于 T 状态。在曲线 1 和曲线 2 之间的区域,出现 $2T$ 状态。此外,还有一些区域(在第 2 行和第 3 行之间)连续出现 nT 状态。

在第五次分岔后,当分岔参数(k 或 χ)发生微小变化时,观察到一个混沌状态。相应的相平面如图 8.15 所示。相轨迹几乎均匀地填充于相平面中的有界区域。

当前的数值分析表明,从稳定的稳定状态到混沌状态的过渡遵循 Feigenbaum 级联分岔规律(Landau 和 Lifshitz,1987;Arnold,1988)。在这种情况下,连续分岔值 k_m 必须满足以下准则:

$$\lim_{m\to\infty}\delta_m = \delta, \quad \delta_m = \frac{k_m - k_{m-1}}{k_{m+1} - k_m} \tag{8-49}$$

其中 $\delta = 4.669$ 为通用 Feigenbaum 常数。分岔参数 k 的值[式(8-47)]可以估计如下,

$$\delta_2 = 5.3 \pm 0.1, \quad \delta_3 = 4.3 \pm 0.3, \quad \delta_4 = 4.5 \pm 1.2 \tag{8-50}$$

类似地,定义 Δ_m 为

$$\Delta_m = \frac{\chi_m - \chi_{m-1}}{\chi_{m+1} - \chi_m} \tag{8-51}$$

结合式(8-48)得到

$$\Delta_2 = 4.67 \pm 0.07, \quad \Delta_3 = 3.9 \pm 0.3, \quad \Delta_4 = 4.2 \pm 1.0 \tag{8-52}$$

因此,即使是两个序列的第一个元素也接近 δ 的极限值,这从 Feigenbaum 规律的其他示例中可以看出。

图 8.10 中曲线 3 和曲线 4 之间的区域为混沌状态。由于数值误差,这些边界仅具有一定的精度。对于 $\chi = 0.3$,在 $1.6685 < k < 1.69$ 时观察到混沌。应当指出的是,有时在同一区域出现简单的周期性区域。例如,图 8.16 显示了 $k = 1.6695$ 时观察到的 $6T$ 状态。

后混沌区域位于曲线 4 下方。远离该曲线,燃烧状态简化。图 8.17 显示了一种称为"打喷嚏"(sneezing)的周期性脉动状态。它由连续的燃烧爆发和燃速远低于其稳定值的下降区交替组成。

当进一步进入混沌后区域时,降压持续时间会延长,最终导致熄火。图 8.18 显示了这种熄火状态。

应当注意的是,在所采用的推进剂燃烧模型中无法实现严格的熄火,因为后者不具有与零燃速对应的稳定区域。熄火区的存在是基于这样一个事实,即所考虑的模型可能产生具有任意大压降和任意小燃速的解。

第 8 章　固体火箭发动机中的不稳定燃烧模拟

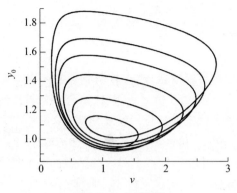

图 8.16　$6T$ 状态

$k = 1.6695, T = 42.6$。

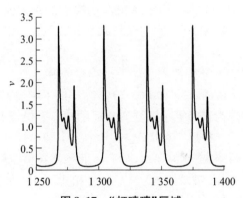

图 8.17　"打喷嚏"区域

$k = 1.6695, T = 42.6$。

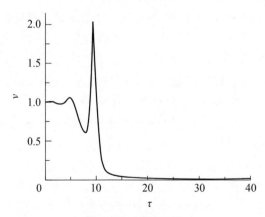

图 8.18　熄火状态

$k = 1.8$。

8.6 实验数据

本节讨论了可用的实验数据,这些数据原则上可以与火箭燃烧室中非声学状态的预测结果进行比较。20 世纪下半叶,研究人员首次对半封闭体积内固体推进剂燃烧的非声学不稳定性进行了实验研究(Akiba 和 Tanno,1959;Eisel 等,1964;Beckstead 等,1966;Beckstead 和 Price,1967;Svetlichny 等,1971;Simonenko 等,1980)。Price(1992)提供了对这些结果的全面综述。

非声学不稳定性通常称为 L^* 不稳定。此术语源于这一特性:

$$L^* = \frac{V}{s} \tag{8-53}$$

其中,L^* 具有长度单位(V 为燃烧室体积,s 为喷管的横截面面积),代表燃烧室的特定有效长度。根据 8.2 节,它与仪器常数 χ 成正比,在特定的 χ 值下,稳定燃烧状态失稳。

具有端燃药柱的燃烧室常用于研究非声学不稳定性。这种装药形式消除了侵蚀燃烧的影响。Beckstead 和 Price(1967)提供了燃烧室腔体设计的详细说明。推进剂样品被选为直径等于圆柱室直径的圆盘。燃烧有两种布置形式,由一个或两个圆盘组成。在后一种情况下,其中一个圆盘被钻了一个与喷嘴同心的孔。在这样一个系统中,燃面是恒定的,因此燃烧在恒定的背景压力下发生。燃烧室壳体侧壁由 Pyrex 玻璃制成,与金属管相比,Pyrex 玻璃材料提供了更好的实验重复性,从而可以控制辐射。

这种设计允许压力在 3.5~14 atm 变化,有效燃烧室长度 L^* 在 50~250 cm 变化。Beckstead 和 Price(1967)提供了在非声学不稳定燃烧条件下获得的典型压力曲线。推进剂点火后压力振荡放大,导致周期性熄火。这些类型的压力曲线允许提取振荡频率、振荡指数振幅增长常数和有效长度 L^* 的值。

大多数低频振荡的研究是使用复合推进剂进行的。Beckstead 等(1966)提供了关于非声学不稳定性的综合数据。他们使用的复合推进剂 U-TF 含有 75% 的 AP(平均粒径为 225 μm)、18% 的聚丁二烯和丙烯酸共聚物,并添加了铬酸铝和铜。稳定燃速与压强的关系式可表示为 $u^0 = 0.32 p^{0.46}$,其中压力单位必须为 atm,燃速单位为 cm/s。推进剂热扩散系数 $\kappa = 1.96 \times 10^{-3}$ cm²/s。

在这种特殊情况下,颗粒尺寸大于 Michelson 长度(后者在压力为 10 atm 时约为 10^{-3} cm)。尽管 Z-N 理论在这两个特征长度之间的反向关系下严格有效,但仍然可以尝试分析这种特殊燃料的非声学不稳定性。在这种分析中,复合推进剂的参数 k 和 r 可视为具有一定的有效值。

第 8 章 固体火箭发动机中的不稳定燃烧模拟

Beckstead 等(1966)测量了作为多个压力值下仪器常数的函数的振荡频率和阻尼衰减量。在仪器常数 χ^* 的某个值上(临界区,阻尼减少量 λ 为零)稳定燃烧区失稳。当 $\chi<\chi^*$ 时燃烧不稳定,燃烧室中的压力振幅呈指数级增长;相反,对于 $\chi>\chi^*$,燃烧状态稳定。受到干扰(如注入额外气体)时,燃烧室压力以振荡方式恢复到其稳定值($\lambda>0$)。压力 $p=8.4$ atm 的实验数据如图 8.19 和图 8.20 中的"×"所示。临界仪器常数和稳定边界处的频率分别为 $\chi^*=0.12$ 和 $\omega^*=2.9$。

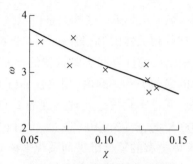

图 8.19 压力振荡频率和仪器常数的关系

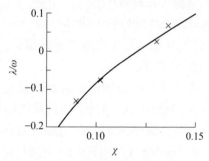

图 8.20 阻尼衰减率和仪器常数的关系

在 I 近似下,振荡频率与稳定边界处的燃烧室和推进剂参数之间的关系由式(8-22)和式(8-23)给出:

$$1+\mathrm{i}\chi^*\omega^* = \frac{\iota+\delta(z^*-1)}{1+(z^*-1)(r-k/z^*)}$$

$$z^* = \frac{1}{2}(1+\sqrt{1+4\mathrm{i}\omega^*}) \tag{8-54}$$

已知待测推进剂燃速对压力的线性灵敏度系数 $\iota=0.5$。需要通过足够高的测量精度来确定参数 δ。Beckstead 等(1966)提供的数据缺乏所需的准确性,

但通常 $\delta \ll 1$。在以下计算中,该值设置为零。式(8-54)中的第一个方程很复杂,相当于两个实方程。它能够得到两个未知数 $k=1.05$ 和 $r=0.103$ 的值。

式(8-54)在稳定区域的稳定边界有效。超出此边界时,阻尼衰减率 λ 不为 0。因此,将(8-54)中的 χ^* 和 ω^* 分别替换为 χ 和 $\omega+i\lambda$,在一般情况下有

$$1 + i\chi(i\omega - \lambda) = \frac{\iota + \delta(z-1)}{1 + (z-1)(r - k/z)}$$

$$z = \frac{1}{2}(1 + \sqrt{1 + 4(i\omega - \lambda)}) \tag{8-55}$$

对于已知的推进剂参数 ι、δ、k 和 r,这些关系可以得到频率和阻尼衰减率相关函数 $\omega(\chi)$ 和 $\lambda(\chi)$。这些相关性由 Beckstead 等(1966)测量得到。

图 8.19 和图 8.20 中给出的计算和实验数据的比较表明了它们的一致性。使用从临界条件中获得的参数 k 和 r 的值,相关性 $\omega(\chi)$ 及 $\lambda(\chi)/\omega(\chi)$ 可在整个仪器常数范围内重现。通过实验数据处理得到的 k 和 r 具有相当合理的值。当 $k=1.05$,$T_s^0 - T_a \approx 400$ K 时,$\beta \sim 3 \times 10^{-3}$ K^{-1}。该值与燃速的温度系数值在同一数量级,这对于所考虑类型的复合推进剂系统来说是常见的。

尽管存在这样的一致性,但应谨慎考虑所提出的比较。其中一个原因是燃料的高度非均质状态,另一个原因是缺乏有关燃烧室能量损失的信息。显然,这种损失在一定程度上对振荡有抑制作用。

对非声学不稳定性研究主体的检查表明,缺乏关于这一现象的详尽的实验数据,特别是表明理论和实验之间存在明显差异的信息,这将促进该理论的进一步发展,该理论本质上是近似的。

本章讨论的结果证明了半封闭空间内推进剂燃烧过程的复杂性。即使在最简单的理论框架(Z-N 理论)中,也预测了多种可能的状态。Price(1992)提供了观察到的燃烧状态分类。值得注意的是,这些可观察状态包括理论预测的"喷嚏"和熄火状态,并分别在图 8.17 和图 8.18 中进行了理论预测和证明。到目前为止,还没有发现一系列分岔的 nT 区域。这是因为在一个非常狭窄的参数区域内出现了这样的区域,并且从一个分岔到另一个分岔的分岔参数变化非常小。

8.7 声学状态

如 8.1 节所述,如果声学时间与凝聚相弛豫时间具有相同数量级,则可能产生声学不稳定性。产生这种关系的参数,即 $t_a \sim t_c$,通常是具有高燃烧室压力的大型火箭发动机。

第 8 章　固体火箭发动机中的不稳定燃烧模拟

固体火箭发动机设计和使用的悠久历史证实了这一结论。结果表明，可能会出现各种不稳定现象，例如燃速的软激励和硬激励以及压力振荡，而不是设计的稳定状态。例如，De Luca 等(1992)对这些效应的几项研究进行了整理。尽管有大量研究涉及声场和固体推进剂燃烧过程之间相互作用的一般问题(Novozhilov,2005)，在理解和理论解释固体发动机实验室和实际运行中固有的各种不稳定现象方面的成就仍然非常有限(De Luca 等,1992)。

发展固体推进剂火箭发动机燃烧室不稳定过程一致性理论的尝试已经进行了 50 多年。大多数研究都采用了一种过于简化的方法来研究声学和燃烧之间的相互作用。Culick 和 Young(1992)对这些方法进行了回顾。基于这种方法的所有尝试都没有成功。

所讨论方法的主要缺点如下：首先，只考虑了变化压力下的线性燃速响应。这种线性分析(结合线性声学近似)可用于建立稳定燃烧状态的稳定条件。然而，考虑具有有限压力变化幅值的非定常过程需要对超越线性近似的限制进行分析。其次，在研究具有圆孔装药几何形状的发动机时，忽略了侵蚀效应。然而，这种效应对于这种发动机构型中的不稳定燃烧动力学具有极其重要的意义(Novozhilov,2007;Novozhilov 等,2007)。

上述情况，再加上一些难以证明的附加假设，产生了一个结论(Culick,2000)，即过去几十年获得的结果不能视为预测具有圆孔装药几何形状发动机中不稳定燃烧现象问题的满意解决方案。事实上，这些研究甚至没有提出一个一致的问题描述。

本节讨论了带有端面燃烧装药的发动机的问题(Novozhilov 等,2009b)。在这种情况下，问题变成一维的，没有侵蚀效应。在 Z-N 理论的框架内，可以研究变压力下的非线性燃速响应。

数学问题描述包括声学的非线性方程和具有最少参数的特定推进剂燃烧模型的不稳定燃烧定律。这个问题有两个截然不同的时间尺度，分别解释了"快速"的声学和"缓慢"的振幅变化时间。这些数值相差约三个数量级，为解的数值精度设置了一个高基准。

然而，基于对压力振荡振幅的二次近似的考虑，可以给出要求较低但仍然令人满意的解。利用这种方法，可以导出各种振动模式振幅的常微分方程组。这组方程的解中没有与"快速"声学时间相关的效应。因此，数值求解过程大大简化。

考虑具有端面燃烧装药的固体燃料火箭发动机。问题是一维的：坐标 $x=0$ 对应于燃料表面，$x=L$ 对应于喷管位置。假设燃料表面包括一个薄区域，其中发生凝聚相和气相化学反应。

描述气相非定常声学现象的方程组($0 \leq x \leq L$)包括连续性方程、欧拉方程和绝热条件：

$$\begin{cases} \dfrac{\partial \rho_g}{\partial t} + \dfrac{\partial (\rho_g u_g)}{\partial x} = 0 \\[4pt] \rho_g \left(\dfrac{\partial u_g}{\partial t} + u_g \dfrac{\partial u}{\partial x} \right) = -\dfrac{\partial p}{\partial x} \\[4pt] \rho_g = \dfrac{\gamma p^0}{a^2} \left(\dfrac{p}{p^0} \right) \dfrac{1}{\gamma} \\[4pt] a^2 = \dfrac{\gamma p^0}{\rho_g^0} \end{cases} \quad (8-56)$$

式中：$\rho_g \mathrm{、} p$ 和 u_g 分别为密度、压力和气体速度；γ 为比热容比；a 为声速。假设在气相反应结束后，燃烧产物温度 T_b 满足绝热条件：

$$x = 0, \quad \frac{T_b}{T_b^0} = \left(\frac{p}{p^0} \right)^{\frac{\gamma-1}{\gamma}} \quad (8-57)$$

由于不需要考虑气相导热方程，因此该假设滤除了熵波，大大简化了问题。该假设引入的误差与凝聚相最大温差和燃烧波最大温差的比具有相同的数量级(Novozhilov,1973a)。

燃烧是在 Z – N 理论的框架内处理的。假设稳定燃烧定律的相关性具有式(8 – 42)形式，相应的不稳定燃烧定律为

$$\begin{cases} u = A p^{\iota} \exp\left[\beta \left(T_s - \dfrac{kf}{u} \right) \right] \\[4pt] u = B \exp(\beta_s T_s) \end{cases} \quad (8-58)$$

边界条件实质上加强了温度和质量流率的连续性，有

$$\begin{cases} T = T_a, \quad x \to -\infty \\ T = T_s(t), \quad \rho u = \rho_g u_g, \quad x = 0 \end{cases} \quad (8-59)$$

式中：ρ 为凝聚相密度。

喷管入口处的剩余所需条件如下(Landau 和 Lifshitz,1987)：

$$g = \Gamma \sqrt{\gamma p \rho_g}, \quad \Gamma = \left(\frac{2}{\gamma+1} \right)^{\frac{(\gamma+1)}{2(\gamma-1)}} \frac{S_{\min}}{S}; \quad x = L \quad (8-60)$$

式中：$S_{\min}$ 和 S 分别为喷管和燃烧室的横截面面积。这个问题以无量纲形式重新表述。可以方便地使用表示与各自稳定值偏差的变量。

凝聚相和气相空间坐标分别由标量 κ/u^0 和 L 无量纲化。无量纲时间尺度取气相 L/a，有

第 8 章 固体火箭发动机中的不稳定燃烧模拟

$$\begin{cases} \xi = \dfrac{u^0}{\kappa}x \, (-\infty < x \leqslant 0, \, -\infty \leqslant \xi \leqslant 0) \\ \xi = \dfrac{x}{L}(0 < x \leqslant L, \, 0 \leqslant \xi \leqslant 1) \\ \tau = \dfrac{a}{L}t \, (t, \tau \geqslant 0) \end{cases} \quad (8-61)$$

对应使用以下无量纲变量和参数:

$$\begin{cases} \theta = \dfrac{T - T^0}{T^0 - T_a}, \, \vartheta = \dfrac{T_s - T_s^0}{T_s - T_a}, \, \varphi = \dfrac{f}{f^0} - 1 \\ \nu = \dfrac{u}{u^0} - 1; \, \zeta = \gamma \dfrac{(u_g - u_g^0)}{a}, \, \eta = \dfrac{p}{p^0} - 1 \\ M = \dfrac{u_g^0}{a}; \, \chi = \dfrac{(u^0)^2 L}{\kappa a} \end{cases} \quad (8-62)$$

式中:M 为燃烧产物的马赫数;χ 为仪器常数,即声学时间尺度 L/a 与凝聚相时间尺度 $\kappa/(u^0)^2$ 的比。

使用上述变量,等式(2-28)和式(8-56)可以写成以下形式($\tau \geqslant 0$):

$$\begin{cases} \dfrac{1}{\chi}\dfrac{\partial \theta}{\partial \tau} = \dfrac{\partial^2 \theta}{\partial \xi^2} - (1+\nu)\dfrac{\partial \theta}{\partial \xi} - \nu \exp(\xi)(-\infty \leqslant \xi \leqslant 0) \\ \gamma \dfrac{\partial}{\partial \tau}(1+\eta)^{\frac{1}{\gamma}} + \dfrac{\partial}{\partial \xi}(1+\eta)^{\frac{1}{\gamma}}(\zeta + \gamma M) = 0 (0 \leqslant \xi \leqslant 1) \\ (1+\eta)^{\frac{1}{\gamma}}\left[\dfrac{\partial \zeta}{\partial \tau} + \left(\dfrac{\zeta}{\gamma} + M\right)\dfrac{\partial \zeta}{\partial \xi}\right] = -\dfrac{\partial \eta}{\partial \xi}(0 \leqslant \xi \leqslant 1) \end{cases} \quad (8-63)$$

不稳定燃烧定律式(8-58)的形式如下:

$$\begin{aligned} \nu &= (1+p)^\iota \exp\left(\kappa \dfrac{\vartheta + \nu - \varphi + \vartheta\nu}{1+\nu}\right) - 1 \\ v &= \exp\left(\dfrac{\kappa}{r}\vartheta\right) - 1 \end{aligned} \quad (8-64)$$

其中 $k = \beta(T_s^0 - T_a), r = \beta/\beta_s$。

最后,由式(8-59)、式(8-60)得到的归一化的边界条件如下:

$$\begin{cases} \theta = 0, \, \xi \to -\infty \\ \theta = \vartheta, \, (1+\eta)^{\frac{1}{\gamma}}(\zeta + \gamma M) = \gamma M(1+\nu), \, \xi = 0 \\ \zeta = \gamma M \left[(1+\eta)^{\frac{\gamma-1}{2\gamma}} - 1\right], \, \xi = 1 \end{cases} \quad (8-65)$$

式(8-63)~式(8-65)包括未知函数 $\nu(\tau)$、$\vartheta(\tau)$、$\varphi(\tau)$、$\theta(\xi,\tau)$、$\eta(\xi,\tau)$、$\zeta(\xi,\tau)$,以及参数 ι、κ、r、γ、M、χ。这些方程的解是压力和其他变量随的振

荡,其数量级与声学时间一致。另外,这些振荡的振幅变化非常缓慢。这种变化的时间尺度是声学时间除以马赫数(约为 10^{-3})。这两个时间尺度之间的巨大差异导致式(8-63)~式(8-65)数值研究的困难。

本节讨论近似解,仅捕获缓慢的振幅变化。

在声学近似下(无激波),气体速度和压力振荡的振幅很小。因此,考虑最低非线性近似,即关于气体压力振荡振幅的二次近似。

考虑介质的运动时,需要修正马赫数平方级的复振荡频率。忽略这一修正,不考虑流体动力学方程中关于介质运动的术语。

考虑描述声学运动的第一个方程。在线性近似中,式(8-63)中的方程给出了形式如下的连续性方程和欧拉方程:

$$\begin{cases} \dfrac{\partial \eta}{\partial \tau} + \dfrac{\partial \zeta}{\partial \xi} = 0 \\ \dfrac{\partial \zeta}{\partial \tau} + \dfrac{\partial \eta}{\partial \xi} = 0 \end{cases} \tag{8-66}$$

另外,在二次近似中:

$$\begin{cases} \dfrac{\partial \eta}{\partial \tau} + \dfrac{\partial \zeta}{\partial \xi} = \dfrac{\gamma-1}{2\gamma} \dfrac{\partial \eta^2}{\partial \tau} - \dfrac{1}{\gamma} \dfrac{\partial(\eta\zeta)}{\partial \xi} \\ \dfrac{\partial \zeta}{\partial \tau} + \dfrac{\partial \eta}{\partial \xi} = -\dfrac{1}{\gamma}\eta \dfrac{\partial \zeta}{\partial \tau} - \dfrac{1}{2\gamma} \dfrac{\partial \zeta^2}{\partial \xi} \end{cases} \tag{8-67}$$

使用线性关系式(8-66),可将式(8-67)中的方程式转换为

$$\begin{cases} \dfrac{\partial \eta}{\partial \tau} + \dfrac{\partial \zeta}{\partial \xi} = \dfrac{\gamma-1}{2\gamma} \dfrac{\partial}{\partial \tau}(\gamma\eta^2 + \zeta^2) \\ \dfrac{\partial \zeta}{\partial \tau} + \dfrac{\partial \eta}{\partial \xi} = \dfrac{1}{2\gamma} \dfrac{\partial}{\partial \xi}(\eta^2 - \zeta^2) \end{cases} \tag{8-68}$$

在经典声学的最简化情况下,方程是线性的,气体速度扰动在边界处为零,解是谐波的和,即

$$\begin{cases} \eta^{(cl)} = \sum_{n=1}^{\infty} (P_n \exp(\mathrm{i}\omega_n \tau) + \mathrm{c.c.}) \cos(k_n \xi) \\ \zeta^{(cl)} = \sum_{n=1}^{\infty} (-\mathrm{i}P_n \exp(\mathrm{i}\omega_n \tau) + \mathrm{c.c.}) \sin(k_n \xi) \end{cases} \tag{8-69}$$

式中:c.c. 为复共轭;P_n 为恒定振幅,其值在线性近似中不确定。在所选的无量纲变量中,任何谐波的频率和波矢量都是相等的,即

$$\begin{cases} \omega_n = n\pi \\ k_n = n\pi \end{cases} \tag{8-70}$$

第 8 章　固体火箭发动机中的不稳定燃烧模拟

声学方程式(8-68)的非线性导致压力和气体速度振荡振幅随时间的变化。寻求以下形式的解：

$$\begin{cases} \eta^{(cl)} = \sum_{n=1}^{\infty}(\eta_n(\tau)\exp(\mathrm{i}\omega_n\tau) + \mathrm{c.c.})\cos(k_n\xi) + Mf_\eta(\tau)\sin(k_n\xi) \\ \zeta^{(cl)} = \sum_{n=1}^{\infty}(-\mathrm{i}\eta_n(\tau)\exp(\mathrm{i}\omega_n\tau) + \mathrm{c.c.})\sin(k_n\xi) + Mf_\zeta(\tau)\cos(k_n\xi) \end{cases}$$

(8-71)

其中，振幅 $\eta_n(\tau)$ 随慢时间的变化而变化，$f_{\eta,\zeta}(\tau)$ 是 η_n 同阶的函数，包含慢时间和快时间。进一步分析中不需要后者的显式形式。

复振幅方程 $\eta_n(\tau)$ 可通过以下方式导出。将连续方程式(8-68)乘以 $\cos(k_n\xi)$ 并利用展开式(8-71)从 0 积分到 1。包含相对于坐标的导数的积分是分部积分的。将结果除以公因数 $\exp(\mathrm{i}\omega_n\tau)$ 可得到描述缓慢振幅变化的方程：

$$\frac{1}{2}\frac{\mathrm{d}\eta_n}{\mathrm{d}\tau} = \left[-\zeta\cos(k_n\xi)\big|_{\xi=1} + \zeta\big|_{\xi=0} + \frac{\mathrm{i}\omega_n}{2\gamma}\int_0^1(\gamma\eta^2 + \zeta^2)\cos(k_n\xi)\mathrm{d}\xi\right]_{\omega_n}$$

(8-72)

式中：下标为 ω_n 的表达式是 $\exp(\mathrm{i}\omega_n\tau)$ 前面的系数。

使用相似的方法应用于式(8-68)中的欧拉方程，得到

$$\frac{1}{2}\frac{\mathrm{d}\eta_n}{\mathrm{d}\tau} = -\frac{\mathrm{i}k_n}{2\gamma}\left[\int_0^1(\eta^2 - \zeta^2)\cos(k_n\xi)\mathrm{d}\xi\right]_{\omega_n}$$

(8-73)

将式(8-72)和式(8-73)相加得到振荡振幅的方程式：

$$\frac{1}{2}\frac{\mathrm{d}\eta_n}{\mathrm{d}\tau} = \left\{-\zeta\cos(k_n\xi)\big|_{\xi=1} + \zeta\big|_{\xi=0} + \frac{\mathrm{i}\omega_n}{2\gamma}\int_0^1[(\gamma-1)\eta^2 + 2\zeta^2]\cos(k_n\xi)\mathrm{d}\xi\right\}_{\omega_n}$$

(8-74)

右侧的三项对应于喷管、燃烧推进剂表面和声学非线性的贡献。

该问题包含两个小参数：马赫数和振幅。在进一步的分析中，保留了 $M\eta_k$ 和 $\eta_k\eta_i$ 的阶次项。

使用喷管处的边界条件式(8-65)，可以得到式(8-74)右侧的第一项：

$$\left\{-\zeta\cos(k_n\xi)\big|_{\xi=1}\right\}_{\omega_n} = -M\frac{\gamma-1}{2}\eta_n$$

(8-75)

第三项可使用不包含马赫数的膨胀项式(8-71)计算，结果如下：

$$\left\{\frac{\mathrm{i}\omega_n}{2\gamma}\int_0^1[(\gamma-1)\eta^2 + 2\zeta^2]\cos(k_n\xi)\mathrm{d}\xi\right\}_{\omega_n} = \frac{\mathrm{i}n\pi(\gamma+1)}{2\gamma}\left(\sum_{s=1}^{n-1}\eta_s\eta_{n-s} + 2\sum_{s=1}^{\infty}\bar{\eta}_s\eta_{n+s}\right)$$

(8-76)

式中:右侧的"$-$"上标为复共轭。

在计算式(8-74)右侧第二项的过程中,出现了 $MU_{k,s}\eta_k\eta_s$ 数量级的项,包含燃速对振荡压力的非线性响应函数 $U_{k,s}$。该函数的大小可能足够大(Novozhilov,2006),因此在进一步计算中也必须保留这些项。

根据燃料表面气体速度 ζ、线性燃速 ν 和压力 η 变化之间的条件式(8-65),可得到以下关系(采用近似值):

$$\zeta = \gamma M\left(\nu - \frac{\eta}{\gamma}\right) \quad (8-77)$$

Novozhilov(2006)证明

$$v_n = U_n\eta_n + \sum_{s=1}^{n-1} U_{s,n-s}\eta_s\eta_{n-s} + \sum_{s=1}^{\infty} U_{n+s,-s}\bar{\eta}_s\eta_{n+s} \quad (8-78)$$

其中 U_s 和 $U_{k,s}$ 是燃速对简谐变化压力的线性和二次响应函数(4.1节和4.3节)。

使用表达式(8-78)得到

$$\{\zeta|_{\xi=0}\}_{\omega_n} = M\left[(\gamma U_n - 1)\eta_n + \gamma\left(\sum_{s=1}^{n-1} U_{s,n-s}\eta_s\eta_{n-s} + \sum_{s=1}^{\infty} U_{n+s,-s}\bar{\eta}_s\eta_{n+s}\right)\right] \quad (8-79)$$

式(8-75)、式(8-76)和式(8-79)给出了压力振荡复振幅方程的最终形式(m 是考虑的谐波数):

$$\begin{cases} \dfrac{\mathrm{d}\eta_n}{\mathrm{d}\tau} = L_n\eta_n + \sum_{s=1}^{n-1} H_{n,s}\eta_s\eta_{n-s} + \sum_{s=1}^{m-n} G_{n,s}\bar{\eta}_s\eta_{n+s},\ n=1,2,\cdots,m \\ L_n = M\left(\gamma U_n - \dfrac{\gamma+1}{2}\right) \\ H_{n,s} = \dfrac{in\pi(\gamma+1)}{8\gamma} + M\gamma U_{n-s,s} \\ G_{n,s} = \dfrac{in\pi(\gamma+1)}{4\gamma} + M\gamma U_{n+s,-s} \end{cases} \quad (8-80)$$

燃烧模型式(8-42)的线性和二次响应函数可表示为(Novozhilov,2006)

$$\begin{cases} U_{s,l} = \left(1 - \dfrac{\delta_{s,l}}{2}\right)U_{s+l} \times \left[\dfrac{U_s U_l}{l}(kK_{s,l} + rR_{s,l} - 1) + U_s + U_l - 1\right] \\ K_{s,l} = \dfrac{s+l}{z_{s+l}sl}\left(\dfrac{s+l}{z_{s+l}} - \dfrac{s}{z_s} - \dfrac{l}{z_l}\right) \\ R_{s,l} = \dfrac{(s+l)^2}{sl} - \dfrac{s+l}{z_{s+l}sl}(sz_s + lz_l) + z_{s+l} - 1 \end{cases} \quad (8-81)$$

式中:$\delta_{s,l}$ 为 Kronecker 三角函数,Novozhilov(1965a)发现的特征根表示为

$$\begin{cases} U_n = \dfrac{\iota}{1 + (z_n - 1)(r - k/z_n)} \\ z_n = \dfrac{1}{2}\left(1 + \sqrt{1 + 4\mathrm{i}\dfrac{n\pi}{\chi}}\right) \end{cases} \quad (8-82)$$

系数 L_n 的实部以线性近似控制振荡动力学。如果为正,则振荡将随时间放大;相反,振荡将被抑制。

图 8.21 显示了前四次谐波的振荡阻尼衰减率与马赫数的比和仪器常数的关系。对于 $\chi = 0.25$（A 点）,所有谐波在线性近似下稳定;对于 $\chi = 2/3$（B 点）,在线性近似下,一次谐波是不稳定的。

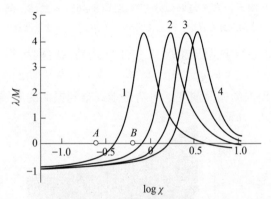

图 8.21 振荡阻尼衰减率与仪器常数的比和仪器常数的关系

$\iota = 0.7$, $k = 1.8$, $r = 0.35$, $\gamma = 1.25$。

为了获得式(8-80)的解,谐波数 m 必须固定。

初始条件设置为一次谐波的扰动。对于式(8-63)~式(8-65)的数值解,此条件变为以下形式:

$$\zeta(\xi, 0) = Z\sin(\pi\xi) \quad (8-83)$$

式中:Z 为扰动振幅。使用近似方法,初始条件写为

$$\eta_1(0) = \dfrac{i}{2}Z \quad (8-84)$$

讨论两种工况下的结果。在这两种工况下,都有 $\iota = 0.7$、$k = 1.8$、$r = 0.35$ 以及 $\gamma = 1.25$。此外,工况 A 下 $\chi = 0.25$、$M = 4 \times 10^{-3}$、$Z = 4 \times 10^{-3}$;工况 B 下 $\chi = 2/3$、$M = 2 \times 10^{-3}$、$Z = 5 \times 10^{-3}$。

图 8.22 将式(8-63)~式(8-65)的数值积分结果与近似方法所得结果进行了比较。Novozhilov 等(2009b)给出了第一种(PDE 积分)方法的更多细节。显然,仅使用两次谐波已经给出了近似解,与完整数值解的偏差在 20% 以内。应用 10 次谐波产生几乎相同的结果。

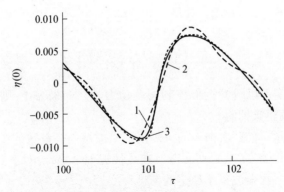

图 8.22　工况 B 中近似方法与偏微分方程组式(8-63)~式(8-65)数值解的比较
1—数值偏微分方程解；2—二次谐波近似法；3—10 次谐波近似法。

图 8.23 和图 8.24 说明了工况 A 中压力扰动的时间历程。它们以不同的时间尺度绘制。图 8.23 显示了无法解析的单个振荡周期的全貌。图 8.24 显示了不同时间间隔内的振荡演变。可清楚地观察到振荡的非线性性质。

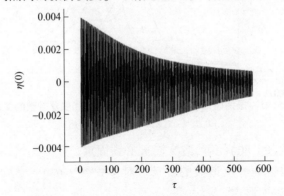

图 8.23　工况 A 中压力振荡幅值随时间的变化

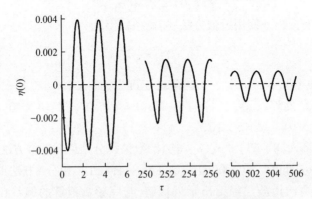

图 8.24　工况 A 中压力振荡曲线随时间的演化

图 8.25 和图 8.26 给出了工况 B 的压力振荡曲线。该工况下，振幅随时间增长，出现压力扰动的尖峰。这个过程可能会产生激波。尖锋的发展导致数值 PDE 积分的精度降低。在近似方法中，这种现象表现为高次谐波的逐步产生。

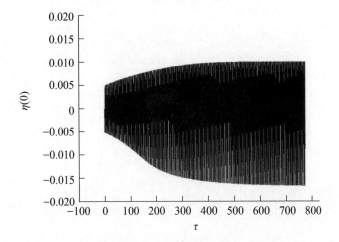

图 8.25　工况 B 中压力振荡幅值随时间的变化

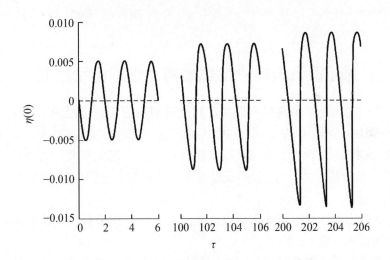

图 8.26　工况 B 中压力振荡曲线随时间的演化

图 8.27 进一步说明了急剧压力扰动前沿的发展。图 8.27(a) 显示了来自喷管的压力波的反射；图 8.27(b) 显示来自推进剂燃面的反射。

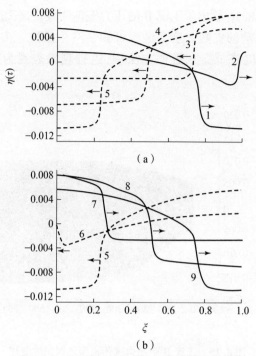

图 8.27 工况 B 中压力扰动前沿的动力学

$\tau=1$; 1—170.00; 2—170.25; 3—170.50; 4—170.75; 5—171.00; 6—171.25; 7—171.50; 8—171.75; 9—172.00。

8.8 半封闭容积内推进剂燃烧稳定性的自动控制

本节讨论在半封闭容积中自动控制推进剂不稳定燃烧过程的可能性。特别是，在可控均衡器中，稳定区域的稳定边界位置可能发生变化。该边界在 8.3 节确定，结果表明，对于较小的仪器常数值 $\chi = t_{ch}/t_c$，稳定状态变得不稳定。如 8.2~8.5 节所述，本节研究表明假设凝聚相和燃烧室弛豫时间相近，即考虑了非声学状态。

燃烧室压力自动控制方法研究的重要性在于需要确保发动机在准稳定和瞬态燃烧状态下稳定工作。

改变半封闭体积内燃烧状态最直接的方法是改变喷管的横截面面积。在自动控制过程中，必须通过控制信号确定喷管横截面面积对时间的依赖性，后者由控制律决定。从设计的角度来看，最简单的控制信号是通过将压力的稳定值与可变燃烧室压力相关的过程的某个参数（在当前或更早的时刻）进行比较得出的。

第 8 章 固体火箭发动机中的不稳定燃烧模拟

关于固体推进剂发动机自动控制的现有研究是基于使用传递函数来描述燃烧过程,例如 Prisnyakov(1984)、Bobylev(1992)、Ivanov 和 Tsukanov(2000)。这种做法从根本上看是不合理的,也不是特别成功。

一种相容的方法是在考虑非稳定推进剂燃烧的情况下,将自动控制方法与 Z – N 相结合。

以下分析介绍了针对不同控制律的半封闭体积内稳定推进剂燃烧状态稳定边界的线性自动控制理论。

等温近似(8.2 节)与 Z – N 理论用于描述燃烧产物的行为(Novozhilov,2010)。与经典控制理论中涉及有限自由度系统的许多问题不同,本节分析考虑了具有分布参数的动力系统。

如前所述,半封闭容积内自动燃烧状态控制的最简单方法是改变喷管的横截面面积。假设除了喷管横截面面积 s_0 的恒定分量外,还存在随时间变化的可变分量 $s_1(t)$。在这种情况下,质量守恒式(8.7)转化为

$$\frac{\mathrm{d}(\rho_g V)}{\mathrm{d}t} = \rho_c u S - A(T_b^0) p [s_0 + s_1(t)] \tag{8–85}$$

其无量纲形式式(8–14)转换为

$$\chi \frac{\mathrm{d}\eta}{\mathrm{d}\tau} = \nu - \eta [1 + s(\tau)] \tag{8–86}$$

其中喷管横截面面积的相对变化量由式(8–87)给出:

$$s(\tau) = \frac{s_1(\tau)}{s_0} \tag{8–87}$$

在自动控制过程中 $s(\tau)$ 必须由控制信号决定,而控制信号又由控制律的类型决定。以下分析考虑了三种简单控制律,即比例、比例积分和比例微分(Popov,2014)。

将结果与恒定喷管横截面面积的情况进行比较(8.3 节)。后一种情况下的频率特征方程的形式为式(8–23)。

比例控制法假设稳定压力值 p^0 与某个较早时间瞬间的燃烧室压力进行比较。喷管横截面面积的相应变化为以下形式:

$$\frac{s_0 + s_1(t)}{s_0} = \hat{\zeta} \frac{p(t - t_d) - p^0}{p^0} \tag{8–88}$$

式中:$\hat{\zeta}$ 为无量纲比例系数。该特性可称为喷管对变化压力的响应程度或调节器(喷嘴)增益系数。

通过将式(8–88)写成无量纲形式并代入式(8–86),得到以下描述比例控制律的方程:

固体推进剂不稳定燃烧理论

$$\chi \frac{d\eta}{d\tau} = \nu - \eta \{1 + \hat{\zeta}[\eta(\tau - \tau_d) - 1]\} \qquad (8-89)$$

在线性近似中,当所有时间相关变量的形式为

$$\phi = 1 + [\phi_1 \exp(i\omega\tau) + \text{c.c.}] \qquad (8-90)$$

方程变为

$$(1 + i\chi\omega)\eta_1 - \nu_1 = -\hat{\zeta}\exp(-i\omega\tau_d)\eta_1 \qquad (8-91)$$

在不稳定燃烧条件下,燃速对变化压力的响应 $U = \nu_1/\eta_1$ 由式(8-92)给出:

$$\begin{cases} U = \dfrac{\iota + \delta(z-1)}{1 + (z-1)(r - k/z)} \\ z = \dfrac{1}{2}(1 + \sqrt{1 + 4i\omega}) \end{cases} \qquad (8-92)$$

因此,频率的特征方程为

$$1 + i\chi\omega + \hat{\zeta}\exp(-i\omega\tau_d) = \frac{\iota + \delta(z-1)}{1 + (z-1)(r - k/z)} \qquad (8-93)$$

该方程是式(8-23)在比例控制律情况下的推广。

若在特定情况下,控制信号的时间延迟 t_d 可以等于零,则等式(8-93)简化为

$$1 + i\chi\omega + \hat{\zeta} = \frac{\iota + \delta(z-1)}{1 + (z-1)(r - k/z)} \qquad (8-94)$$

图 8.28 显示了不同喷管增益系数 $\hat{\zeta}$ 的稳定边界。显然,参数 $\hat{\zeta}$ 的符号无法明确确定状态是变得更稳定还是不稳定。比如 $\hat{\zeta} > 0$(曲线 2 和曲线 3)以及对于较小的 k,自动控制拓宽了稳定区域,因为这些曲线低于曲线 1,对应于没有任何控制。对于 $k \sim 1.8$,情况正好相反。对于 $k > 1.8$,当曲线 2 和曲线 3 出现在曲线 1 上方时,稳定性区域变窄。

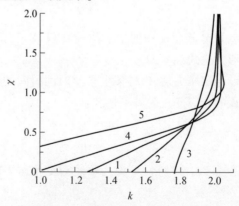

图 8.28 比例控制律下半封闭容积内稳定燃烧区的稳定边界

$\tau_d = 0$, $r = 0.3$, $\iota = 0.5$, $\delta = 0.1$;1—$\zeta = 0$;2—$\zeta = 0.5$;3—$\zeta = 2.0$;4—$\zeta = -0.25$;5—$\zeta = -0.499$。

第 8 章　固体火箭发动机中的不稳定燃烧模拟

这种行为与燃烧室压力的变化有关:第一,喷管横截面面积的变化;第二,燃速对变化压力的响应。在所考虑的例子中,$\hat{\zeta} > 0$ 时,高于稳定值的压力增长将迫使喷管横截面面积增大。如果在增加的压力下燃速没有变化,则燃烧室压力下降。实际上,燃速可能增加或减少。在后一种情况下(增加喷管横截面积和降低燃速),燃烧室压力将下降。然而,燃速增加的影响可能比喷管面积增加的影响更大。在这种情况下,自动控制无法稳定过程,稳定区域变窄($k > 1.8$)。与具有有限自由度的系统(通常在经典控制理论中考虑)相比,在控制条件下考虑的具有分布参数的系统的动力学更加复杂。

8.3 节中指出,半封闭容积中稳定区域的稳定面积随着指数 ι(描述燃速对压力的平方依赖性)的增长而减小。对于 $\iota \geq 1$,燃烧状态仅在 $\chi \to \infty$ (常压)下稳定。

使用比例控制法,对于有限仪器常数 χ,也可以在 $\iota \geq 1$ 处实现稳定的稳定状态。$\iota \geq 1$ 的稳定边界如图 8.29 所示。为进行比较,该图还显示了 $\iota < 1$ 时的稳定边界。

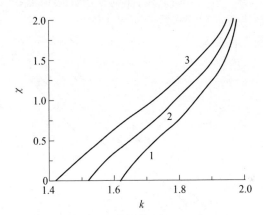

图 8.29　指数 ι 较大时的稳定性边界

$\tau_d = 0$, $r = 1/3$, $\delta = 0.1$; 1—$\iota = 0.8$; 2—$\iota = 1.0$; 3—$\iota = 1.2$。

在比例积分控制律下,将稳定压力值 p^0 与一定时间间隔 t_i 内的平均压力进行比较。喷管横截面面积的相对变化为

$$\frac{s_1(t)}{s_0} = \frac{\hat{\zeta}}{t_i} \int_{t-t_d-t_i}^{t-t_d} \frac{p(t') - p^0}{p^0} dt' \tag{8-95}$$

无量纲形式为

$$s(\tau) = \hat{\zeta} \int_{\tau-\tau_d-\tau_i}^{\tau-\tau_d} [\eta(\tau') - 1] d\tau'$$

$$\tau_i = \frac{t_i (u_0)^2}{\kappa} \tag{8-96}$$

最简化的考虑对应于无信号延迟的情况,即 $\tau_d = 0$。

应用式(8-96),式(8-86)可变为以下形式:

$$\chi \frac{\mathrm{d}\eta}{\mathrm{d}\tau} = \nu - \eta \left\{ 1 + \hat{\zeta} \int_{\tau - \tau_i}^{\tau} [\eta(\tau') - 1] \mathrm{d}\tau' \right\} \tag{8-97}$$

利用线性近似式(8-90)可以得到

$$(1 + \mathrm{i}\chi\omega)\eta_1 - \nu_1 = -\hat{\zeta} \frac{1 - \exp(-\mathrm{i}\omega\tau_i)}{\mathrm{i}\omega\tau_i} \exp(-\mathrm{i}\omega\tau_d) \eta_1 \tag{8-98}$$

该结果与变化压力下的燃速响应式(8-92)相结合,得到在比例积分控制法的情况下复频率的以下特征方程:

$$1 + \mathrm{i}\chi\omega + \hat{\zeta} \frac{1 - \exp(-\mathrm{i}\omega\tau_i)}{\mathrm{i}\omega\tau_i} \exp(-\mathrm{i}\omega\tau_d) = \frac{\iota + \delta(z-1)}{1 + (z-1)(r - k/z)} \tag{8-99}$$

如果平均时间间隔 $\tau_i = 0$,则该方程转化为与比例控制律对应的式(8-94)。

图 8.30 显示了不同时间平均间隔时的稳定边界。为了进行比较,也给出了 $\tau_i = 0$ 对应的稳定边界。可以理解的是,比例积分控制律的效果比比例控制律差。

比例微分控制律假定喷管横截面面积变化与在某个较早时刻 $t - t_d$ 获得的压力时间导数之间存在关系:

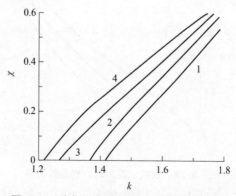

图 8.30 比例-积分控制律下的稳定边界

$\tau_d = 0$, $r = 0.3$, $\iota = 0.5$; $\hat{\zeta} = 0.25$; 1—$\tau_i = 0$; 2—$\iota = 1.2$, $\tau_i = 0.5$; 3—$\tau_i = 1$; 4—$\tau_i = 2$。

$$\frac{s_1(t)}{s_0} = \frac{\hat{\zeta}}{p^0} \frac{\mathrm{d}p(t')}{\mathrm{d}t'} \bigg|_{t' = t - t_d} \tag{8-100}$$

式中:$\tilde{\zeta}$ 为一个有时间单位的常数。式(8-100)的无量纲形式为

$$s(\tau) = \hat{\zeta}_1 \frac{\mathrm{d}\eta(\tau')}{\mathrm{d}\tau'} \bigg|_{\tau' = \tau - \tau_d}$$

$$\hat{\zeta}_1 = \tilde{\zeta} \frac{(u^0)^2}{\kappa} \tag{8-101}$$

在线性近似中,应用与前两种情况完全相同的方法,依次导出式(8-102)和式(8-103):

$$[1+i\omega(\chi+\hat{\zeta}_1\exp(-i\omega\tau_d))]\eta_1-\nu_1=0 \quad (8-102)$$

$$1+i\omega(\chi+\hat{\zeta}_1\exp(-i\omega\tau_d))=\frac{\iota+\delta(z-1)}{1+(z-1)(r-k/z)} \quad (8-103)$$

式(8-103)表明,在没有信号延迟的情况下,仪器常数通过等于喷管增益系数的附加值改变。图8.31显示了该系数不同值的稳定性边界。

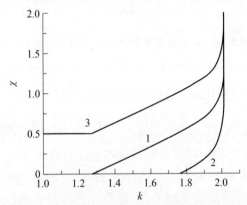

图8.31 比例-微分控制律下的稳定性边界

$\tau_d=0, r=0.3, \iota=0.5, \delta=0.1; 1—\hat{\zeta}_1=0; 2—\hat{\zeta}_1=0.5; 3—\hat{\zeta}_1=-0.5$。

目前,稳定边界仅针对最简单的小时滞$\tau_d=0$情况绘制。确定$\tau_d\neq 0$时的稳定性边界更难,因为快速振荡项$\exp(-i\omega\tau_d)$出现在所有三种考虑的控制律的特征方程中。

对于$\tau_d=0$,仪器常数表达式的虚部只有两个根,$\text{Re}\chi>0$对应于给出稳定边界位置的其中一个。

对于$\tau_d\neq 0$,仪器常数的虚部有许多根,有些根可能有$\text{Re}\chi>0$。很明显,仪器常数实部的最大值对应于稳定边界。因此,必须比较仪器常数实部的不同值。在本研究中,只需比较两个或三个根,因为随着根数的增加,仪器常数的实部迅速减少。

本节考虑了在比例和比例微分律中解释信号时间延迟的例子。对于比例控制律,由式(8-93)有

$$\chi=\frac{1}{i\omega}\left(\frac{\iota+\delta(z-1)}{1+(z-1)(r-k/z)}-1-\hat{\zeta}\exp(-i\omega\tau_d)\right) \quad (8-104)$$

不同时间延迟的稳定性边界如图8.32所示。

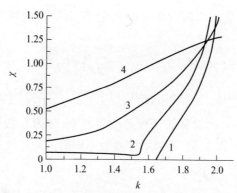

图 8.32 比例控制律下参数 τ_d 对稳定边界的影响

$r=0.3, t=0.5, \delta=0, \hat{\zeta}=1.1; 1—\tau_d=0; 2—\tau_d=0.25; 3—\tau_d=0.5; 4—\tau_d=10$。

对于比例 – 微分控制律,根据特征方程由[式(8 – 103)]有

$$\chi = \frac{1}{\mathrm{i}\omega}\left(\frac{\iota+\delta(z-1)}{1+(z-1)(r-k/z)}-1-\mathrm{i}\omega\hat{\zeta}_1\exp(-\mathrm{i}\omega\tau_d)\right) \quad (8-105)$$

图 8.33 显示了不同时滞下该定律的稳定性边界。

将图 8.32 和图 8.33 与其对应的图 8.28 和图 8.31 进行比较,应注意时间延迟 $\tau_d \neq 0$ 不仅会导致数量上的变化,还会导致质量上的变化。例如,与图 8.28 中的平滑曲线不同,出现了一阶导数突然变化的曲线(图 8.32 曲线 2)。在比例 – 微分控制律的情况下,如图 8.33 所示,仪器常数一开始保持基本恒定值(在参数 k 的一定变化范围内),随后迅速增加。

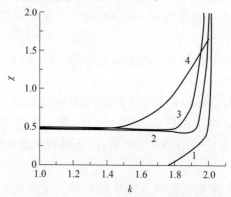

图 8.33 比例 – 微分控制律下参数 τ_d 对稳定边界的影响

$r=0.3, t=0.5, \delta=0, \hat{\zeta}_1=0.5; 1—\tau_d=0; 2—\tau_d=0.25; 3—\tau_d=0.5; 4—\tau_d=10$。

这种特性与参数 k 的变化改变了函数 $\mathrm{Im}\chi(\omega)$ 的根这一事实有关,这些根实际上决定了稳定性边界。

第 9 章
气相惯性对不稳定燃烧的影响

9.1 引言

在本章中,我们考虑了气相的惯性,对燃烧理论进行了扩展。首先,在本节中,将讨论此类扩展的动机以及可能需要扩展的案例。

Z-N 理论在 t_c 近似下的发展和应用依赖式(9-1)的有效性(2.1节):

$$t_c \gg t_{cr},\ t_c \gg t_g,\ t_p \gg t_{cr},\ t_p \gg t_g \tag{9-1}$$

然而,必须认识到,即使满足式(9-1)所有条件,也不能完全排除获得矛盾结果的可能性。这可以用恒压下的稳定燃烧状态的例子来证明。

如 3.1 节[式(3-32)]所述,在稳定边界附近,燃速的小扰动表现为

$$v(\tau) = 1 + v_1 \exp(-\lambda\tau)\cos(\omega\tau + \varphi) \tag{9-2}$$

也就是说,它们随振幅增加($\lambda < 0$)或减少($\lambda > 0$),取决于系统参数属于不稳定区域还是稳定区域。

此处计算式[3.1 节,式(3-28)]为

$$\lambda = \frac{r(k+1) - (k-1)^2}{2r^2}$$
$$\omega = \sqrt{\frac{k}{r^2} - \lambda^2} \tag{9-3}$$

这些结果是在假设 $t_{cr} = t_g = 0$ 的情况下获得的。但是,在阻尼衰减较大或频率较高时,上述结果不正确。

事实上,当 $\lambda \gg 1$ 或 $\omega \gg 1$ 时,根据式(9-2)和式(9-3)[回顾时间尺度式

(2-31)],接近稳定区域(系统松弛)或远离该区域的固有时间尺度 $\frac{t_c}{\lambda}$ 或 $\frac{t_c}{\omega}$,可能与推进剂反应区或气相的弛豫时间相当。对于长火焰,即对于气相化学反应终止于距推进剂表面相当远的燃烧区域,t_c 近似值也会引入误差。在这种情况下,忽略后一区域的热惯性是不合理的。

式(9-1)应替换为更严格的形式:

$$\frac{t_c}{\lambda} \gg t_{cr}, \frac{t_c}{\omega} \gg t_{cr}, \frac{t_c}{\lambda} \gg t_g, \frac{t_c}{\omega} \gg t_g$$

$$\frac{t_p}{\lambda} \gg t_{cr}, \frac{t_p}{\omega} \gg t_{cr}, \frac{t_p}{\lambda} \gg t_g, \frac{t_p}{\omega} \gg t_g \quad (9-4)$$

对于较大的阻尼衰减率和频率,3.1节中进行的稳定性分析结果可能会发生显著变化。因此,我们必须认识到 t_c 近似在 $\lambda \gg 1$ 和 $\omega \gg 1$ 时的本质区别。

如式(9-2)和式(9-3)所示,最有问题使以下不等式至少有一个成立:

$$k - 1 \ll 1; \quad r \ll 1 \quad (9-5)$$

后一个不等式通常适用于实际系统,因此有必要对该理论进行扩展,以便能够解释小惯性区的弛豫时间。

考虑小惯性区弛豫时间的研究数量非常有限。Vilyunov 和 Rudnov(1973)以及 Romanov(1975)试图考虑推进剂反应层的惯性。Vilyunov 和 Rudnev(1973)研究了这种效应对半封闭体积内燃烧的影响,但在恒压下的燃烧稳定性方面没有一致的结果。Romanov(1975)的研究在多参数问题的众多假设和数值建模框架内分析了影响,从文中很难得出任何普遍性关系。Volkov 和 Medvedev(1969)进一步通过引入延迟时间这一现象学参数,将凝聚相和气相反应层的热惯性包括在内。

很少有研究通过对相关的时间微分方程组进行数值分析来解决气相惯性问题。大部分人(Hart 和 McClure,1959;T'ien,1972;Allison 和 Faeth,1975)专注于由小振幅谐波振荡压力驱动的不稳定推进剂燃烧。特别地,Hart 和 McClure(1959)研究了与高频声导纳相关的问题,如前所述,必须考虑小惯性区的影响。T'ien(1972)与 Allison 和 Faeth(1975)整合了控制燃烧过程的数值线性化方程。在 T'ien(1972)的论文中,以及 Clavin 和 Lazimi(1992)随后的分析研究中,采用了燃烧过程的两阶段模型。一个阶段描述了凝聚相的化学反应,另一个阶段描述了气相的化学反应。为了简化问题,将凝聚相化学反应区的弛豫时间设置为零。这种方法是不一致的,因为两个区域有限弛豫产生的效果是相当的。

研究气相中发生化学反应的系统燃烧的多尺度方面是非常必要的。Margolis 和 Williams(1988)利用相当粗糙的假设(恒定气体密度和一维流动几何)进行了这种尝试。

Novozhilov(1988a)首先推导了在恒定压力下稳定燃烧状态的条件,并考虑了气相惯性。从本质上讲,分析结果表明稳定燃烧区域(在小 r 时)出现扩展,并产生燃烧系统固有频率的定性新表达式。

在以下各节中,将在 Belyaev 模型框架内系统研究气相惯性对燃烧稳定性的影响、燃速对谐波振荡压力的响应以及推进剂表面的声导纳。

9.2 稳定燃烧区稳定性

固体推进剂燃烧的第一个真实模型来自 Belyaev(1938,1940)。1.8 节以稳定形式讨论了该模型。该模型考虑了气相中发生的过程,因此在本节中使用该模型(以不稳定形式)推导稳定燃烧稳定性条件,并考虑气相弛豫时间。

Belyaev 模型假设化学转化发生在从推进剂表面蒸发的液体蒸汽中。蒸发由燃烧区的热反馈驱动,L 是蒸发潜热。

假设最简单的反应式为 $A \rightarrow P + Q_g$,其中 A 和 P 分别为初始推进剂和反应产物,Q_g 为反应热。我们还应假设初始物质和产物的分子量彼此接近,因此混合物的分子质量 $\tilde{\mu}$ 可以认为是常数。

在高活化能近似下,与气体预热区相比,化学反应区的厚度可以忽略不计。这使得气相控制方程中的化学源项得以删除,并使用火焰表面的适当边界条件解释化学转化过程。该方法类似于层流气体火焰热扩散稳定性的分析(Barenblatt 等,1962)。显然,这种方法忽略了化学转变区的惯性。

设 $x_s(t)$ 和 $x_f(t)$ 分别为液-气界面和火焰前沿的位置。控制这些方程组的问题包括凝聚相的导热方程:

$$\rho c \frac{\partial T}{\partial t} = \frac{\partial}{\partial x}\left(\lambda \frac{\partial T}{\partial x}\right), \quad -\infty < x < x_s(t) \tag{9-6}$$

以及气体预热区的连续、初始物质平衡和导热方程:

$$\frac{\partial \rho_g}{\partial t} + \frac{\partial (\rho_g u_g)}{\partial x} = 0$$

$$\rho_g\left(\frac{\partial Y}{\partial t} + u_g \frac{\partial Y}{\partial x}\right) = \frac{\partial}{\partial x}\left(D\rho_g \frac{\partial Y}{\partial x}\right), \quad x_s(t) < x < x_f(t) \tag{9-7}$$

$$\rho_g c_p \left(\frac{\partial T_g}{\partial t} + u_g \frac{\partial T_g}{\partial x}\right) = \frac{\partial}{\partial x}\left(\lambda_g \frac{\partial T_g}{\partial x}\right)$$

半空间 $x_f(t) < x < \infty$ 充满了燃烧产物,该区域的初始物质浓度 Y 等于零,相应的导热方程与式(9-7)相同(显然,T_g 和 u_g 被产物的温度 T_p 和速度

u_g 取代)。

控制方程中的符号是燃烧理论的常规符号。T 代表温度,Y 代表反应物的质量分数,ρ_g 和 u_g 分别表示气体的密度和速度,c 表示比热容。D 和 λ_g 分别表示气体扩散系数和导热系数。

对于边界条件,推进剂的初始状态由初始温度来描述

$$x \to -\infty, \quad T = T_a \tag{9-8}$$

必须在相界面 $x = x_s(t)$ 处施加以下条件:总质量平衡和反应物的质量平衡、温度场的连续性、能量平衡以及与温度和浓度相关的平衡蒸发条件。这些条件具有以下形式:

$$\begin{cases} -\rho \dfrac{dx_s}{dt} = -\rho_g \dfrac{dx_s}{dt} + \rho_g u_g \\ -\rho \dfrac{dx_s}{dt} = -\rho_g Y \dfrac{dx_s}{dt} + \rho_g u_g Y - D\rho_g \dfrac{\partial Y}{\partial x} \\ T_g = T, \ \lambda \dfrac{\partial T}{\partial x} = \lambda_g \dfrac{\partial T_g}{\partial x} + \rho L \dfrac{dx_s}{dt} \\ Y = \exp\left[-\dfrac{L\tilde{\mu}}{R}\left(\dfrac{1}{T} - \dfrac{1}{T_{bl}}\right) \right] \end{cases} \tag{9-9}$$

式中:T_{bl} 为给定压力下的沸腾温度;R 为通用气体常数。

在火焰前沿 $x = x_f(t)$,反应物浓度变为零,速度和温度连续。此外,还存在温度-流量跳跃不连续的条件,以及由无限快的化学反应决定的原始物质的完全消耗:

$$Y = 0, \ u_g = u_p, \ T_g = T_p$$

$$\lambda_g \dfrac{\partial T_g}{\partial x} = \lambda_g \dfrac{\partial T_p}{\partial x} - D\rho_g Q_g \dfrac{\partial Y}{\partial x}$$

$$-D\rho_g \dfrac{\partial Y}{\partial x} = m \tag{9-10}$$

式中:m 为质量流率,仅取决于火焰温度。采用理想气体假设,$\rho_g T_g = \rho_{bl} T_{bl}$,其中 ρ_{bl} 是沸腾温度下的密度。

有两种情况可能导致对稳定性问题进行分析研究,需要同时考虑凝聚相和气相的惯性(如前所述,忽略了化学反应区的惯性)。首先,针对拉格朗日变量的转换将问题的流体力学部分与热扩散分离。Shkadinskii(1971)在数值求解挥发性物质着火和随后过渡到稳定燃烧状态的问题时展示了拉格朗日坐标的优势。其次,凝聚相参数的物理合理假设(ρ、c、λ 以及热扩散率 κ)是恒定的,以及产物 $D\rho_g^2$ 的气体温度的独立性可确保相关方程式在所考虑的近似值(无限薄的

第 9 章 气相惯性对不稳定燃烧的影响

化学反应区)中的线性。另外,未扰动稳定解的形式是,可以通过解析方法找到受扰动的非齐次线性方程组的解。

为了减少参数的数量,在下面的分析中有 $c \equiv c_p$ 和 $Le = 1 \left(D\rho_g^2 = \dfrac{\lambda_g \rho_g}{c_p} \right)$。这些假设并不限制分析的一般性,因为在没有这些限制的情况下,同样可以进行求解。

利用对拉格朗日坐标的转换,引入了以下无量纲变量和参数:

$$\theta = \frac{T}{T_{bl}}, \ \theta_g = \frac{T_g}{T_{bl}}, \ \theta_p = \frac{T_p}{T_{bl}}, \ \theta_0 = \frac{T_a}{T_{bl}}$$

$$\nu = -\frac{\rho}{m^0}\frac{\mathrm{d}x_s}{\mathrm{d}t}, \ \nu_g = \frac{\rho_b u_g}{m^0}, \ \nu_p = \frac{\rho_b u_p}{m^0}$$

$$\sigma = \frac{D\rho_g^2}{\kappa \rho^2}, \ q = \frac{Q_g}{cT_{bl}}, \ l = \frac{L}{cT_{bl}}, \ \Gamma = \frac{\tilde{\mu} c}{R} \tag{9-11}$$

其中 v 是无量纲燃速,参数 $\sigma = \dfrac{t_g}{t_c}$ 是气相和凝聚相的弛豫时间的比 $\left[t_g = \dfrac{D\rho_g}{(m^0)^2}, m^0 = \rho u^0 \right]$。

引入如下无量纲时间和新(拉格朗日)变量:

$$\tau = \frac{(u^0)^2 t}{\kappa}, \ -\infty < x < x_s(t), \ \xi = \frac{u^0}{\kappa}[x - x_s(t)], \ \xi < 0$$

$$x_s(t) < x < \infty, \ \xi = \frac{1}{\rho\sigma}\frac{u^0}{\kappa}\int_{x_s(t)}^{x}\rho_g(y,t)\mathrm{d}y, \ \xi > 0 \tag{9-12}$$

可以很方便地引入运算符:

$$\hat{H} = \frac{\partial}{\partial \tau} + \nu(\tau)\frac{\partial}{\partial \xi} - \frac{\partial^2}{\partial \xi^2} \tag{9-13}$$

以及算子 $\hat{H}_\sigma$,与 $\hat{H}$ 在时间导数前面相差一个系数 σ。

在新坐标系中,问题简化为式(9-14):

$$-\infty < \xi < 0, \ \hat{H}(\theta) = 0$$

$$0 < \xi < \xi_f(\tau), \ \hat{H}_\sigma(\theta_g) = 0, \ \hat{H}_\sigma(Y) = 0$$

$$\xi_f(\tau) < \xi < \infty, \ \hat{H}_\sigma(\theta_p) = 0, \ Y = 0 \tag{9-14}$$

以及边界条件:

$$\theta = \theta_0, \ \xi \rightarrow -\infty$$

$$\theta = \theta_g, \ \frac{\partial \theta}{\partial \xi} = \frac{\partial \theta_g}{\partial \xi} - l\nu, \ \xi = 0$$

$$\nu(1-Y) + \frac{\partial Y}{\partial \xi} = 0, \ Y = \exp[l\Gamma(1-\theta^{-1})]$$

$$\xi = \xi_f(\tau), \ Y = 0, \ \theta_g = \theta_p, \ -\frac{\partial Y}{\partial \xi} = \frac{m}{m^0}$$

$$\frac{\partial \theta}{\partial \xi} = \frac{\partial \theta_p}{\partial \xi} - q\frac{\partial Y}{\partial \xi}; \ \theta_p < \infty, \ \xi \to \infty \tag{9-15}$$

式(9-14)包含四个二阶方程。除 $\theta(\xi,\tau)$、$\theta_g(\xi,\tau)$、$Y(\xi,\tau)$ 及 $\theta_p(\xi,\tau)$ 之外,需要得到燃速 $\nu(\tau)$ 以及火焰前沿的位置 $\xi_f(\tau)$。因此,式(9-15)包含 10 个边界条件。

一旦式(9-14)和式(9-15)的解已知,如果需要,可以从边值问题(BVP)中获得气体速度,有

$$\sigma\frac{\partial \theta_g}{\partial \tau} + \nu\frac{\partial \theta_g}{\partial \xi} - \frac{\partial \nu_g}{\partial \xi} = 0; \ \sigma\frac{\partial \theta_p}{\partial \tau} + \nu\frac{\partial \theta_p}{\partial \xi} - \frac{\partial \nu_p}{\partial \xi} = 0$$

$$\xi = 0, \ \nu_g = \nu\left(\theta - \frac{\rho_s}{\rho}\right), \ \xi = \xi_f(\tau), \ \nu_g = \nu_p \tag{9-16}$$

式(9-14)和式(9-15)的稳定解具有以下形式:

$$-\infty < \xi < 0, \ \theta^0 = \theta_0 + (\theta_s^0 - \theta_0)\exp(\xi)$$

$$0 < \xi < \xi_f^0, \ \theta_g^0 = (\theta_0 - l) + (\theta_s^0 - \theta_0 + l)\exp(\xi) \ Y^0 = 1 - (1-Y_s^0)\exp(\xi)$$

$$\xi_f^0 < \xi < \infty, \ \theta_p^0 = \theta_0 + q - l \ Y^0 = 0$$

$$\nu^0 = 1, \ \xi_f^0 = -\ln(1-Y_s^0) \tag{9-17}$$

从式(9-17)中可以得到稳定区无量纲表面温度和表面反应物质量分数:

$$\theta_s^0 = \theta_0 + q(1-Y_s^0) - l, \ Y_s^0 = \exp\left[l\Gamma\left(1-\frac{1}{\theta_s^0}\right)\right] \tag{9-18}$$

稳定下,燃速和表面温度相对于初始温度的导数在无量纲变量中有以下形式:

$$k = (\theta_s^0 - \theta_0)\frac{\partial \ln m^0}{\partial \theta_0}, \ r = \frac{1}{\left[1 + \frac{ql\Gamma Y_s^0}{(\theta_s^0)^2}\right]} \tag{9-19}$$

线性近似下稳定解式(9-17)的稳定性研究可通过标准程序进行,即通过施加时间变化为 $\exp(\Omega\tau)$ 的小扰动,并将稳定性边界 $\text{Re}\,\Omega = 0$ 作为一个条件。需要注意的是,这种方法给出的结果与将稳定性作为初始条件下的非定常问题进行研究(Novikov 和 Ryazantsev,1966)得到的结果相同。

更详细的特征方程推导的主要步骤如下。

所有变量均以 $f = f^0 + f_1\exp(\Omega\tau)$ 的形式表示,其中,f^0 为稳定解,f_1 为小扰

第 9 章 气相惯性对不稳定燃烧的影响

动。将 θ、θ_g、θ_p、Y、ν 和 ξ_f 分别修正为 ϑ、ϑ_g、ϑ_p、y、b 和 s。

包含扰动的线性化方程组为

$$\hat{h}(\vartheta) = b\Delta\exp(\xi), \quad \hat{h}_\sigma(y) = -ba\exp(\xi)$$

$$\hat{h}_\sigma(\vartheta_g) = b(\Delta + l)\exp(\xi), \quad \hat{h}_\sigma(\vartheta_p) = 0 \quad (9-20)$$

其中

$$\hat{h} = \frac{\mathrm{d}^2}{\mathrm{d}\xi^2} - \frac{\mathrm{d}}{\mathrm{d}\xi} - \Omega, \quad \Delta = \theta_s^0 - \theta_0 \quad (9-21)$$

$\hat{h}_\sigma$ 与 $\hat{h}$ 的区别是其中的 Ω 前乘有算子 σ。

式(9-20)的解已考虑了 $\xi \to \pm\infty$ 的边界条件为

$$\vartheta = Aq\exp(z\xi) - b\frac{\Delta}{\Omega}\exp(\xi)$$

$$y = C\exp(z_1\xi) + D\exp(z_2\xi) + \frac{ba}{\sigma\Omega}\exp(\xi)$$

$$\vartheta_g = Fq\exp(z_1\xi) + Gq\exp(z_2\xi) - \frac{b(\Delta + l)}{\sigma\Omega}\exp(\xi)$$

$$\vartheta_p = Hq\exp(z_2\xi) \quad (9-22)$$

其余 8 个边界条件被线性化,扰动解以及燃速和火焰前沿位置的表达式被代入所得到的方程中。因此,对于未知量 a、C、D、F、G、H、b 和 s,可以得到以下线性齐次代数方程组:

$$A - \frac{ab\delta}{\Omega} = F + G - \frac{ab}{\sigma\Omega} \quad (9-23)$$

$$Az - \frac{ab\delta}{\Omega} = Fz_1 + Gz_2 - \frac{ab}{\sigma\Omega} - ab(1-\delta) \quad (9-24)$$

$$ab = Cz_2 + Dz_1 \quad (9-25)$$

$$C + D + \frac{ab}{\sigma\Omega} = \left(\frac{1}{r} - 1\right)\left(A - \frac{ab\delta}{\Omega}\right) \quad (9-26)$$

$$F\exp(z_1\xi_f^0) + G\exp(z_2\xi_f^0) - \frac{b}{\sigma\Omega} + s = H\exp(z_2\xi_f^0) \quad (9-27)$$

$$C\exp(z_1\xi_f^0) + D\exp(z_2\xi_f^0) + \frac{b}{\sigma\Omega} - s = 0 \quad (9-28)$$

$$Fz_1\exp(z_1\xi_f^0) + Gz_2\exp(z_2\xi_f^0) - \frac{b}{\sigma\Omega} + s = \left(z_2 + \frac{k}{a\delta}\right)H\exp(z_2\xi_f^0) \quad (9-29)$$

$$s - \frac{b}{\sigma\Omega} - Cz_1\exp(z_1\xi_f^0) - Dz_2\exp(z_2\xi_f^0) = \frac{kH\exp(z_2\xi_f^0)}{a\delta} \quad (9-30)$$

将式(9-23)中的 A、式(9-25)中的 ab、式(9-27)的 $s - \frac{b}{\sigma\Omega}$ 和式(9-30)

中的 $H\exp(z_2\xi_f^0)$ 代入式(9-24)、式(9-26)、式(9-28)和式(9-29)，以消去变量 A、b、s 和 H。

剩下的 4 个方程是

$$\begin{cases} (Cz_2 + Dz_1)\left[\dfrac{z-1}{\sigma\Omega}(a\delta-1) + 1 - \delta\right] + F(z-z_1) + G(z-z_2) = 0 \\ r(C + D + F + G) = F + G - \dfrac{Cz_2 + Dz_1}{\sigma\Omega} \\ (F+C)\exp(z_1\xi_f^0) + (G+D)\exp(z_2\xi_f^0) = \dfrac{\delta a}{k}[Cz_2\exp(z_1\xi_f^0) + Dz_1\exp(z_2\xi_f^0)] \\ (F+C)z_2\exp(z_1\xi_f^0) + (G+D)z_1\exp(z_2\xi_f^0) = \dfrac{\delta a}{k}z_1[Cz_2\exp(z_1\xi_f^0) + Dz_1\exp(z_2\xi_f^0)] \end{cases}$$
(9-31)

最后两个方程式表明 $F = -C$，因此，只剩下三个未知数 C、D 和 G 的方程。

$$\begin{cases} C\left\{z_2\left[\dfrac{z-1}{\sigma\Omega}(a\delta-1) + 1 - \delta\right] - z + z_1\right\} + Dz_1\left[\dfrac{z-1}{\sigma\Omega}(a\delta-1) + 1 - \delta\right] + G(z-z_2) = 0 \\ C\left(1 + \dfrac{z_2}{\sigma\Omega}\right) + D\left(r + \dfrac{z_1}{\sigma\Omega}\right) + G(r-1) = 0 \\ Cz_2\exp[(z_1-z_2)\xi_f^0] + D\left(z_1 - \dfrac{k}{\delta a}\right) - G\dfrac{k}{\delta a} = 0 \end{cases}$$
(9-32)

如果式(9-32)的矩阵行列式为零，则式(9-32)具有非零解。这意味着

$$\begin{cases} r\Phi(\Omega) - \dfrac{k\zeta}{a} = \Psi(\Omega) \\ \Phi(\Omega) = z(z_1 a^{-\zeta} - z_2) - \delta z_1 z_2(a^{-\zeta} - 1) \\ \Psi(\Omega) = -\dfrac{z^2}{\Omega}z_1(z_1 a^{-\zeta} - z_2) - \delta z_1 z_2(a^{-\zeta} - 1) \end{cases} \quad (9-33)$$

其中

$$2z = 1 + (1 + 4\Omega)^{\frac{1}{2}}, \quad 2z_{1,2} = 1 \pm (1 + 4\sigma\Omega)^{\frac{1}{2}}$$

$$\zeta = z_1 - z_2, \quad a = \exp(-\xi_f^0), \quad \delta = \dfrac{\theta_s^0 - \theta_0}{\theta_s^0 - \theta_0 + l} \quad (9-34)$$

参数 $a = 1 - Y_s^0$ 与气相加热区的厚度 ξ_f^0 直接相关，而 $\delta < 1$ 是物质加热到表面温度所需的热量与加热和蒸发所需的总热量的比。

特征方程式(9-33)表明，稳定区域存在的可能性由以下五个参数的值决定：k、r、σ、a 和 δ。参数 k 与燃速敏感性和火焰温度变化有关。σ 的值只有在压力可变时才会发生变化。其他三个参数 r、a 和 δ，也可以认为是独立的，因为它

第 9 章 气相惯性对不稳定燃烧的影响

们包括许多其他问题参数(θ_0、q、L、Γ)。

对于实际系统,表面温度仅弱依赖于初始温度,即 $r \ll 1$。如前所述,当考虑气相惯性的影响时,该区域最重要。形式上,在获得的特征方程的框架内,$r \sim 1$ 的情况也可以考虑。例如,本案例可用于说明:$\omega \sim 1$ 时完全有理由忽略气相的惯性,并找到与此效应相关的修正。同样的方法适用于 $r = 0$ 的情况。虽然可能从未在实际系统中实现过,但这种一致性代表了一个非常有趣的极限情况。

可在常规 (k, r) 平面上,特定的常量值的参数 σ、a 和 δ 下进行稳定性研究。

由于在稳定边界处,频率 Ω 为纯虚数($\Omega = \mathrm{i}\omega$),特征方程式(9-33)等价于两个实方程。将式(9-33)分别乘以 $\bar{\zeta}$ 以及 $\bar{\Phi}$(上横杠为复共轭),取乘积的虚部有

$$r = \frac{\mathrm{Im}(\Psi \bar{\zeta})}{\mathrm{Im}(\Phi \bar{\zeta})}, \quad k = a \frac{\mathrm{Im}(\Psi \bar{\Phi})}{\mathrm{Im}(\Phi \bar{\zeta})} \tag{9-35}$$

即稳定边界 $r(k)$ 的稳定性的参数化表示($r(\omega), k(\omega)$)。

图 9.1 显示了根据式(9-33)~式(9-35)计算稳定边界和该边界处频率的结果。

图 9.1 表明,随着参数 σ 的增加,稳定区变宽。结果表明,在 $r = 0$ 时 $k \neq 1$,这与忽略气相惯性的原始 Z-N 理论相反。k 与 1 的差异相当大,例如在 $\sigma = 10^{-2}$ 时大约是 30%。

图 9.1 中的虚线显示了稳定边界处的频率与参数 r 的函数关系。

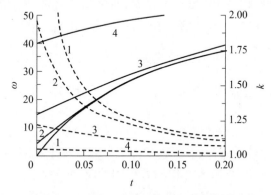

图 9.1 稳定边界和稳定边界处的频率

$a = 0.4, \delta = 0.15$;实线表示稳定边界 $k(r)$;虚线表示稳定边界处的频率与参数 r 的函数关系;1—$\sigma = 0$;2—$\sigma = 10^{-3}$;3—$\sigma = 10^{-2}$;4—$\sigma = 10^{-1}$。

显然,稳定边界处的频率总是有限的(包括 $r = 0$ 的情况),对于实际值 $r \sim 0.1 - 0.2$ 可能与原始 Z-N 理论(无惯性气相)预测的值相差几倍。

在所考虑的 σ 值范围内,不等式 $\sigma\omega \ll 1$ 始终成立。这将使特征方程式(9-33)和式(9-34)简化。将函数 $z_1(\sigma\omega)$ 和 $z_2(\sigma\omega)$ 关于小参数 $\sigma\omega$ 展开,得到:

$$\begin{cases} r = \dfrac{2}{p_\omega(p_\omega-1)} \dfrac{2 - \sigma p_\omega h[p_\omega^2 - 1 - gp_\omega(p_\omega-1)]}{2 + \sigma p_\omega[(h-1)(p_\omega+1) + 2g]} \\ k = \dfrac{(p_\omega+1)}{(p_\omega-1)} \dfrac{2 - \sigma(p_\omega-1)[p_\omega - g(p_\omega+2)]}{2 + \sigma p_\omega[(h-1)(p_\omega+1) + 2g]} \end{cases} \quad (9-36)$$

为了方便,这里引入了以下新符号:$h = a - 2\ln a$,$g = \delta(1-a)$。

此外,用频率的函数 $p_\omega = \left\{ \dfrac{1}{2}\left[(1+16\omega^2)^{\frac{1}{2}} + 1\right]\right\}^{\frac{1}{2}}$ 替代频率本身,因此有 $z = \dfrac{1}{2}\left[p_\omega + 1 + i(p_\omega^2 - 1)^{\frac{1}{2}}\right]$。

式(9-36)实际上是在其他变量 h、g 和 σ 不变的情况下,k、r 和 ω 在稳定边界处的参数化关系(其中 p_ω 用作参数)。

式(9-36)逼近了 $\sigma \leqslant 10^{-1}$ 的依赖性($\sigma = 10^{-2}$ 时的误差只占百分比的一小部分,当 $\sigma = 10^{-1}$ 时误差为10%)。式(9-36)表明,气相效应的主要贡献是通过参数 h(在 σ 不变下),该参数与气体预热区的厚度有关。这是由于 g 值比 h 值小(当 $l = 0$,$a = 0.42$ 时,它们的比值最大为 0.27)。

需注意的是,式(9-36)中分子 r 中的第二项并不总是被认为是对第一项的修正。对小参数 $\sigma\omega \sim \sigma p_\omega^2$ 进行了扩展,而第二项则与 σp_ω^2 成比例。因此,对于较大的 p_ω,其具有 1 的数量级。在 r 的分子中出现这样一个项是因为函数 $\Psi(\Omega)$ 中的算子 $\dfrac{z^2}{\Omega}$ 在 $p_\omega \gg 1$ 时的形式为 $1 - \dfrac{i}{p_\omega}$。让它乘以 $(1 + \alpha i \sigma p_\omega^2)$(在关于小参数 σp_ω^2 的展开过程中)并进一步减去一个虚部,出现了同阶两项的组合 $\alpha \sigma p_\omega^2 - \dfrac{1}{p_\omega}$。

与忽略气相惯性的理论相反,这些考虑导致在某个有限频率值下 r 可能变为零。在后一种理论中,描述气相的方程中的时间导数下降了,这与小参数的强烈影响有关。这种省略纯粹是基于这样一个事实,即方程包含该导数和小参数的乘积 σ。这种不正确的数学运算(舍弃时间导数)会导致在 $r \to 0$ 时,$\omega \to \infty$。后者意味着小 r 值理论的不一致性。

很容易证明,原始 Z-N 理论[式(3-29)、式(3-30)和式(3-32)]的稳定性分析结果可以从式(9-36)中通过赋值 $\sigma = 0$ 得到。对于 $\omega \sim 1$,即对于

第 9 章 气相惯性对不稳定燃烧的影响

$p_\omega \sim 1$,式(9-36)仅包含对后一个结果的小修正,修正阶数为$\dfrac{t_g}{t_c}$。

显然,最有趣的是函数$r(p_\omega)$、$k(p_\omega)$和$\omega(p_\omega)$在较大的频率值$\omega \gg 1$($p_\omega \gg 1$)下的行为。在这个限度内

$$\begin{cases} r = \left(\dfrac{2}{p_\omega^2}\right) - \sigma(h-g)p_\omega \\ k - 1 = \left(\dfrac{2}{p_\omega}\right) - \dfrac{\sigma(h-g)p_\omega^2}{2} \\ \omega = \dfrac{p_\omega^2}{2} \end{cases} \quad (9-37)$$

参数p_ω的最大值在$r=0$处得到

$$\begin{cases} p_\omega = \left(\dfrac{2}{\sigma(h-g)}\right)^{\frac{1}{3}} \\ \omega = [\sqrt{2}\sigma(h-g)]^{-\frac{2}{3}} \end{cases} \quad (9-38)$$

在此最大值处$k - 1 = \left(\dfrac{\sigma(h-g)}{2}\right)^{\frac{1}{3}}$。式(9-37)和式(9-38)之间的关系在足够小的σ范围内成立。这源于条件$p_\omega \gg 1$,这意味着$\left(\dfrac{\sigma(h-g)}{2}\right)^{\frac{1}{3}} \ll 1$。由于频率是通过$t_c$(凝聚相时间常数)进行归一化的,因此该极限$\tilde{\omega} = \dfrac{\omega}{t_c}$处的尺寸频率为$\tilde{\omega} = \left[\sqrt{2}(h-g)t_g t_c^{\frac{1}{2}}\right]^{-\frac{2}{3}}$。换言之,在$t_g \ll t_c$条件下,系统弛豫的自然时间标度在很大程度上取决于气相的惯性,并与产物$t_g^{\frac{2}{3}} t_c^{\frac{1}{3}}$成正比。

本节中关于恒压下挥发性系统燃烧稳定性的结果表明,对于较小的$r = \dfrac{\mathrm{d}T_s^0}{\mathrm{d}T_a}$,考虑到气相的惯性,导致稳定燃烧区域的扩大,以及系统固有频率的新的定性表达式。即使气相的惯性比凝聚相的惯性小,这一点仍然成立。预计关于考虑小惯性区的影响和必要性的类似结论将适用于广泛的不稳定燃烧现象和其他燃烧模型。

9.3 燃速对谐波振荡压力的响应

与9.2节中考虑的恒定压力下的稳定燃烧情况类似,对振荡压力下推进剂

燃烧的分析表明,在特定条件下,需考虑反应区惯性以及气相预热和燃烧产物区惯性的影响(Novozhilov,1989)。

事实上,4.1 节考虑了 t_c 近似下谐波振荡压力下的燃烧问题,主要结果为式(4-27)。该表达式包含在谐波变化压力下燃速的相对变化,以及燃速和压力振荡之间的相移。

该结果在足够小的压力振荡频率 $\tilde{\gamma}$ 和不是太高的压力下有效。事实上,如果对于惯性被忽略的区域的松弛时间 t_r 有 $\tilde{\gamma} t_r \geq 1$,则应考虑后一种惯性。另外,压力增加导致气相弛豫时间 t_g 相应增加,这可能与凝聚相预热区的弛豫时间 t_c 相当。

只有少数出版物(Hart 和 McClure,1959;T'ien,1972;Allison 和 Faeth,1975)在考虑燃速对谐波振荡压力的响应时,试图解释气相的惯性。这 3 种方法都基于数值分析。

本节在特定推进剂燃烧模型(即 9.2 节讨论的 Belyaev 模型)的框架内提出了问题的分析解决方案。

很容易看出,对于合理的压力频率,声波波长远大于气体预热区的厚度。因此,可以认为压力在空间上是均匀的。它在时间上的变化被认为是简谐的:

$$p = p^0 (1 + \varepsilon \cos(\tilde{\gamma} t)) \tag{9-39}$$

9.2 节中关于模型假设和解析解可能性的讨论仍然有效。

与 9.2 节相比,由于气体压缩效应,需要对控制方程和边界条件进行一些修改。考虑到这些修改,问题的无量纲公式如下。

无量纲变量和参数引入如下:

$$\theta = \frac{T}{T_{bl}^0}, \; \theta_g = \frac{T_g}{T_{bl}^0}, \; \theta_p = \frac{T_p}{T_{bl}^0}, \; \theta_0 = \frac{T_a}{T_{bl}^0}, \; \theta_s = \frac{T_s}{T_{bl}^0}$$

$$\sigma = \frac{(D\rho_g^2)^0}{\kappa \rho^2}, \; q = \frac{Q_g}{cT_{bl}^0}, \; l = \frac{L}{cT_{bl}^0}, \; \Gamma = \frac{\tilde{\mu} c}{R}$$

$$\eta = \frac{p}{p^0}, \; \nu = -\frac{\rho}{m^0} \frac{dx_s}{dt}, \; \gamma = \tilde{\gamma} \frac{\kappa}{(u^0)^2} \tag{9-40}$$

式中:上标 0 为稳定状态(压力 p^0)下的沸腾温度。

为使分析解的假设与 9.2 节中的假设相同。需要注意的是,气相产物 $D\rho_g^2$ 与压力成正比。同样,假设 $c \equiv c_p$ 和 $Le = 1$。

无量纲时间和拉格朗日坐标系由式(9-12)给出。

运算符 $\hat{H}$ 的定义与 9.2 节和运算符的定义相同,$\hat{H}_\sigma$ 修改为

第 9 章 气相惯性对不稳定燃烧的影响

$$\hat{H}_\sigma = \sigma \frac{\partial}{\partial \tau} + \nu(\tau) \frac{\partial}{\partial \xi} - \eta \frac{\partial^2}{\partial \xi^2} \qquad (9-41)$$

在拉格朗日变量式(9-12)中,所考虑的问题热扩散部分简化为式(9-42):

$$\begin{cases} -\infty < \xi < 0, \ \hat{H}(\theta) = 0 \\ 0 < \xi < \xi_f(\tau), \ \hat{H}_\sigma(\theta_g) = \dfrac{\sigma\theta}{\Gamma\eta}\dfrac{\mathrm{d}\eta}{\mathrm{d}\tau}, \ \hat{H}_\sigma(Y) = 0 \\ \xi_f < \xi < \infty, \ \hat{H}_\sigma(\theta_p) = \dfrac{\sigma\theta_p}{\Gamma\eta}\dfrac{\mathrm{d}\eta}{\mathrm{d}\tau}, \ Y = 0 \end{cases} \qquad (9-42)$$

边界条件为

$$\theta = \theta_0, \ \xi \to -\infty$$

$$\theta = \theta_g, \ \frac{\partial \theta}{\partial \xi} = \eta \frac{\partial \theta_g}{\partial \xi} - lv, \ \xi = 0$$

$$v(1-Y) + \eta \frac{\partial Y}{\partial \xi} = 0, \ Y = \frac{1}{\eta}\exp[l\Gamma(1-\theta^{-1})]$$

$$\xi = \xi_f(\tau) \ Y = 0, \ \theta_g = \theta_p, \ -\eta \frac{\partial Y}{\partial \xi} = \frac{m}{m^0}$$

$$\frac{\partial \theta_g}{\partial \xi} = \frac{\partial \theta_p}{\partial \xi} - q\frac{\partial Y}{\partial \xi}, \ \theta_p < \infty, \ \xi \to \infty \qquad (9-43)$$

同时,给出了压力对时间的显式依赖关系

$$\eta = 1 + \varepsilon \cos(\gamma \tau) \qquad (9-44)$$

式(9-42)包含 4 个二阶微分方程。除了函数 $\theta(\xi,\tau)$、$\theta_g(\xi,\tau)$、$Y(\xi,\tau)$ 和 $\theta_p(\xi,\tau)$ 之外,还需要得到燃速 $v(\tau)$ 和火焰前沿位置 $\xi_f(\tau)$。相应地,式(9-43)包含 10 个边界条件。

问题式(9-42)和式(9-43)的稳定解($\eta=1$)为

$$v^0 = 1, \ \xi_f^0 = -\ln(1-Y_s^0)$$

$$-\infty < \xi < 0, \ \theta^0 = \theta_0 + (\theta_s^0 - \theta_0)\exp(\xi)$$

$$0 < \xi < \xi_f^0, \ \theta_g^0 = (\theta_0 - l) + (\theta_s^0 - \theta_0 + l)\exp(\xi), \ Y^0 = 1 - (1-Y_s^0)\exp(\xi)$$

$$\xi_f^0 < \xi < \infty, \ \theta_p^0 = \theta_0 + q \ Y^0 = 0 \qquad (9-45)$$

无量纲温度和表面反应物的质量分数必须通过同时求解来求得

$$\theta_s^0 = \theta_0 + q(1-Y_s^0) - l, \ Y_s^0 = \exp\left[l\Gamma\left(1-\frac{1}{\theta_s^0}\right)\right] \qquad (9-46)$$

表征燃速和表面温度敏感性的参数可以从以下关系式中找到:

$$k = (\theta_s^0 - \theta_0)\left(\frac{\partial \ln m^0}{\partial \theta_0}\right)_\eta, \ r = \frac{1}{\left[1+\dfrac{ql\Gamma Y_s^0}{(\theta_s^0)^2}\right]}$$

$$\iota = \left(\frac{\partial \ln m^0}{\partial \ln \eta}\right)_{\theta_0}, \quad \mu = \frac{qY_s^0}{(\theta_s^0 - \theta_0)\left[1 + \frac{ql\Gamma Y_s^0}{(\theta_s^0)^2}\right]} \tag{9-47}$$

为了解决线性近似中的问题,可以再次使用复振幅法。所有变量都表示成 $f = f^0 + f_1 \exp(i\gamma\tau)$ 的形式,式中 f^0 为稳定值、f_1 为小校正(复振幅)。

具体来说,函数 θ、θ_g、Y、θ_p、v 和 ξ_f 的复振幅分别表示为 $\aleph$、$\aleph_g$、y、$\aleph_p$、b 和 s。

式(9-42)的线性化形式为

$$\begin{cases} \hat{h}(\aleph) = b\Delta\exp(\xi) \\ \hat{h}_g(\aleph_g) = (\Delta + l)\left[b - \varepsilon\left(1 + \frac{i\sigma\gamma}{\Gamma}\right)\right]\exp(\xi) - \frac{i\sigma\gamma}{\Gamma}(\theta_0 - l)\varepsilon \\ \hat{h}_g(y) = a(\varepsilon - b)\exp(\xi) \\ \hat{h}_\sigma(\aleph_p) = -\frac{i\sigma\gamma}{\Gamma}\theta_p^0\varepsilon \end{cases} \tag{9-48}$$

其中

$$\hat{h} = \frac{d^2}{d\xi^2} - \frac{d}{d\xi} - i\gamma \tag{9-49}$$

算子 $\hat{h}_\sigma$ 与 $\hat{h}$ 的区别是 $i\gamma$ 前乘有因子 σ。

在考虑边界条件 $\xi = \pm\infty$ 的情况下,方程的解为以下形式:

$$\begin{cases} \aleph = Aq\exp(z\xi) + \frac{ib\Delta}{\gamma}\exp(\xi) \\ \aleph_g = Fq\exp(z_1\xi) + Gq\exp(z_2\xi) + \frac{\varepsilon}{\Gamma}(\theta_p^0 - q) + \frac{(\Delta + l)}{i\sigma\gamma}\left[b - \varepsilon\left(1 + \frac{i\sigma\gamma}{\Gamma}\right)\right]\exp(\xi) \\ y = C\exp(z_1\xi) + D\exp(z_2\xi) - \frac{ia}{\sigma\gamma}(b - \varepsilon)\exp(\xi) \\ \aleph_p = Hq\exp(z_2\xi) + \frac{\varepsilon\theta_p^0}{\Gamma} \end{cases} \tag{9-50}$$

式中:A、C、D、F 和 G 为常数。

边界条件的线性化形式如下 $\left(R = \frac{1}{r} - 1\right)$:

$$\xi = 0, \quad \aleph = \aleph_g, \quad \aleph' = \aleph'_g + (\Delta + l)\varepsilon - lb$$

$$ab - y + y' - a\varepsilon = 0, \quad \varepsilon(1 - a) + y = \frac{R\aleph}{q}$$

$$\xi = \xi_f, \quad qs + \aleph g = \aleph p, \quad \aleph g = \aleph p - qy'$$

$$\varepsilon + y - y' = \frac{k}{\Delta}\aleph_p, \quad y = s \tag{9-51}$$

利用最后一个关系可消除变量 s。其余的关系，在替换线性化方程的解式(9-50)时，提供了 7 个线性代数方程组：

$$\sum_{m=1}^{7} U_{mn} x_m = W_n \varepsilon \quad (m, n = 1, 2, \cdots, 7) \tag{9-52}$$

这里，未知数 x_m 分别表示 b、A、C、D、F、G 和 $He_2 e_1 = \exp(z_1 \xi_f^0)$，$e_2 = \exp(z_2 \xi_f^0)$）矩阵 U_{mn} 和 W_n 如下：

$$U_{mn} = \begin{vmatrix} \dfrac{i}{\gamma}\left(\dfrac{\Delta}{q} - \dfrac{a}{\sigma}\right) & 1 & 0 & 0 & -1 & -1 & 0 \\[6pt] \dfrac{i}{\gamma}\left(\dfrac{\Delta}{q} - \dfrac{a}{\sigma}\right) + \dfrac{l}{q} & z & 0 & 0 & -z_1 & -z_2 & 0 \\[6pt] a & 0 & -z_2 & -z_1 & 0 & 0 & 0 \\[6pt] \dfrac{i}{\gamma}\left(\dfrac{a}{\sigma} + R\dfrac{\Delta}{q}\right) & R & -1 & -1 & 0 & 0 & 0 \\[6pt] 0 & 0 & e_1 & e_2 & e_1 & e_2 & -1 \\[6pt] 0 & 0 & e_1 z_1 & e_2 z_2 & e_1 z_1 & e_2 z_2 & -z_2 \\[6pt] 0 & 0 & e_1 z_2 & e_2 z_1 & 0 & 0 & -\tilde{\beta} \end{vmatrix}$$

$$W_n = \begin{vmatrix} \dfrac{\theta_s^0}{\Gamma q} - \dfrac{ia}{\sigma \gamma} \\[6pt] a\left(a + \dfrac{1}{\Gamma} - \dfrac{i}{\sigma \gamma}\right) \\[6pt] 1 - a\left(1 - \dfrac{i}{\sigma \gamma}\right) \\[6pt] 0 \\[6pt] -\dfrac{1}{\Gamma} \\[6pt] \dfrac{\tilde{\beta} \theta_p^0}{\Gamma q} - 1 + \iota \end{vmatrix} \tag{9-53}$$

燃速的幅值表示为

$$b = \left(\sum_{n=1}^{7} W_n D_{1n}\right)\left(\sum_{n=1}^{7} U_{1n} D_{1n}\right)^{-1} \varepsilon \tag{9-54}$$

其中，D_{1n} 值是与 U_{mn} 的第一列的元素相对应的子元素。由于有大量的零元素，因此后者的计算相对容易：

$$D_{1n} = \frac{\zeta d_n}{ar}$$

$$\begin{cases} d_1 = z_1 z_2^2 (1-r)(a^{-\zeta}-1) - \tilde{\beta}\zeta[1+r(z-1)] \\ d_2 = \tilde{\beta}\zeta - z_1 z_2 (1-r)(a^{-\zeta}-1) \\ d_3 = \zeta[(1-r)z_1 - \tilde{\beta}] - r(z-z_2)(z_2 a^{-\zeta} - z_1) \\ d_4 = r[z_1 z_2 (z-z_2)(a^{-\zeta}-1) - \tilde{\beta}\zeta(z-1)] \\ d_6 e_1 = \tilde{\beta}(z_1 a^{-\zeta} - z_2) + [\tilde{\beta}r(z-1) - z_1 z_2 (1-r)](a^{-\zeta}-1) \\ d_7 e_2 = \zeta[z_1 + r(z-1)] \end{cases} \quad (9-55)$$

由于 $U_{15} = W_5 = 0$，因此不需要 D_{15} 的值。

进一步的基本计算得出复振幅 $U = \dfrac{b}{\varepsilon}$ 的以下结果：

$$U = \frac{M_1 + M_2 + (N_1 + \tilde{\beta}N_2)}{\Gamma}(P_1 + P_2)^{-1}$$

$$M_1 = \zeta[z_1 \iota a^{z_2} + (\iota r a^{z_2} - \mu k)(z-1)]$$

$$M_2 = [z_1 + r(z-1)][a(a^{-\zeta}z_1 - z_2) - \zeta a^{z_2}] + i\sigma\gamma(1-a)(z_2 - z)(a^{-\zeta}-1)$$

$$N_1 = i\sigma\gamma(1-r)(a^{-\zeta}-1)\left[az_1 - a^{z_1} + z_2\left(1 - \frac{\theta_p^0}{q}\right)\right]$$

$$N_2 = \zeta \frac{\theta_p^0(z_1 a^{z_2} - 1)}{q + 1 + r(z-1)\dfrac{\theta_p^0(a^{z_2}-1)}{q+1-a}} + z_2 a^{z_1} - z_1 a^{z_2} + r(z-1)(a^{z_1} - a^{z_2})$$

$$P_1 = a[z_1 + r(z-1)](a^{-\zeta}z_1 - z_2) - \frac{\tilde{\beta}\Delta\zeta(z-1)}{qz}$$

$$P_2 = \frac{\Delta\sigma\gamma^2(a^{-\zeta}-1)(1-r)}{qz} \quad (9-56)$$

其中

$$2z = 1 + \sqrt{1+4i\gamma}, \ 2z_{1,2} = 1 \pm \sqrt{1+4i\sigma\gamma}, \ \zeta = z_1 - z_2$$

$$a = 1 - Y_s^0, \ \Delta = \theta_s^0 - \theta_0, \ \tilde{\beta} = \frac{kq}{\Delta} \quad (9-57)$$

注意到 $\tilde{\beta} = \dfrac{\beta Q_g}{c}$，其中 $\beta = \left(\dfrac{\partial \ln u^0}{\partial T_0}\right)_{p^0}$ 为燃速的温度系数。

如果 $\sigma = 0$，则在式(9-56)中，不为 0 的项是 M_1 和 P_1。这些分别对应于适用于无惯性气相的式(4-27)的分子和分母。

组合 $\dfrac{(N_1 + \tilde{\beta}N_2)}{\Gamma}$ 描述了由于压力振荡引起的气体温度变化，第二项（包含

第 9 章 气相惯性对不稳定燃烧的影响

燃速的温度系数)说明了火焰前沿的温度不是恒定的事实。

作为式(9-56)在谐波变化压力下燃速计算的一个例子,考虑具有 Allison 和 FAETE(1975)提供的参数的系统。它们是 $Q_g = 4860 \text{ kJ/kg}, L = 1\,690 \text{ kJ/kg}$, $\Gamma = 8.94, c = 3.05 \text{ kJ/(kg·K)}, \tilde{\mu} = 0.024 \text{ kg/mol}, \lambda = 0.383 \text{ W/(m·K)}$,以及 $\rho = 10^3 \text{ kg/m}^3$。对于这些参数值和压力 $p^0 = 10^5 \text{ Pa}, T_{bl}^0 = 384 \text{ K}$ 和 $D\rho_g^2 = 1.26 \times 10^{-5} \text{ kg}^2/(\text{m}^4 \cdot \text{s})$。计算对应于燃烧产物温度 $T_p^0 = 1\,340 \text{ K}$ 的初始温度 $T_a = 298 \text{ K}$ 的值。Allison 和 Faeth(1975)还假设化学反应相对于初始物质的浓度为二级,这意味着 $\iota = 1$。

图 9.2 和图 9.3 分别显示了压力值 $p^0 = 10^6 \text{ Pa}$ 和 $p^0 = 4 \times 10^6 \text{ Pa}$ 的计算结果。表 9.1 给出了式(9-56)中涉及的参数的相应值。

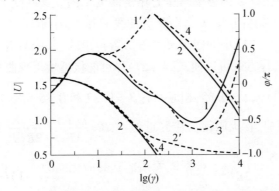

图 9.2 燃速振荡模量和相移相对于压力振荡的频率依赖性。

$p_0 = 10^6$ Pa;实线为本章结果,$\sigma = 10^{-3}$;1—燃速振荡的模量 $|U|$;2—燃速振荡的相移。虚线为 Allison 和 Faeth(1975)的结果,1′—燃速振荡模量 $|U|$;2′—燃速振荡的相移,$\sigma = 0.3$;3—燃速振荡的模量 $|U|$;4—燃速振荡的相移,$\sigma = 10^{-3}$。

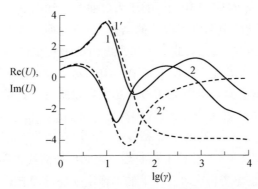

图 9.3 气相惯性对燃速响应实部和虚部的影响

$p^0 = 4 \times 10^6$ Pa;实线中 $\sigma = 4 \times 10^{-3}$;1—实部;2—虚部。虚线中 $\sigma = 0.1$;1′—实部;2′—虚部。

表9.1 两个不同压力值下燃速复振幅的解式(9-56)中涉及的参数

p^0/Pa	σ	T_{bf}^0/K	θ_0	θ_P^0	l	q	θ_P^0/q	θ_s^0
10^{-6}	10^{-3}	468	0.637	2.86	1.18	3.40	0.841	0.948
4×10^6	$4\cdot10^{-3}$	540	0.552	2.48	1.03	2.95	0.841	0.935
p^0/Pa	Y_s^0	Δ	a	Δ/q	r	μ	k	$\tilde{\beta}$
10^6	0.562	0.311	0.438	0.0915	0.0429	0.262	0.85	9.29
4×10^6	0.525	0.383	0.475	0.130	0.0578	0.233	1.21	9.29

燃速的温度系数值 β 根据以下步骤选择。Allison 和 Faeth(1975)提供了燃速振荡模量 U 和相移 φ 的频率与压力振荡的关系图。这些图对应于没有气相惯性($\sigma=0$)的情形,并在图9.2(分别为曲线1′和2′)中重现。这些依赖关系是在 $\sigma=0$ 时由式(4-21)中的四个灵敏度参数得出的,其中只有 r、μ 和 ι 已知。因此,参数 k 的选择方式可以使式(4-27)尽可能接近地再现曲线1′和曲线2′。这种选择导致估计值 $k=0.85$,相应的有 $\tilde{\beta}=9.29$ 和 $\beta=5.83\times10^3\,\text{K}^{-1}$。

对于 m 阶反应,在无限薄反应区近似下,$\beta=\dfrac{m+3}{2T_p^0}+\dfrac{E}{2R(T_p^0)^2}$。因此,对于二级反应,$\beta T_p^0=\dfrac{5}{2}+\dfrac{E}{2RT_p^0}$。根据该关系估算的活化能为 $E=107\,\text{kJ/mol}$。该值与 Allison 和 Faeth(1975)使用的值非常接近 $\left(\dfrac{E}{RT_p^0}=10,\text{即 }E=111\,\text{kJ/mol}\right)$。这两个值的一致性证实了低频下无限薄反应区近似的正确性。Allison 和 Faeth(1975)在考虑反应区有限厚度的情况下用数值求解了该问题。

图9.2中的数据对应于 $10^6\,\text{Pa}$ 的压力。曲线1和曲线2显示了模量 U 和相移 φ 的频率依赖性,由本模型得到的结果;对应的曲线3和曲线4是 Allison 和 Faeth(1975)的曲线。显然,曲线1和曲线3(以及类似的曲线2和曲线4)在足够低的频率下彼此接近。即使 $\gamma=10^3\sim10^4$, $\sigma=10^{-3}$ 对应于压力频率间隔 $\gamma=(1-10)\,t_g^{-1}$,模量偏差也仅为 20%~30%。忽略反应区的厚度导致的相移差异更小。因此,即使在大频率下,无限薄反应区的假设也是充分合理的。

虚线1′和虚线2′表示无惯性气体($\sigma=0$)的模和相移,而曲线1和曲线2考虑了气相惯性($\sigma=10^{-3}$)。曲线1和曲线1′之间以及曲线2和曲线2′之间的比较表明,预热区和燃烧产物区对变压下的不稳定燃烧过程有显著影响。

特别是,对于近似 $\sigma=0$,相移的频率依赖性是单调的。在这种情况下,在大频率下,燃速在相位上滞后于压力 π。相反,当 $\sigma\neq0$(曲线2)时可能出现滞后和超越。

在实际应用中,例如在燃烧室燃烧稳定性分析中,需要知道系统的声导纳。该特性与燃速响应的实部有关,燃速响应随压力的简谐变化而变化。图9.3说明了气相惯性对燃速响应实部和虚部的影响。实线 1 和实线 2 分别表示 $\text{Re}(U)$ 和 $\text{Im}(U)$,作为 s 压力为 4×10^6 Pa 时频率的函数($\sigma=4\times10^{-3}$)。虚线 $1'$ 和虚线 $2'$ 在近似 $\sigma=0$ 中呈现相同的特性。显然,在大频率下,预热和燃烧产物区的惯性非常重要。忽略该惯性将导致 $\text{Re}(U)$ 和 $\text{Im}(U)$ 值的较大误差,在某些情况下甚至包括其符号的变化。

最后,应作出重要评论。通常(Novozhilov,1973a;Zeldovich 等,1975),在频率 $\tilde{\gamma}\ll t_g^{-1}$ 处忽略气相惯性。然而,目前的结果表明,即使当这个不等式(或等效的 $\sigma\gamma\ll1$)满足,气相惯性的影响仍然显著。例如,图9.2 显示在 $\gamma=10^2$ 时 ($\sigma=10^{-3}$, $\sigma\gamma=10^{-1}$),与近似值 $\sigma=0$ 时相比,考虑气相惯性会导致值 $|U|$ 发生 50% 的变化。类似地,图 9.3 表明,函数 U 的实部和虚部的值在频率 $\gamma \sim 20-30$ 上存在显著差异,其中 $\sigma=4\times10^{-3}$,对应于 $\sigma\gamma\sim10^{-1}$。

Novozhilov(1988a,1988b)指出,在如此低的频率下,气相惯性影响相当大的原因与参数 $r=\left(\dfrac{\partial T_s^0}{\partial T_a}\right)_{p^0}$ 有关。对于该参数的较小值(在所考虑的示例中就是这种情况),燃烧系统的固有频率的大小为 $\omega\sim\sigma^{-\frac{2}{3}}$。显然,上述不等式 $\sigma\gamma\ll1$ 必须被 $\gamma\ll\omega$ 或 $\sigma^{\frac{2}{3}}\gamma\ll1$ 替换。后者是更严格的条件。对于图9.2 所示的示例,对于 $\gamma\ll10^3$,气相惯性可忽略不计,但仅限于 $\gamma\ll10^2$。

9.4 推进剂表面的声导纳

4.2 节讨论了表面声导纳的概念。在移动介质中,该特性以式(4-51)的形式表示。在同一节中,在 t_c 近似的框架内推导了推进剂表面声导纳的显式表达式(4-64)[Zeldovich(1942)指出了使用恒定表面温度简化假设的更基本的处理]。

考虑气相惯性的高频声导纳表达式特别有趣。这个问题最早由 Hart 和 McClure(1959)提出。Volkov 和 Medvedev(1969)通过使用现象学延时考虑了气相惯性。Tien(1972)与 Allison 和 Faeth(1975)对描述变压燃烧过程的线性化方程组进行了数值积分。Novikov 等(1974)数值积分了一组简化的方程,其中不严格遵循反应物守恒定律。

本节在 Belyaev 模型的假设范围内描述了问题的解析解。

在静态介质的声学中,这个过程通常是绝热的,速度、压力和温度的扰动是通过声波传输的。当考虑声波与燃烧固体推进剂表面的相互作用时,需要考虑以下情况,这些情况由于声导纳的计算而变得复杂。

通常,传导过程的绝热性被破坏。声波中的压力和温度扰动之间存在绝热关系。然而,如果火焰是非等熵的,则火焰内部产生的温度扰动不能仅通过声学扰动消除。此外,燃烧过程与气流耦合。上述情况加上火焰的非绝热性,导致了熵波的发展。因此,推进剂表面边界条件的制定和导致声波在反射时放大或衰减的条件分析必须依赖于对气体中全部线性流体动力扰动的考虑。后者在一维公式中包括声扰动和熵波。

注意声导纳仅描述表面与声波的相互作用,因此定义(4.48)可以用更精确的形式书写:

$$\zeta = -\rho_g a \frac{(u_{g1})_a}{p_1} \qquad (9-58)$$

其中,下角"a"表示仅考虑表面全气体扰动的声学分量。

声波与表面相互作用时,不仅产生反射声波,而且产生携带气体扰动$(u_{g1})_e$的熵波。因此,必须将线性流体动力扰动集分为声波和熵波,并根据式(9-58)找到声导纳。

即使在非常高的频率下,声波的波长也比火焰前沿的厚度大得多。这两个值的比例为$\frac{a}{u_g}$。因此,可以将声学近似燃烧区视为无限薄,该区域内的压力与空间坐标无关。

后一种情况允许将问题的求解分为两个步骤。首先,考虑压力在时空上均匀变化的不稳定燃烧过程(内部问题)。求解得到质量燃速、气体速度和火焰温度扰动。这些扰动的一部分被声波带走,而另一部分被熵波带走。然后从上一步(外部问题)获得的全扰动中提取声学分量。该步骤允许根据入射波的振幅确定反射波的振幅。因此,可以找到声导纳。

这个过程可以用匹配渐近展开法的数学形式来描述。

对于外部问题,考虑在燃烧区内具有原点的坐标系和在右半空间中的正坐标值。在气体运动和存在衰变熵波[Volkov 和 Medvedev(1969)指出了考虑熵波衰变影响的重要性]的情况下,声导纳的表达式如下。

在线性近似下,一维气流的流体动力扰动方程组可以写成声谐波和熵谐波的和:

$$\begin{cases} u_{g1} = (u_{g1})_a + (u_{g1})_e \\ T_{b1} = (T_{b1})_a + (T_{b1})_e \end{cases} \qquad (9-59)$$

式中:T_b 为燃烧产物温度。

熵波中不存在压力扰动,而燃速和燃烧产物温度扰动的振幅表示为

$$\frac{(u_{g1})_e}{u_g^0} = z_2 \frac{(T_{b1})_e}{T_b^0}$$

$$2z_2 = 1 - \sqrt{1 + 4\mathrm{i}\omega_g} \qquad (9-60)$$

式中:$\omega_g = \frac{\omega k_g^2}{(u_g^0)}$ 为无量纲频率(频率乘以气相特征时间)。

由式(9-59)和式(9-60)可以得到

$$(u_{g1})_a = u_{g1} - z_2 u_g^0 \frac{T_{b1} - (T_{b1})_a}{T_b^0} \qquad (9-61)$$

声波中的温度扰动可能与压力扰动有关:

$$\Gamma \frac{(T_{b1})_a}{T_b^0} = \frac{p_1}{p^0}, \quad \Gamma = \frac{\gamma}{(\gamma-1)} \qquad (9-62)$$

引入以下变量:

$$N = \Gamma \left(\frac{T_{b1}}{T_b^0} \right) \left(\frac{p_1}{p^0} \right)^{-1} - 1 \qquad (9-63)$$

由式(9-61)~式(9-63)得出以下声导纳表达式:

$$\zeta = -\gamma M \left(G - \frac{z_2 N}{\Gamma} \right) \qquad (9-64)$$

右边的两项在熵波衰减的长度上发生了显著的变化。然而,它们之间的差异,即纯声学扰动变化要慢得多(在声波长度的量级上)。因此,可以通过不同的方法找到声导纳,从而得到相同的结果。

从这里开始,将使用气相中无限薄化学反应区的模型。在这种情况下,通过获得反应前沿的 N 值和 G 值,可以方便地计算声导纳:

$$\zeta = -\gamma M \left(G_f - \frac{z_2 N_f}{\Gamma} \right) \qquad (9-65)$$

$N_f = \Gamma\Theta - 1$ 称为火焰的非等熵性($N_f = 0$ 对应于压力和温度扰动之间存在绝热关系的火焰)。还引入了火焰前沿等熵度 $I = \Gamma\Theta$。如果火焰前沿的压力和温度扰动绝热相关,则 $\mathrm{Re}(I) = 1, \mathrm{Im}(I) = 0$。

当在火焰前沿下游的其他点(与声波长度相比距离较短)进行计算时,可获得相同的声导纳值。最后,匹配渐近展开法给出了相同的结果。在后一种方法的框架内,用于解决内部问题的坐标需要取无穷大,然后,在解决外部问题时,外部坐标必须设置为零。

通常,凝聚相中预热区的弛豫时间远大于气相的热扩散弛豫时间,即 $t_c \gg$

t_g,其中 $t_g \sim \dfrac{\kappa_g}{(u_g)^2}$($\kappa_g$ 是气体热扩散率,u_g 是气体离开表面的速度)。低频($\omega t_c \sim 1$ 但 $\omega t_g \ll 1$)熵波衰减的影响可以忽略。尽管密度和温度扰动的熵分量仍然存在,但任何速度扰动都可能归因于声波。注意,由于 t_c 近似的适用条件($\omega_g \ll 1$,即无气相惯性)与不存在熵波衰减的条件一致,因此近似中的声导纳可写成式(4-51)中所示的形式。

另外,如果频率足够大且与气相弛豫时间的倒数相当,即 $\dfrac{\omega \kappa_g}{(u_g)^2} \sim 1$,则必须考虑熵波的衰减,气相弛豫时间的参数控制衰减速率。

9.2 节和 9.3 节详细讨论了 Belyaev 模型。特别地,9.3 节分析了该模型框架内的燃速对谐波振荡压力的响应。本节中考虑的问题的公式与 9.3 节中的公式类似。

引入了以下无量纲变量:

$$\theta = \frac{T}{T_{bl}^0},\ \theta_g = \frac{T_g}{T_{bl}^0},\ \theta_p = \frac{T_p}{T_{bl}^0},\ \theta_0 = \frac{T_a}{T_{bl}^0},\ \theta_s = \frac{T_s}{T_{bl}^0}$$

$$\sigma = \frac{(D\rho_g^2)^0}{\kappa \rho^2},\ q = \frac{Q_g}{cT_{bl}^0},\ l = \frac{L}{cT_{bl}^0},\ \eta = \frac{p}{p^0},\ \nu = -\frac{\rho}{m^0}\frac{\mathrm{d}x_s}{\mathrm{d}t}, \qquad (9-66)$$

拉格朗日坐标的引入方式与 9.2 节和 9.3 节完全相同,即根据式(9-12),运算符 $\hat{H}$ 和 $\hat{H}_\sigma$ 如 9.3 节所示。

问题的热扩散部分是

$$\begin{cases} -\infty < \xi < 0,\ \hat{H}(\theta) = 0 \\ 0 < \xi < \xi_f(\tau),\ \hat{H}_\sigma(\theta_g) = \dfrac{\sigma\theta}{\Gamma\eta}\dfrac{\mathrm{d}\eta}{\mathrm{d}\tau},\ \hat{H}_\sigma(Y) = 0 \\ \xi_f < \xi < \infty,\ \hat{H}_\sigma(\theta_p) = \dfrac{\sigma\theta_p}{\Gamma\eta}\dfrac{\mathrm{d}\eta}{\mathrm{d}\tau},\ Y = 0 \end{cases} \qquad (9-67)$$

式中:ξ_f 为火焰前沿的坐标。

边界条件为

$$\theta = \theta_0,\ \xi \to -\infty$$

$$\theta = \theta_g,\ \frac{\partial \theta}{\partial \xi} = \eta\frac{\partial \theta_g}{\partial \xi} - l\nu,\ \xi = 0$$

$$\nu(1-Y) + \eta\frac{\partial Y}{\partial \xi} = 0,\ Y = \frac{1}{\eta}\exp[l\Gamma(1-\theta^{-1})]$$

$$\xi = \xi_f(\tau)\ Y = 0,\ \theta_g = \theta_p,\ -\eta\frac{\partial Y}{\partial \xi} = \frac{m}{m^0}$$

$$\frac{\partial \theta_g}{\partial \xi} = \frac{\partial \theta_p}{\partial \xi} - q\frac{\partial Y}{\partial \xi},$$

$$\theta_p < \infty, \xi \to \infty \tag{9-68}$$

由于采用了无限薄反应区的假设,因此必须规定火焰前沿的质量流率与前沿温度和压力的依赖关系 $m(T_f, p)$。

式(9-67)包含4个二阶微分方程。除了函数 $\theta(\xi, \tau)$、$\theta_g(\xi, \tau)$、$Y(\xi, \tau)$ 和 $\theta_p(\xi, \tau)$ 之外,需要得到燃速 $v(\tau)$ 和火焰前沿位置 $\xi_f(\tau)$。相应地,式(9-68)包含10个边界条件。

振幅 $\eta_1 = \dfrac{p_1}{p^0}$ 的压力小扰动施加在稳定燃烧状态上:

$$\eta = 1 + \eta_1 \cos(\omega_c \tau) \tag{9-69}$$

其中,ω_c 为无量纲频率,以凝聚相弛豫时间的倒数 $\omega_c = \dfrac{\omega \kappa^2}{u^0}$ 为单位表示。

一旦问题的热扩散部分得到解决,可通过以下方式得到流体动力学特性。利用获得的温度分布 $\theta_g(\xi, \tau)$ 和 $\theta_p(\xi, \tau)$ 可以得到预热区和燃烧产物区的气体速度,并由连续方程得到燃速 $v(\tau)$。在所采用的无量纲变量中,连续方程的形式为

$$0 < \xi < \xi_f, \ \theta_p^0 \frac{\partial W_g}{\partial \xi} = \sigma \frac{\frac{\partial \theta_g}{\partial \tau}}{\eta} + v \frac{\frac{\partial \theta_g}{\partial \xi}}{\eta}$$

$$\xi_f < \xi < \infty, \ \theta_p^0 \frac{\partial W_p}{\partial \xi} = \sigma \frac{\frac{\partial \theta_p}{\partial \tau}}{\eta} + v \frac{\frac{\partial \theta_p}{\partial \xi}}{\eta} \tag{9-70}$$

其中

$$\begin{cases} W_g = \dfrac{u_g + u}{u_p^0 + u^0} \\ W_p = \dfrac{u_p + u}{u_p^0 + u^0} \end{cases} \tag{9-71}$$

分别是预热区和燃烧产物区的无量纲气体速度。

气体速度必须满足边界条件:

$$\begin{cases} \xi = 0, \ W_g = v \dfrac{\theta_s}{\theta_p^0} \eta \\ \xi = \xi_f, \ W_g = W_p \end{cases} \tag{9-72}$$

稳定状态由式(9-67)的解和边界条件式(9-68)描述:

$$v^0 = 1, \ \xi_f^0 = -\ln a$$

$$-\infty < \xi < 0, \quad \theta^0 = \theta_0 + \Delta\exp(\xi)$$
$$0 < \xi < \xi_f^0, \quad \theta_g^0 = \theta_0 - l + (\Delta + l)\exp(\xi)$$
$$Y^0 = 1 - a\exp(\xi)$$
$$\xi_f^0 < \xi < \infty, \quad \theta_p^0 = \theta_0 + q - l, \quad Y^0 = 0 \tag{9-73}$$

式中：$\Delta = \theta_s^0 - \theta_0$；$a = 1 - Y_s^0$。$\theta_s^0$ 和 Y_s^0 分别为相界面燃料的无量纲温度和质量分数，由式(9-74)得到：

$$Y_s^0 = \exp\left[l\Gamma\left(1 - \frac{1}{\theta_s^0}\right)\right]$$
$$qa = \theta_s^0 - \theta_0 + l \tag{9-74}$$

由于只考虑线性近似，函数 $m(T_f, p)$ 的性质仅通过其一阶导数反映在结果中。该函数(气相中的化学反应速率)可显式表示为与浓度有关的幂函数和与火焰前沿温度有关的 Arrehenius 型函数

$$\frac{m}{m_0} = \left(\frac{T_f}{T_f^0}\right)^{\frac{(n+3)}{2}} \left(\frac{p}{p^0}\right)^{\frac{n}{2}} \exp\left[-E\frac{\left(\frac{1}{T_f} - \frac{1}{T_f^0}\right)}{(2R)}\right] \tag{9-75}$$

式中：n 为化学反应的阶数；T_f^0 为稳定区域火焰前沿温度。

借助边界条件式(9-72)，从连续性方程式(9-70)中找到气体速度分布：

$$W_g^0 = \frac{\theta_g^0}{\theta_p^0}, \quad W_p^0 = 1 \tag{9-76}$$

最后，给出了描述燃速和表面温度随初始温度和压力变化的参数值：

$$k = \Delta\left(\frac{\partial \ln m^0}{\partial \ln \theta_0}\right)_\eta$$
$$r = \left(1 + \frac{ql\Gamma Y_s^0}{(\theta_s^0)^2}\right)^{-1}$$
$$\iota = \left(\frac{\partial \ln m^0}{\partial \ln \eta}\right)_{\theta_0}$$
$$\mu = qY_s^0 \frac{\left(1 + \frac{ql\Gamma Y_s^0}{(\theta_s^0)^2}\right)^{-1}}{\Delta} \tag{9-77}$$

参数 k 和 ι 对于质量燃速依赖性式(9-75)，由式(9-78)给出：

$$k = \Delta\frac{n + 3 + \frac{\varepsilon}{\theta_p^0}}{2\theta_p^0}, \quad \iota = \frac{n}{2}, \quad \varepsilon = \frac{E}{RT_p^0} \tag{9-78}$$

对于要计算的声导纳式(9-65)，需要在线性近似中找到火焰前沿 N_f 的非

第 9 章 气相惯性对不稳定燃烧的影响

等熵性和前沿处的气体速度响应 G_f。应用复振幅方法,每个随时间变化的变量表示为其稳定值和一个小的修正值的和,在时间上简谐变化,与压力振幅呈比例,具体如下:

$$\theta = \theta^0 + \vartheta\eta_1\exp(\mathrm{i}\omega_c\tau), \quad \theta_g = \theta_g^0 + \vartheta g\eta_1\exp(\mathrm{i}\omega_c\tau)$$

$$\theta_p = \theta_p^0 + \vartheta\eta_1\exp(\mathrm{i}\omega_c\tau), \quad Y = Y_0 + y\eta_1\exp(\mathrm{i}\omega_c\tau)$$

$$v = 1 + U\eta_1\exp(\mathrm{i}\omega_c\tau), \quad \xi_f = \xi_f^0 + s\eta_1\exp(\mathrm{i}\omega_c\tau)$$

$$W_g = W_g^0 + \wp_g\eta_1\exp(\mathrm{i}\omega_c\tau), \quad W_p = W_p^0 + \wp_p\eta_1\exp(\mathrm{i}\omega_c\tau) \tag{9-79}$$

将式(9-70)和式(9-72)线性化后得到:

$$\theta_p^0 \frac{\mathrm{d}\wp_g}{\mathrm{d}\xi} = \mathrm{i}\sigma\omega_c(\vartheta_g - \theta_g^0) + \frac{\mathrm{d}[\vartheta_g + \theta_g^0(U-1)]}{\mathrm{d}\xi} \tag{9-80}$$

其边界条件为

$$\xi = 0, \quad \wp_g = \frac{\vartheta_g + \vartheta_s^0(U-1)}{\theta_p^0} \tag{9-81}$$

由于 $\wp_g(\xi_f^0) = G_f$,为了得到气体速度响应,必须将式(9-80)在预热区积分。结果是

$$\begin{cases} G_f = U + \Theta - 1 + J \\ J = \dfrac{\mathrm{i}\sigma\omega_c}{\theta p} \displaystyle\int_0^{\xi_f^0}(\vartheta_g - \vartheta_g^0)\mathrm{d}\xi \end{cases} \tag{9-82}$$

将式(9-82)与式(4-58)进行比较表明,考虑气相的惯性会导致出现额外的积分项。该项包含预热区的稳定和扰动温度分布。

4.1 节中得到了对谐波振荡压力的燃速响应。必须从上述热扩散问题的解中得到 Θ 和 J。

将展开式(9-79)代入式(9-67)并线性化,得到以下扰动方程组:

$$\vartheta'' - \vartheta' - \mathrm{i}\omega_c\vartheta = \Delta U\exp(\xi)$$

$$y'' - y' - \mathrm{i}\sigma\omega_c y = a(1-U)\exp(\xi)$$

$$\vartheta_g'' - \vartheta_g' - \mathrm{i}\sigma\omega_c\vartheta = -\mathrm{i}\sigma\omega_c\frac{(\theta_0-l)}{\Gamma} - \mathrm{i}\sigma\omega_c(\Delta+l)\left[\frac{1}{\Gamma} - \frac{U-1}{\mathrm{i}\sigma\omega_c}\right]\exp(\xi)$$

$$\vartheta_p'' - \vartheta_p' - \mathrm{i}\sigma\omega_c\vartheta_p = -\mathrm{i}\sigma\omega_c\frac{\theta_p^p}{\Gamma} \tag{9-83}$$

这些方程的解提供了以下空间扰动分布:

$$\vartheta = Aq\exp(z\xi) + Mq\exp((1-z)\xi) - U\Delta\exp\left(\frac{\xi}{\mathrm{i}\omega_c}\right)$$

$$\vartheta_g = Fq\exp(z_1\xi) + Gq\exp(z_2\xi) + (\theta_p^0 - q)/\Gamma + (\Delta+l)\left[\frac{1}{\Gamma} - \frac{U-1}{\mathrm{i}\sigma\omega_c}\right]\exp(\xi)$$

$$y = C\exp(z_1\xi) + D\exp(z_2\xi) + a(U-1)\exp\left(\frac{\xi}{i\sigma\omega_c}\right)$$
$$\vartheta_p = Sq\exp(z_1\xi) + Hq\exp(z_2\xi) + \theta_p^0/\Gamma \tag{9-84}$$

其中，A、C、D、F、G、H、M 和 S 为积分常数。$2z_{1,2} = 1 \pm \sqrt{1+4i\sigma\omega_c}$，$2z = 1 \pm \sqrt{1+4i\sigma\omega_c}$。

解式(9-84)必须满足边界条件：

$$\vartheta = 0, \quad \xi \to -\infty$$
$$\xi = 0, \quad \vartheta = \vartheta_g, \quad \vartheta' = \vartheta_g' + (\vartheta_g^0)' - lU$$
$$aU - y + y' + (Y^0)' = 0, \quad y = -Y_s^0[1 + l\Gamma\vartheta_g/(\theta_s^0)^2]$$
$$\xi = \xi_f, \quad \vartheta_g + s(\vartheta_g^0)' = \vartheta_p + s(\theta_p^0)', \quad \vartheta_g' + s(\vartheta_g^0)'' = \vartheta_p' - q(s(Y_0)'' + y') \tag{9-85}$$
$$1 + s - y' = k\vartheta_p/\Delta + t, \quad y = s$$
$$\theta_p < \infty, \quad \xi \to \infty$$

后者遵循式(9-68)的线性化形式。

第一个条件和最后一个条件给出 $M = S = 0$。其余的则在剩余的积分常数和未知数 U 和 s 之间建立以下 8 种关系：

$$\begin{cases} aU\dfrac{\hat{\delta}-1/\sigma}{i\omega_c} - A + F + G = -\dfrac{a}{i\sigma\omega_c} - \dfrac{\theta_s^0}{\Gamma q} \\ aU\left[1 + \dfrac{1}{i\sigma\omega_c} - \hat{\delta}\left(1 + \dfrac{1}{i\omega_c}\right)\right] + Az - Fz_1 - Gz_2 = a\left(1 + \dfrac{1}{i\sigma\omega_c} + \dfrac{1}{\Gamma}\right) \\ -Ua\dfrac{r/\sigma + \hat{\delta}(1-r)}{i\omega_c} + A(1-r) - (C+D)r = \left(1 - a - \dfrac{a}{i\sigma\omega_c}\right)r \\ Ua - Cz_2 - Dz_1 = a \\ (C+F)e_1 + (D+G-H)e_2 = 0 \\ (C+F)z_1 e_1 + (D+G-H)z_2 e_2 = -\dfrac{1}{\Gamma} \\ Cz_2 e_1 + Dz_1 e_2 - kqHe_2/\Delta = \dfrac{k\theta_p^0}{\Gamma\Delta} - 1 + t \\ s = Ce_1 + De_2 + \dfrac{U-1}{i\sigma\omega_c} \end{cases} \tag{9-86}$$

其中，引入以下定义：

$$\hat{\delta} = \frac{\Delta}{\Delta + l}, \quad e_1 = \exp(z_1\xi_f^0), \quad e_2 = \exp(z_2\xi_f^0) \tag{9-87}$$

第 9 章 气相惯性对不稳定燃烧的影响

式(9-86)允许计算声导纳所需的 U、F、G 和 H 值。未知数 A、C 和 D 可通过以下方式消除(未知数 s 仅包含在一个等式中)。令 $z_0 = z_1 - z_2$,由第五个和第六个方程有

$$C = -F - \frac{1}{\Gamma z_0 e_1}, \quad D = H - G + \frac{1}{\Gamma z_0 e_2} \qquad (9-88)$$

而未知数 A 很容易通过第一个方程式中的 U、F 和 G 来表示。将这些表达式代入剩下的方程组,得到确定 U、F、G 和 H 的 4 个方程:

$$\begin{cases} aU\left[\dfrac{\hat{\delta}(z-1)}{z} + \dfrac{1}{\sigma z} - 1\right] + F(z_1 - z) + G(z_2 - z) = a\left(\dfrac{1}{\sigma z} - 1\right) + \dfrac{\theta_s^0 z/q - a}{\Gamma} \\[2mm]
aU + Fz_2 + (G-H)z_1 = a + \dfrac{z_1/e_2 - z_2/e_1}{\Gamma z_0} \\[2mm]
\dfrac{aU}{z_1 z_2} + F + G - Hr = r(1-a)\dfrac{a}{z_1 z_2} + \dfrac{r(1/e_2 - 1/e_1)/z_0 - (1-r)\theta_s^0/q}{\Gamma} \\[2mm]
Fz_2 e_1 + Gz_1 e_2 + (kq/\Delta - z_1)He_2 = 1 - t + \dfrac{1 - k\theta_p^0/\Delta}{\Gamma}
\end{cases}$$

$$(9-89)$$

从式(9-89)得到与火焰温度扰动幅度相关的燃速响应 U 和 H 值。为了使表达式更短、更易于理解,引入了以下符号:

$$\begin{cases} S_1 = \dfrac{z-1}{z}, \quad S_2 = \dfrac{z_1}{e_2} - \dfrac{z_2}{e_1} - \dfrac{z_2}{e_1} \\[2mm]
S_3 = \dfrac{\Delta z_1 z_2 (e_1 - e_2)(1-r)}{q}, \quad S_4 = z_1 + r(z-1) \\[2mm]
S_5 = rz_1 z_2 (1-a)(e_1 - e_2) \\[2mm]
S_6 = \dfrac{q\left(\dfrac{z_2 \theta_s^0}{q} - \dfrac{a+1}{e_1}\right)}{\Delta} \\[2mm]
S_7 = \dfrac{q\left[\dfrac{z_0(\theta_p^0 - e_2 \theta_s^0)}{q} - \dfrac{1+e_2}{e_1}\right]}{\Delta} \\[2mm]
S_8 = \dfrac{q\left[\dfrac{a(e_1 - e_2)}{z_0} + \dfrac{\theta_s^0}{q}\right]}{\Delta}
\end{cases} \qquad (9-90)$$

在该定义下有

$$\begin{cases} U = \dfrac{\dfrac{U^{(1)} + U^{(2)}}{\Gamma}}{X}, \quad H = \dfrac{\dfrac{H^{(1)} + H^{(2)}}{\Gamma}}{X} \\ X = S_2 S_4 + S_1(S_3 - k e_2 z_0) \\ U^{(1)} = S_4 [S_2 - (1-t)z_0] - \mu k e_2 z_0 (z-1) + (z - z_2) S_5 \\ U^{(2)} = S_3 S_6 + k(S_4 S_7 - e_2 z_0 S_6) \\ H^{(1)} = \dfrac{\Delta S_1 [S_2(1 - \mu z) + S_5 - z_0(1 - \iota)]}{q} \\ H^{(2)} = \dfrac{k z_0 \theta_p^0 S_1}{q} - \dfrac{\Delta [S_8 (S_1 S_3 + S_2 S_4) + S_2 S_6]}{q} \end{cases} \quad (9-91)$$

火焰前沿的非等熵性 N_f 与 H 值和火焰温度响应 Θ 有关：

$$N_f = \frac{q e_2 H \Gamma}{\theta_p^0}, \quad N_f = \Theta \Gamma - 1 \quad (9-92)$$

如果 N_f 和 Θ 表达为以下形式：

$$N_f = \frac{\left(\dfrac{N_f^{(1)} + N_f^{(2)}}{\Gamma}\right)}{X}, \quad \Theta = \frac{\left(\dfrac{\Theta^{(1)} + \Theta^{(2)}}{\Gamma}\right)}{X} \quad (9-93)$$

则式(9-92)将适用于这些变量的每个分量。

最后，需要计算式(9-82)中包含的火焰前沿气体速度响应的积分 J。替代稳定温度分布 θ^0 与微扰 ϑ，然后积分有

$$J = i\sigma\omega_c \left\{ \frac{Fq(e_1-1)}{z_1} + \frac{Gq(e_2-1)}{z_2} + (\theta_0 - l)\left(\frac{1}{\Gamma} - 1\right)\xi_f^0 + q(1-a)\left[\frac{1}{\Gamma} - 1 - \frac{U-1}{i\sigma\omega_c}\right] \right\} \Big/ \theta_p^0 \quad (9-94)$$

由式(9-89)的第二个和第三个方程有

$$\frac{Fq(e_1-1)}{z_1} + \frac{Gq(e_2-1)}{z_2} = 1 - t + a(U-1) + \left[\left(z_1 - \frac{kq}{\Delta}\right)e_2 - z_1\right]H + \frac{\left[1 - \dfrac{k\theta_p^0}{\Delta} - \dfrac{S_2}{z_0}\right]}{\Gamma} \quad (9-95)$$

因此

$$J = \frac{q\left\{l - U + (1-a)z_1 z_2 - \left[\left(z_1 - \dfrac{kq}{\Delta}\right)e_2 - z_1\right]H - \dfrac{\left[1 - \dfrac{k\theta_p^0}{\Delta} - \dfrac{S_2}{z_0} + (1-a)z_1 z_2\right]}{\Gamma}\right\}}{\theta_p^0}$$

$$+ \left(\frac{q}{\theta_p^0} - 1\right)\left(1 - \frac{1}{\Gamma}\right) z_1 z_2 \ln a \quad (9-96)$$

最后，基于式(9-65)、式(9-82)、式(9-92)和式(9-96)，声导纳的表达

第 9 章　气相惯性对不稳定燃烧的影响

式为

$$\zeta/\gamma M = \left(1 - \frac{1}{\Gamma}\right) \left[\frac{(\theta_p^0 - q)(1 + z_1 z_2 \ln a)}{\theta_p^0} - \frac{(\theta_p^0 - \theta_s^0) z_1 z_2}{\theta_p^0} \right] + \frac{q\left[1 - \iota - \dfrac{k\theta_p^0/\Delta + S_2/z_0}{\Gamma}\right]}{\theta_p^0}$$

$$+ \left(\frac{q}{\theta_p^0} - 1\right) U - \left(\frac{z_1}{e_2} + \frac{kq}{\Delta}\right) \frac{N_f}{\Gamma} \tag{9-97}$$

其中 U 和 N_f 分别采用式(9-91)和式(9-92)计算。

在 t_c 近似中有($\sigma = 0$)

$$\begin{cases} z_1 = 1, \ z_2 = 0, \ e_1 = \dfrac{1}{a}, \ e_2 = 0 \\ S_1 = \dfrac{(z-1)}{z}, \ S_2 = 1, \ S_3 = 0 \\ S_4 = 1 + r(z-1), \ S_5 = 0, \ S_6 = 0 \\ S_7 = 0, \ S_8 = \dfrac{\theta_p^0}{\Delta} \end{cases} \tag{9-98}$$

此外

$$X = 1 + \left(r - \frac{k}{z}\right)(z - 1), \ U^{(1)} = t + (tr - \mu k)(z - 1), \ U^{(2)} = 0$$

$$H^{(1)} = \frac{\Delta(z-1)\left(\dfrac{v}{z} - \mu\right)}{q}, \ H^{(2)} = -\frac{\theta_p^0 X}{q} \tag{9-99}$$

$$N_f^{(1)} = \frac{qH^{(1)}\Gamma}{\theta_p^0}, \ N_f^{(2)} = -\Gamma X, \ \Theta^{(1)} = \Gamma N_f^{(1)}, \ \Theta^{(2)} = 0$$

声导纳由式(9-100):

$$\zeta = -\gamma M G \tag{9-100}$$

得到,式中,G 由式(4-58)和式(4-62)确定。

可通过考虑具有以下参数值的示例(Allison 和 Faeth,1975)来说明获得的结果:$Q_g = 4\,862$ kJ/kg,$L = 1\,690$ kJ/kg,$c = 3.05$ kJ/(kg·K),$\rho = 10^3$ kg/m³,$\lambda = 0.383$ W/(m·K),$\kappa = 1.256 \times 10^{-7}$ m²/s,$\gamma = 1.126$,$\Gamma = 8.937$,$T_a = 298$ K,$n = 2$,$E = 118$ kJ/mol,$T_p^0 = 1\,338$ K。

对于参考压力 $p_r = 1.013 \times 10^5$ Pa,沸点温度设置为 $T_{bl,r} = 386.7$ K。对于当前的压力和温度数值有 $D_r = 2.142 \times 10^{-5}$ m²/s,$\rho_r = 0.786\,5$ kg/m³ 以及 $\sigma_r = 10^{-4}$。

任意给定压力 p^0 下的沸点温度和参数 σ 可以表达为

$$T_{bl} = T_{blr} \left[1 - \left(\frac{cT_r}{L\Gamma}\right)\ln\left(\frac{p^0}{p_r}\right)\right]^{-1}, \quad \sigma = \sigma_r p^0/p_\tau \qquad (9-101)$$

稳定区域在高压下失去稳定性。稳定区域的稳定边界由条件 $X = 0$ 确定（Novozhilov,1988a）。

对于以上采用的参数值,稳定边界处的压力略小于 100 atm（具体而言, $p^* = 1.008 \times 10^7$ Pa）,边界处的频率为 $\omega_c^* = 7.77$。为了进行比较, t_c 近似（$\sigma_r = 0$）中相同参数的值为 $(p^*)^c = 8.286 \times 10^6$ Pa 和 $(\omega_c^*)^c = 16.9$。因此,在稳定边界处,气相的惯性导致在稳定下,最大可能压力增加约为 20%,系统固有频率相应降低一个大于 2 的系数。

所采用的气相化学反应区无限窄的假设限制了该近似下可考虑的频率范围。由于气相化学反应的弛豫时间 t'_g 被认为等于零,因此容许频率为满足不等式 $\omega t'_g \ll 1$ 的频率。

假设比值 t'_g/t_g 与预热区特征温度间隔 $T_f^0 \sim T_s^0$ 和化学反应区 $R(T_f^0)^2/E$ 的比具有相同的数量级,那么可以得到弛豫时间 t'_g,有

$$t'_g/t_g \sim \frac{R(T_f^0)^2}{E(T_f^0 - T_s^0)} \qquad (9-102)$$

对于给定的参数值, $t'_g/t_g \sim 0.1$。则 $\omega t'_g = 1$,意味着 $\omega_c = 10^5 \left(\frac{p_r}{p^0}\right)$。以下所示的计算基于该频率值执行。

图 9.4 说明了声导纳实部随频率的变化。曲线 1~曲线 3 分别对应于压力值 10^5 Pa、10^6 Pa 和 10^7 Pa。显然,在当前模型中仅在合理接近凝聚相弛豫时间倒数的频率下才可能出现表面声波放大（$\mathrm{Re}\,\zeta < 0$）。凝聚相加热层的共振频率为 $\sqrt{k}/(rt_c)$（Novozhilov,1965b）。模型参数所采用的特定值导致 r 的值较小。因此共振频率略大于 $1/t_c$。例如,在 10^7 Pa 的压力下, $r = 0.074$,因此在 $\omega_c \sim 10$ 处而不是 $\omega_c \sim 1$ 处观察到放大。由于该压力接近失稳的临界压力,因此在 10^7 Pa 时出现了非常剧烈的共振。

这些计算是针对等于 1 的路易斯数进行的。对气体火焰的研究（如 McIntosh,1987）表明,在该路易斯数下,气体中预热区对变化压力的响应不会表现出共振行为。因此,在与预热区弛豫时间相反的频率下,未观察到声波的放大。

图 9.5 显示了声导纳虚部对频率的依赖性。其压力值与图 9.4 中的压力值相同。

第 9 章　气相惯性对不稳定燃烧的影响

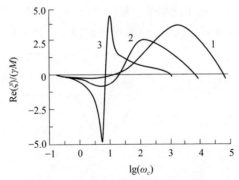

图 9.4　声导纳实部随频率的变化

$1—p^0 = 10^5$ Pa；$2—p^0 = 10^6$ Pa；$3—p^0 = 10^7$ Pa。

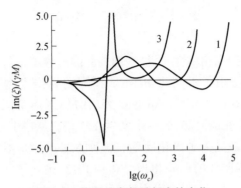

图 9.5　声导纳虚部随频率的变化

$1—p^0 = 10^5$ Pa；$2—p^0 = 10^6$ Pa；$3—p^0 = 10^7$ Pa。

气相惯性对声导纳的影响如图 9.6 所示，其中在 10^6 Pa 的压力下绘制了导纳的实部。实部曲线对应于考虑气相惯性的情况，而虚线曲线为 t_c 近似。

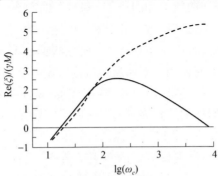

图 9.6　气相惯性对声导纳的影响

$p^0 = 10^6$ Pa；实线为考虑气相惯性的情况；
虚线为 t_c 近似。

一般来说,火焰前沿是非绝热的。图 9.7 显示了 10^6 Pa 压力下等熵度 I 的实部(曲线 1)和虚部(曲线 2)。如前面对等熵锋 $\mathrm{Re}(I)=1, \mathrm{Im}(I)=0$ 所述。

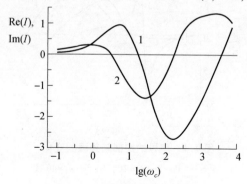

图 9.7 等熵度的实部和虚部
$p^0 = 10^6$ Pa;1—实部;2—虚部。

如前所述,考虑到气相惯性,对推进剂表面的声导纳进行了一些数值研究。几乎所有的研究都使用了不同于 Belyaev 模型的燃烧模型。例如, Volkov 和 Medvedev(1969)、T'ien(1972)和 Novikov 等(1974)考虑了两阶段燃烧模型,其中一个化学反应发生在凝聚相,另一个发生在气相。忽略了凝聚相化学反应区的惯性。显然,这样做是为了简化问题。这种方法当然是不一致的,因为后一个区域的影响与气相惯性的影响相当。Tien(1972)确定了一个高频区域,在该区域,燃烧燃料表面反射的声波会发生放大。然而,应注意的是,这种效应仅在频率 $\omega \sim 1/t'_g$ 下观察到,即它与气体中化学反应区的惯性有关。Novikov 等(1974)、Ryazantsev 和 Tylskikh(1976)在忽略反应区惯性的模型框架内获得了相同结果。

Allison 和 Faeth(1975)考虑的模型与此处使用的模型最相似。图 9.8 将此处获得的燃速响应模量(曲线 1 和曲线 1′)和声导纳实部(曲线 2 和曲线 2′)的结果($p^0 = 10^6$ Pa)与线性化方程数值积分得到的相同量进行了比较(Allison 和 Faeth,1975)。实心曲线对应本节的结果,而虚线曲线对应于 Allison 和 Faeth (1975)的研究。后者没有使用无限薄反应区的假设。从图 9.8 中可以看出,在高频下,声导纳预测存在较大差异 [$\omega t'_g \sim 1$ 或 $\lg(\omega_c) \sim 4$]。Allison 和 Faeth (1975)对化学反应区惯性的解释表明,声波在该区弛豫时间倒数级的频率下有放大的可能性。我们应该注意以下几点:Tien(1972)将气相区(靠近表面,包括化学反应区)的数值解与远离反应区的不正确渐近(后者的渐近没有考虑传热过程)相匹配。因此,Tien(1972)的结果高频时可能不正确。Allison 和 Faeth (1975)采用的方法类似于 Tien(1972)的方法,但没有数值格式的细节。很难判断 Allison 和 Faeth(1975)的结果是否正确。

第 9 章 气相惯性对不稳定燃烧的影响

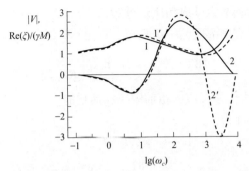

图 9.8 本章结果与 Allison 和 Faeth(1975)的数值分析的比较

$p^0 = 10^6$ Pa;1—本章燃速响应模态;1'—燃速响应模态(Allison 和 Faeth,1975);
2—本章声导纳实部;2'—声导纳实部(Allison 和 Faeth,1975)。

将本节结果与数值方法进行比较,得出以下结论:先前获得的高频声导纳负实部(Tien,1972;Allison 和 Faeth,1975)与化学反应区的惯性有关。

因此,有必要研究不为 1 的路易斯数的情形。在这种情况下,可能出现与气体预热区的特征频率相对应的频率($\omega t_g' \sim 1$)下的波放大。

9.5 降压燃烧与熄灭

7.7 节考虑了降压下的推进剂燃烧和熄火,其中采用了 t_c 近似。正如 9.1 节和 Novozhilov(1988a,1988b)所述,考虑到某些情况下的不稳定推进剂燃烧,可能需要考虑气相惯性。本节利用 Belyaev 燃烧模型(Novozhilov 等,2010),研究了降压条件下气相惯性对瞬态和熄火过程的影响。

与 9.2 节~9.4 节不同,本节假设有限速率的气相化学反应。因此,凝聚相模型公式是

$$\rho c \frac{\partial T}{\partial t} = \frac{\partial}{\partial x}\left(\lambda \frac{\partial T}{\partial x}\right), \quad -\infty < x < x_s(t) \tag{9-103}$$

气相方程中,假设为理想气体,分别得到质量、反应物和能量守恒:

$$\begin{cases} \dfrac{\partial \rho_g}{\partial t} + \dfrac{\partial (\rho_g u_g)}{\partial x} = 0, \ x_s(t) \leqslant x < \infty \\[6pt] \rho_g = \dfrac{\tilde{\mu} p}{R T_g} \\[6pt] \rho_g c_p \left(\dfrac{\partial T_g}{\partial t} + u_g \dfrac{\partial T_g}{\partial x}\right) = \dfrac{\partial}{\partial x}\left(\lambda_g \dfrac{\partial T_g}{\partial x}\right) + Q_g W(Y, T_g) + \dfrac{\mathrm{d}p}{\mathrm{d}t} \\[6pt] \rho_g \left(\dfrac{\partial Y}{\partial t} + u_g \dfrac{\partial Y}{\partial x}\right) = \dfrac{\partial}{\partial x}\left(D \rho_g \dfrac{\partial Y}{\partial x}\right) - W(Y, T_g) \end{cases} \tag{9-104}$$

式中:u_g 为气体速度;Y 为反应物质量分数。

对于相对于反应物浓度的一级反应

$$W(Y, T_g) = \tilde{z}\rho_g Y \exp\left(\frac{-E}{RT_g}\right) \quad (9-105)$$

式中:$\tilde{z}$ 和 E 分别为化学反应的指前因子和活化能。

所需的边界条件为

$$\begin{cases} x \to -\infty, \ T = T_a \\ x \to \infty, \ \dfrac{\partial T_g}{\partial x} = 0, \ \dfrac{\partial Y}{\partial x} = 0 \end{cases} \quad (9-106)$$

在相界面 $x_s(t)$ 处,需要以下匹配条件:

$$\begin{cases} T = T_g \\ \lambda \dfrac{\partial T}{\partial x} = \lambda_g \dfrac{\partial T_g}{\partial x} - \rho u L \\ \rho u = \rho_g u + \rho_g u_g \\ \rho u = \rho_g u Y + \rho_g u_g Y - D\rho_g \dfrac{\partial Y}{\partial x} \end{cases} \quad (9-107)$$

以及平衡蒸发的条件:

$$Y = \frac{p_r}{p} \exp\left[\frac{L\tilde{\mu}}{R}\left(\frac{1}{T_{bl,r}} - \frac{1}{T}\right)\right] \quad (9-108)$$

这里 $u = \mathrm{d}x_s(t)/\mathrm{d}t$ 为线性燃速,T_a 为初始温度,p 为压力,$T_{bl,r}$ 为参考压力 $p_r = 1$ atm 下的沸点温度,L 为蒸发潜热。

在考虑的瞬态燃烧状态中,压力随时间变化:

$$\begin{cases} t < t_i, \ p = p_i \\ t \geq t_i, \ p = p_f + (p_i - p_f)\exp(-\alpha_p(t - t_i)) \end{cases} \quad (9-109)$$

无量纲变量和参数引入如下:

$$\begin{cases} \eta = \dfrac{p}{p_i}, \ \eta_f = \dfrac{p_f}{p_i}, \ \eta_T = \dfrac{p_\tau}{p_i} \\[4pt] \varepsilon = \dfrac{E}{RT_{bl,T}}, \ l = \dfrac{L}{cT_{bl,T}}, \ q = \dfrac{Q_g}{cT_{bl,}} \\[4pt] a = \dfrac{T_a}{T_{bl,T}}, \ b = \dfrac{T_b^0}{T_{bl,T}}, \ c = \dfrac{T_c^0}{T_{bl,}} \\[4pt] \theta = \dfrac{T - T_a}{T_s^0 - T_a}, \ \theta_g = \dfrac{T_g - T_a}{T_s^0 - T_a} \end{cases} \quad (9-110)$$

式中:T_b^0 和 T_s^0 分别为稳定和压力 p_i 下的表面燃烧温度。

第 9 章 气相惯性对不稳定燃烧的影响

为归一化时间和空间坐标,引入压力 p_i 和初始温度 T_a 下的稳定燃速 (Zeldovich 和 Frank Kameneskii,1938)

$$(m_i^0)^2 = 2\tilde{z}(D\rho_g^2)_i \frac{cR(T_b^0)^2}{Q_g E}\exp\left(-\frac{E}{RT_b^0}\right) \tag{9-111}$$

因此,Belyaev 模型中的线性燃速 u_i^0 为

$$(u_i^0)^2 = 2U^2 \frac{\tilde{z}(D\rho_g^2)_i}{\rho^2}\left(\frac{b^2}{\varepsilon q}\right)^2 \exp\left(-\frac{\varepsilon}{b}\right) \tag{9-112}$$

其中产物 $(D\rho_g^2)_i$ 在压力 p_i 下估算。在 $U=1$ 时,后一个表达式给出了无限薄反应区假设下的燃速。下面讨论确定系数 U 的方法。

此外,由于 $(D\rho_g^2)_i = (D\rho_g^2)_r / \eta_r$,燃速可表示为

$$(u_i^0)^2 = 2\tilde{z}U^2 \kappa\sigma\left(\frac{b^2}{\varepsilon q}\right)^2 \exp\left(-\frac{\varepsilon}{b}\right) \tag{9-113}$$

其中

$$\sigma = \frac{\sigma_r}{\eta_r},\ \sigma_r = \frac{(D\rho_g^2)_r}{\kappa\rho^2} \tag{9-114}$$

参数 σ 描述了气相和凝聚相的相对热惯性。

由式(9-113)得到无量纲时间、燃速和压力变化率为

$$\tau = \frac{(u_i^0)^2}{\kappa}t,\ \nu = \frac{u}{u_i^0},\ \alpha = \alpha_p \frac{\kappa}{(u_i^0)^2} \tag{9-115}$$

通过对新无量纲变量的转换,实现了从实验室框架到固定在气相界面的框架的转换 $-\infty < \xi \leq 0; \xi = \frac{u_i}{\kappa}[x - x_s(t)]$。

导热方程表示为以下形式:

$$\frac{\partial \theta}{\partial \tau} + v\frac{\partial \theta}{\partial \xi} = \frac{\partial^2 \theta}{\partial \xi^2} \tag{9-116}$$

在气相中,可以很便利地使用以下坐标系:

$$0 \leq \xi < \infty,\ \xi = \frac{\rho u_i^0 \eta_T}{(D\rho_g^2)}\int_{x_s(t)}^{x}\rho(y,t)\mathrm{d}y \tag{9-117}$$

因此,获得了以下气相守恒方程组:

$$\begin{cases}\sigma\dfrac{\partial \theta_g}{\partial \tau} + v\dfrac{\partial \theta_g}{\partial \xi} = \eta\dfrac{\partial^2 \theta_g}{\partial \xi^2} + \dfrac{zqY}{(s-a)U^2}\times\exp\left\{\dfrac{\varepsilon}{b}\left(1-\dfrac{b}{a+\theta(s-a)}\right)\right\} + \dfrac{\sigma}{\Gamma}\dfrac{a+\theta(s-a)}{(s-a)\eta}\dfrac{\mathrm{d}\eta}{\mathrm{d}\tau}\\ \sigma\dfrac{\partial Y}{\partial \tau} + v\dfrac{\partial Y}{\partial \xi} = \eta\dfrac{\partial^2 Y}{\partial \xi^2} - \dfrac{zY}{U^2}\exp\left\{\dfrac{\varepsilon}{b}\left(1-\dfrac{b}{a+\theta(s-a)}\right)\right\}\end{cases} \tag{9-118}$$

其中

$$z = \frac{1}{2}\left(\frac{\varepsilon q}{b^2}\right)^2 \tag{9-119}$$

边界条件式(9-106)~式(9-108)写为以下无量纲形式：

$$\xi \to -\infty, \theta = 0$$

$$\xi \to \infty, \frac{\partial \theta_g}{\partial \xi} = 0, \frac{\partial Y}{\partial \xi} = 0$$

$$\xi = 0, \theta = \theta_g, \frac{\partial \theta}{\partial \xi} = \eta \frac{\partial \theta}{\partial \xi} - \frac{v}{s-a} \tag{9-120}$$

$$v(1-Y) + \eta \frac{\partial Y}{\partial \xi} = 0$$

$$\eta Y = \eta_T \exp\left\{\eta \Gamma\left(1 - \frac{1}{a + \theta(s-a)}\right)\right\}$$

参数 $\Gamma = \gamma/(\gamma - 1)$ 为比热容比。

无量纲压力变化如下：

$$\begin{aligned}&\tau < \tau_i, \eta = 1 \\ &\tau \geq \tau_i, \eta = \eta_f + (1-\eta_f)\exp(-\alpha(\tau - \tau_i))\end{aligned} \tag{9-121}$$

式(9-116)~式(9-121)描述了降压条件下的不稳定推进剂燃烧，并考虑了气相的热惯性。$\sigma = 0$ 对应于 t_c 近似中的问题公式。

Novozhilov等(2010)讨论了数值方法的细节。以下参数值用于获得下面讨论的结果：$a = 0.7, l = 1.43, q = 4.12, \varepsilon = 33.9; \Gamma = 8.94, z = 73.8, \sigma_r = 10^{-4}$。这些对应于 Allison 和 Faeth(1975)以及 Novozhilov 和 Posvyanskii(1991)研究中使用的尺寸值。

参数 s(压力 p_i 下稳定状态下的表面温度)可从以下考虑因素中找到。在稳定下，如式(9-104)所示，温度场和浓度场之间存在相似性

$$Y^0 = \frac{c}{Q}(T_b^0 - T_g^0) \tag{9-122}$$

因此，在表面有

$$Y_s^0 = \frac{c}{Q}(T_b^0 - T_s^0) \tag{9-123}$$

另外，条件式(9-108)给出了稳定状态：

$$Y_s^0 = \frac{p_r}{p_i}\exp\left[\frac{L\tilde{\mu}}{R}\left(\frac{1}{T_{bl,r}} - \frac{1}{T_s^0}\right)\right] \tag{9-124}$$

由式(9-123)和式(9-124)得出式(9-125)以确定参数 s：

第 9 章 气相惯性对不稳定燃烧的影响

$$b - s = q\eta_T \exp\left[l\Gamma\left(1 - \frac{1}{s}\right)\right] \tag{9-125}$$

参数 U^2 确保稳定状态下的无量纲燃速 v 等于 1。相应地,U^2 通过式(9-118)和式(9-120)的解确定,设 $v=1$。通过将式(9-122)代入气相的稳定传热方程,得到以下方程:

$$\frac{d\theta_g^0}{d\xi} = \frac{d^2\theta_g^0}{d\xi^2} + \frac{z(\theta_b^0 - \theta_g^0)}{U^2}\exp\left[\frac{\varepsilon}{b}\left(1 - \frac{b}{a + \theta^0(s-a)}\right)\right] \tag{9-126}$$

通过上述方程的解以及边界条件:

$$\xi = 0, \quad \theta_g^0 = 1, \quad \frac{d\theta_g^0}{d\xi} = 1 + \frac{l}{s-a}$$
$$\xi \to \infty, \quad \frac{d\theta_g^0}{d\xi} = 0 \tag{9-127}$$

确定参数 U^2。它仅略微取决于压力(Novozhilov 和 Posvyanskii,1991),可认为是常数。由上述方程组解得 $U^2 = 0.7317$。

以下结果假设初始压力 p_i 下的初始稳定区域是稳定的。Novozhilov(1988a)与 Novozhilov 和 Posvyanskii(1991)证明存在一个上界 p_i^*,超过该值时,稳定区域变得不稳定。他们发现在 t_c 近似下,$p_i^* \approx 70$ atm。考虑到气相惯性,这一数字增加了约 10 atm。

图 9.9 所示的熄火曲线以无量纲压降率 α 以及压降的相对大小 η_f 为坐标。

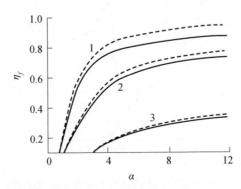

图 9.9 不同初始压力 p_i 和无量纲表面温度 s 下的熄火曲线
实线为考虑气相热惯性的情况;虚线为 t_c 近似.
1—$p_i = 50$ atm,$s = 1.336$;2—$p_i = 30$ atm,$s = 1.272$;3—$p_i = 10$ atm,$s = 1.153$。

这些曲线将两个性质不同的区域分开。在熄火曲线上方,过渡过程以压力 η_f 下的新稳定状态结束。在曲线下方,燃速下降到可忽略不计的值,这可以解释为熄火(Frost 和 Yumashev,1973;Lidskii 等,1983,1985)。

气相惯性对熄火曲线位置的影响可从图9.9中推断。相应的实线和虚线似乎非常接近。然而,在大压降率和固定压降幅度下,差异可能显著。例如,对于一对曲线1,在 $\eta_f = 0.85$,参数的临界值 α 对于 $\sigma = 0$ 和 $\sigma \neq 0$ 的情况,相差大约2倍。该效应随着初始压力的降低而减弱,因为参数 σ 与压力 p_i 成正比。

图9.10和图9.11显示了不同状态的燃速随时间演变的过程:图9.10逐渐接近新的稳定区域,图9.11导致熄火。为了强调从一个区域到另一个区域的突然过渡,选择各点 (α, η_f) 接近,但位于熄火曲线的不同侧面。

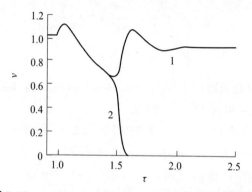

图9.10　$\sigma = 0$,$\eta_f = 0.85$,$p_i = 50$ atm 时的燃速曲线
1—$\alpha = 4.85$;2—$\alpha = 4.86$。

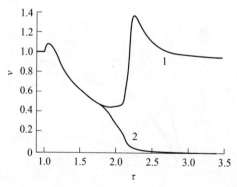

图9.11　$\sigma = 5 \times 10^{-3}$,$\eta_f = 0.85$,$p_i = 50$ atm 时的燃速曲线
1—$\alpha = 9.82$;2—$\alpha = 9.84$。

Frost 和 Yumashev(1973)首先讨论了压降下两种性质不同的过渡过程的细节。他们的计算表明,熄火曲线以上的参数会导致一个过渡过程,燃速以阻尼振荡的形式接近稳定值。这与7.7节(图7.15和图7.16)中给出的结果相对应。参数低于熄火曲线的区域具有单调递减的燃速,其最终会远低于初始压力

第 9 章　气相惯性对不稳定燃烧的影响

下的燃速。在他们的模型中,Frost 和 Yumashev(1973)使用了形式为式(8.42)的燃烧定律,这显然不允许零燃速的稳定区域。然而,Frost 和 Yumashev(1973)解释了为什么具有可忽略的非零燃速的区域可能被视为熄火。原因是,在如此低的燃速下,凝聚相加热层的重新排列将继续进行,直到最终燃速增加(二次点火)并在有限压力值下达到新的稳定状态。然而,在极小的燃速值下,加热层的重新排列时间,以及相应地从熄灭状态恢复的时间,实际上是无限的。

与 Frost 和 Yumashev(1973)的研究不同,他们以常规形式应用 Z—N 理论(t_c 近似),本节中的模型考虑了气相的热惯性。这导致可能存在零燃速的稳定区域。

需要重申的是,在稳定燃烧区的经典理论发展过程中(如 Frank Kameneski,1969),必须截断描述低温下反应速率的函数。这是获得严格稳定火焰传播状态和初始温度下混合物惰性状态的必要条件。

在当前模型中,所需的截断应引入以下函数,而不是式(9-105):

$$W(Y, T_g) = \begin{cases} \tilde{z} \rho_g Y \exp(-E/RT_g), & T_g \geq T_a + \Delta \\ 0, & T_g < T_a + \Delta \end{cases} \quad (9-128)$$

其中,$\Delta \ll T_a$。在这种情况下,熄火条件下非稳定燃烧过程的演变将导致化学反应区内的温度逐渐降低。因此,系统处于稳定状态,实现了在初始温度下热平衡,此时燃速为零,且反应物浓度很小。反应物浓度在气相占据的半个空间内是恒定的,由式(9-129)给出:

$$Y_\infty = \frac{\eta_r}{\eta_f} \exp\left(l\Gamma \left(1 - \frac{1}{a}\right) \right) \quad (9-129)$$

当 $\theta = 0$,式(9-129)即为式(9-120)。

图 9.12 ~ 图 9.14 进一步说明了气相惯性在过渡过程中的作用。在这些图中,参数 α 和 η_f 的选择方式应确保在考虑气相惯性或忽略气相惯性的情况下发生熄火(t_c 近似,$\sigma = 0$)。

燃速和压力的时间演变如图 9.12 所示。从该图可以明显看出,气相的惯性增加了约 2 倍的熄火所需的时间间隔 $\Delta \tau$。当 $\sigma = 0$ 时,$\Delta \tau \approx 0.4$;而 $\sigma \neq 0$ 时,$\Delta \tau \approx 0.8$。

图 9.13 显示了凝聚相和气相中温度分布随时间的演变。$\sigma = 0$ 和 $\sigma \neq 0$ 的比较清楚地表明了气相惯性的作用。例如,在 $\tau = 1.4$ 的无惯性近似(曲线 3)中,燃烧温度与其初始值(曲线 1)显著不同。另外,$\sigma \neq 0$ 在同一时刻(曲线 4),燃烧温度接近初始值。这表明在无惯性 $\sigma = 0$ 的情况下熄火更快。

凝聚相与气相界面处的一个边界条件式(9-120)可写成

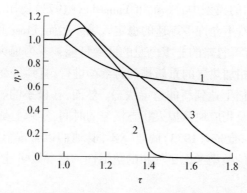

图 9.12　$p_i = 50$ atm, $\alpha = 4$, $\eta_f = 0.6$ 时的压力和燃速曲线

1—$\eta(\tau)$; 2—$v(\tau)$, $\sigma = 0$; 3—$v(\tau)$, $\sigma = 5 \times 10^{-3}$。

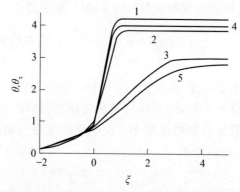

图 9.13　$p_i = 50$ atm, $\alpha = 4$, $\eta_f = 0.6$ 时的温度曲线

1—初始温度曲线, $\tau = 1$; 2—$\sigma = 0$, $\tau = 1.35$; 3—$\sigma = 0$, $\tau = 1.4$; 4—$\sigma = 5 \times 10^{-3}$, $\tau = 1.4$; 5—$\sigma = 5 \times 10^{-3}$, $\tau = 1.8$。

$$v(\tau) = \frac{s-a}{l}[q(\tau) - \varphi(\tau)] \qquad (9-130)$$

其中

$$q = \eta \left.\frac{\partial \theta_g}{\partial \xi}\right|_{\xi=0}, \quad \varphi = \left.\frac{\partial \theta}{\partial \xi}\right|_{\xi=0} \qquad (9-131)$$

为从气相到凝聚相的热流。

热流的时间依赖性如图 9.14 所示。在无惯性近似(曲线 1 和曲线 2)中,差 $q - \varphi$ 在 $\tau \sim 1.4$ 时急剧下降。对于 $\sigma \neq 0$, $\tau \sim 1.8$ 时这一过程变化得更慢。如式(9-130)所示,燃速(熄火)将在指定时间迅速降低。显然,图 9.12 和图 9.14 相互符合。

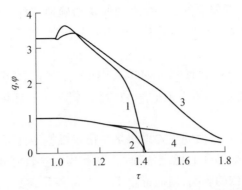

图 9.14 $p_i = 50 \text{ atm}$, $\alpha = 4$, $\eta_f = 0.6$ 时热流 q 和 φ 的时间依赖性

1—$\sigma = 0$, $q(\tau)$; 2—$\sigma = 0$, $\varphi(\tau)$; 3—$\sigma = 5 \times 10^{-3}$, $q(\tau)$; 4—$\sigma = 5 \times 10^{-3}$, $\varphi(\tau)$。

本节的主要结论是,在足够高的压力下,由于 σ(描述气相相对于凝聚相的相对惯性)较小,瞬态燃烧过程行为可能会显著不同,这取决于是否考虑气相惯性。气相惯性将影响熄火临界压降速率和熄火时间,忽略气相惯性将导致熄火时间大约 2 倍的差异。

由小参数引起的如此强烈的影响与以下事实有关:t_c 近似意味着忽略时间导数乘以小参数 σ 的过程,这一过程在数学上是错误的。9.2 节指出了这一事实。

9.6 t_r 近似

9.2~9.5 节中对气相惯性对不稳定固体推进剂燃烧的影响进行的分析是基于对 Belyaev 模型的考虑。将 Z-N 理论持续扩展到 t_c 近似之外,需要一种不受任何特定燃烧模型假设影响的广义方法。本节介绍了这种方法。

以下发展基于时滞的现象学概念。通常,该概念用于帮助分析液体推进剂发动机的工作状态(Crocco 和 Cheng,1956)。通过使用单个参数,即时滞,它有助于解释各种复杂物理和化学过程(液滴的雾化和蒸发、反应物混合以及燃烧过程本身)的固有惯性。该参数通常是过程压力和其他控制参数的函数。尽管这种方法相当简单,但它能描述实验观测到的运行状态,并能在一定的精度范围内预测特定火箭发动机的重要性能。例如,可通过这种方式确定在稳定状态下运行发动机的稳定性条件。

在不稳定固体推进剂燃烧方面也进行了类似的尝试,如 Culick(1968)。然而,本研究也将时滞概念应用于推进剂惯性的描述。这是不必要的,因为凝聚

相的惯性可以用 t_c 近似下的 Z-N 理论非常精确地解释。Volkov 和 Medvedev (1969) 引入了时滞来计算推进剂表面的声导纳,但他们的研究仅限于考虑特定的推进剂模型。

本节描述了基于 t_c 近似(Novozhilov,1988b,1992a)的基本 Z-N 理论中引入时滞来解释快速响应区松弛的一致方法,将 Z-N 理论进行扩展,称为 t_r 近似。

与 t_c 近似类似,t_r 近似的主要思想是在稳定燃烧条件下使用相关性。使用燃速、表面温度、火焰温度的稳定依赖性,以及其他参数对外部条件、化学转化区和气体预热区结构的影响,对时滞及其对外部控制参数(如压力、初始温度、切向气流速度、辐射强度等)的依赖性进行近似。这些稳定依赖性应通过实验得到。

在 t_r 近似下,凝聚相的处理不会改变,也就是说,通过传热方程式(2-28)将其惯性考虑在内。引入时滞的不稳定燃烧定律式(2-27)进行修正。假设组合 $T_e = T_s - \kappa f/u$ 和压力 p 不会立即影响燃速和表面温度,而是在一定的延迟之后。

式(2-27)被修改为

$$\begin{cases} m(t) = U(T_e(t-t_{Ue}), p(t-t_{Up})) \\ T_s(t) = V(T_e(t-t_{Ve}), p(t-t_{Vp})) \end{cases} \quad (9-132)$$

引入的时滞有两个指标:第一个对应于引入时滞的函数,第二个对应于受延迟影响的参数。一般来说,所有四个滞后都是不同的。

一个非常重要的考虑因素是,虽然在 t_c 近似中,可能会从参数 f 和 p 的隐式依赖性式(2-27)正式转变为显式依赖性 $m(t,p)$ 和 $T_s(t,p)$,但在 t_r 近似中无法做到这一点。给定时间点的燃速和表面温度由与 t_c 近似值相同的量确定,但在较早的时间点确定。此外,尽管两种近似方法中的函数 U 和 V 相同,但凝聚相外的温度和浓度分布不会被对应于稳定解的依赖性捕获。

如果 t_r 近似提供的估计值与描述某些不稳定燃烧过程的较好的实验观测值的滞后时间值在一个数量级上一致,则 t_r 近似是有价值的,其中快速响应区的惯性起着重要作用。因此,t_r 近似的准确性可以通过考虑一些存在解析解的问题来验证。

以下分析考虑了恒定压力下的燃烧稳定性问题,并将解析解与通过两种可用近似(t_c 和 t_r 近似)获得的解析解进行了比较。

在传统的 t_r 近似框架内,建立了恒定压力下稳定燃烧状态的稳定性条件。假设小扰动取决于无量纲复频率 Ω 和无量纲时间 τ,则控制方程必须在稳定燃烧解 $\exp(\Omega\tau)$ 附近线性化。频率的特征方程由线性化问题的解导出。频率的

第 9 章　气相惯性对不稳定燃烧的影响

纯虚值对应于稳定边界。

凝聚相传热方程的线性化与 t_c 近似完全相同,因此式(3-14)成立。由修正的不稳定燃烧定律导出了另外两个关系式。利用关系:

$$\begin{cases} T_e(\tau-\tau_U) = T_e^0 + T_{e1}\exp[\Omega(\tau-\tau_U)] \\ \dfrac{T_{e1}}{T_s^0 - T^0} = \dfrac{T_{s1}}{T_s^0 - T^0} - \dfrac{f_1}{f^0} + \dfrac{m_1}{m^0} \end{cases} \quad (9-133)$$

不稳定燃烧定律式(9-132)可用线性近似表示为

$$\begin{cases} v_1 = k(\theta_{s1}-\varphi_1+v_1)\exp[-\Omega\tau_U] \\ \theta_{s1} = r(\theta_{s1}-\varphi_1+v_1)\exp[-\Omega\tau_V] \end{cases} \quad (9-134)$$

通过将这些表达式与式(3-19)(t_c 近似)进行比较,可以明显看出,通过将参数 k 和 r 乘以包含滞后时间的指数来考虑延迟。

由扰动的三个线性齐次方程式(3-14)、式(9-134)得出以下特征方程:

$$rz(z-1)\exp(-\Omega\tau_U) - k(z-1)\exp(-\Omega\tau_V) + z = 0 \quad (9-135)$$

在零滞后的情况下,该值降阶为式(3-23)。

为了将结果与在 9.2 节 Belyaev 模型框架内获得的问题解析解进行比较,进一步假设 $\tau_U = \tau_V$,剩余的单个滞后时间表示为 τ_r。

特征方程式(9-135)可改写为

$$rz(z-1) - k(z-1) + z\exp(\Omega\tau_r) = 0 \quad (9-136)$$

因此,参数 k 和 r 可以以下形式表示为复频率的函数:

$$\begin{cases} k = \left|\dfrac{z}{z-1}\right|^2 \text{Im}(\bar{z}-1)\exp(\Omega\tau_r)/\text{Im}(\bar{z}) \\ r = \left|\dfrac{z}{z-1}\right|^2 \text{Im}(z(\bar{z}-1))\exp(\Omega\tau_r)/\text{Im}(\bar{z}) \end{cases} \quad (9-137)$$

在稳定边界($\Omega = i\omega$)有

$$\begin{cases} k = (p_\omega+1)\cos(\omega\tau_\tau) - \left[\dfrac{p_\omega-1}{p_\omega+1}\right]^{\frac{1}{2}}\dfrac{\sin(\omega\tau_r)}{p_\omega-1} \\ r = \dfrac{2}{p_\omega(p_\omega-1)}\left[\cos(\omega\tau_\tau) - (p_\omega^2-1)^{\frac{1}{2}}\sin(\omega\tau_r)\right] \end{cases} \quad (9-138)$$

其中 p_ω 与式(9-36)中的频率函数相同。

这些关系以参数形式和时滞的给定值确定了稳定性边界处的依赖性 $k(r)$。9.2 节介绍了在 Belyaev 模型框架内该问题的解析解。该解析解与 t_c 和 t_r 近似结果的比较可按以下方式进行。

滞后时间可估计如下。气体预热区的弛豫时间为

$$t_g(x_f^0) = \int_0^{x_f^0} \frac{ds}{u_g^0(s)} \tag{9-139}$$

式中:$u_g^0(s)$ 为稳定燃烧状态下的气体速度。在 9.2 节采用的无量纲变量中,相应的滞后时间为 $\tau_g(\xi_f^0) = \sigma\xi_f^0$。燃烧产物区的热弛豫时间与 $\tau_r(\xi_f^0)$ 在一个数量级上,因此

$$\tau_r = 2\sigma\xi_f^0 \tag{9-140}$$

或

$$\tau_r = -2\sigma \ln a \tag{9-141}$$

以 $\sigma = 0.05$,$a = 0.4$ 和 $\delta = 0.15$ 的系统为例。如 9.2 节所示,t_c 近似值在较小的 r 值下精度较低(图 9.1)。由 $r = 0$ 时的解析解得出 $k^a = 1.56$ 和 $\omega^a = 3.16$。t_c 近似中的相应值为 $k^c = 1$ 和 $\omega^a = \infty$。在 t_r 近似公式中,由式(9-138)得到($r = 0$):

$$\begin{cases} \tau_r = 2 \dfrac{\arctan((p_\omega^2 - 1)^{-\frac{1}{2}})}{p_\omega (p_\omega^2 - 1)^{\frac{1}{2}}} \\ k_r = \left[\dfrac{p_\omega + 1}{p_\omega - 1} \right]^{\frac{1}{2}} \end{cases} \tag{9-142}$$

根据采用的 σ 和 a 以及式(9-141)计算得到的 τ_r 的值为 0.091 6。因此,从式(9-142)得到 $p_\omega = 2.88$,$k_r = 1.44$。此外,从式(9-138)得到 $\omega^r = 3.89$。

在不稳定推进剂燃烧理论的框架内,使用稳定相关性研究不稳定区域,将两种近似值与解析解进行比较。假设除了产生参数 k 和 r 的依赖关系 $m^0(T_a, p)$ 和 $T_s^0(T_a, p)$,还引入了表征气相惯性的滞后时间。

在解析解中,该滞后时间可被视为可用于调整函数 $k^a(r)$ 和 $\omega^a(k)$ 的拟合参数。在 t_c 近似不准确的点 $r = 0$ 处的最佳拟合可通过以下方式找到,即两个函数的描述精度相同,$k^r/k^a = \omega^r/\omega^a$。

结合式(9-138)和式(9-142),得出确定 p_ω 的最佳值的方程式为

$$\frac{\left(\dfrac{p_\omega + 1}{p_\omega - 1}\right)^{\frac{1}{2}}}{k^a} = \frac{p_\omega (p_\omega^2 - 1)^{\frac{1}{2}}}{2\omega^a} \tag{9-143}$$

或

$$2p_\omega = 1 + (1 + 8\omega^a/k^a)^{\frac{1}{2}} \tag{9-144}$$

其中 $p_\omega = 2.71$,$\tau_r = 0.111$。该最佳拟合值与之前的时滞估计值仅相差 20%。

表 9.2 比较了 $\sigma = 0.05$、$a = 0.4$、$\delta = 0.15$ 及 $\tau_r = 0.111$ 时的三种方法,即解

析解(上标"a")、t_c 近似值(上标"c")和 t_r 近似值(上标"r")。显然,稳定边界可以用 t_c 近似合理准确地描述。然而,即使在合理的 $r = 0.1 - 0.2$ 下,该近似预测的频率也与实际频率相差很大。相比之下,t_r 近似与解析解的精度仅相差几个百分点。

表9.2 比较 t_c 近似、t_r 近似和从 Belyaev 模型获得的解析解(9.2节)

r	k^a	$\dfrac{(k^c - k^a)}{k^a}$	$\dfrac{(k^r - k^a)}{k^a}$	ω^a	$\dfrac{(\omega^c - \omega^a)}{\omega^a}$	$\dfrac{(\omega^r - \omega^a)}{\omega^a}$
0	1.56	-0.35	-0.057	3.61	∞	-0.055
0.1	1.74	-0.130	-0.028	2.98	3.11	-0.003
0.2	1.91	-0.089	-0.015	2.55	1.58	0.027
0.4	2.23	-0.049	0	2.01	0.81	0.049
0.7	2.65	-0.026	0.064	1.46	0.56	0.075
1.0	3.05	-0.016	0.013	1.30	0.33	0.069

需要注意的是,在极限 $r \to 0, \sigma \to 0$ 中,解析解由依赖三个参数 σ、a 和 δ 减少到对其单一组合的依赖:

$$\Delta = \sigma[a - 2\ln a - \delta(1-a)] \tag{9-145}$$

这是由于该极限下的气体惯性以单一复数值 $\sigma(h-g)$ 为特征(见式(9-37)和9.2节中的相关讨论)。

表9.3 所列为 t_r 近似与从 Belyaev 模型获得的解析解(9.2节)的比较。对 $r = 0$ 进行比较,并使用上述最佳近似方法。前三列中给出的参数,以及解析解 k^a 和 ω^a,用于查找滞后时间以及值 k^r 和 ω_r。最后一列给出了 τ_r/Δ 的比值。表9.3 显示,t_r 近似地描述了到 $\sigma = 10^{-1}$ 的稳定燃烧区域。通过假设 σ 的典型值的数量级是 $10^{-3} \sim 10^{-4}$,t_r 近似可用于高达 100 atm 的压力(σ 与压力成正比)。

表9.3 t_r 近似与从 Belyaev 模型获得的解析解(9.2节)的比较

σ	a	δ	k^a	ω^a	τ^r	τ^r/δ	$\dfrac{(k^r - k^a)}{k^a}$	$\dfrac{(\omega^r - \omega^a)}{\omega^a}$	Δ	τ^r/Δ
0.001	0.4	0.1	1.12	47.4	0.00219	2.19	-0.0089	-0.0063	0.00230	0.954
0.001	0.4	0.5	1.11	50.8	0.00197	1.97	0.0000	-0.0059	0.00254	0.777
0.001	0.4	0.9	1.11	55.1	0.00175	1.75	-0.0090	-0.0090	0.00277	0.632

固体推进剂不稳定燃烧理论

续表

σ	a	δ	k^a	ω^a	τ^r	τ^r/δ	$\dfrac{(k^r-k^a)}{k^a}$	$\dfrac{(\omega^r-\omega^a)}{\omega^a}$	Δ	τ^r/Δ
0.010	0.1	0.4	1.35	6.33	0.045 3	4.53	0.014 0	-0.017 0	0.050 70	0.894
0.010	0.2	0.4	1.32	7.70	0.033 8	3.38	-0.022 0	-0.016 0	0.035 40	0.954
0.010	0.4	0.4	1.28	10.4	0.021 8	2.18	-0.023 0	-0.028 0	0.023 20	0.940
0.010	0.6	0.4	1.26	13.0	0.015 8	1.58	-0.031 0	-0.030 0	0.016 90	0.937
0.010	0.8	0.4	1.24	16.0	0.011 6	1.16	-0.032 0	-0.031 0	0.013 30	0.875
0.050	0.4	0.4	1.56	3.61	0.111 5	2.23	-0.057 0	-0.055 0	0.116 00	0.958
0.100	0.4	0.4	1.79	2.31	0.225 0	2.25	-0.083 0	-0.051 0	0.233 00	0.967